U0836541

光辉岁月

Guang Hui Sui Yue

——共和国陆军装备研发史话

◎著 蔡寅生

中国财政经济出版社

图书在版编目（CIP）数据

光辉岁月：共和国陆军装备研发史话/蔡寅生著．--北京：中国财政经济出版社，2015.8

ISBN 978-7-5095-6198-0

Ⅰ．①光… Ⅱ．①蔡… Ⅲ．①武器装备-军事史-中国 Ⅳ．①E92

中国版本图书馆CIP数据核字（2015）第082481号

责任编辑：武志庆

封面设计：戴　鹰　王梅丽

中国财政经济出版社出版

URL：http：//www.cfeph.cn

E-mail：cfeph@cfeph.cn

（版权所有　翻印必究）

社址：北京市海淀区阜成路甲28号　邮政编码：100142

营销中心电话：88190406　北京财经书店电话：64033436　84041336

北京嘉恒彩色印刷有限责任公司印刷　各地新华书店经销

710×1000毫米　16开　20.5印张　346千字

2015年8月第1版　2015年8月北京第1次印刷

定价：45.00元

ISBN 978-7-5095-6198-0/E·0006

（图书出版印装问题，本社负责调换）

本社质量投诉电话：010-88190744

反盗版举报热线：88190492、88190446

《光辉岁月》

——共和国陆军装备研发史话

前　　言

2011年是个特殊的年份，既是中国共产党建党90周年，又是人民兵工创建80周年。国防科工局为纪念人民兵工创建80周年，举办了三大活动。第一，举行了隆重的纪念大会，胡锦涛总书记给大会发了贺信，张德江副总理发表了重要讲话。第二，在全国范围开展了群众性的评选人民兵工80年80件事的活动。第三，请中国书画家协会理事郑希林和中国书法家协会理事张志和同志创作了书画长卷《军工报国图》。兵器工业系统也出版了《中国人民兵工史》，纪念活动丰富多彩。我虽然已经退休十多年，但作为一个把一生献给了兵工事业的老同志也积极投入到这一具有历史意义的活动中。北方公司出版了我撰写的《自行炮中国造》一书，讴歌当代兵工的风采，献给了党的90岁华诞和人民兵工创建80年。

应国防科工局新闻中心的要求，我为《军工报国图》提供了大纲和一些背景资料与图片，为这个军工历史画卷的创作贡献了微薄的力量。

我参与了80件大事遴选工作的后半截。在预选的100件大事发布前，我应聘担任专家评审会组长，积极推荐重大事件，协助核对条目的历史事实。为了配合遴选工作，为了帮助群众了解兵工历史，我在官网上发表了30篇左右有关兵工历史的文章。

本书在这些文章的基础上，以80件大事中有关兵器装备的条目为轴心，介绍了主要兵器装备发展的历史进程，以加深大家对80件大事的了解。本书不是兵工史，但可作为中国兵工史的补充读物。从这里，我们可以看到建国初期兵器工业大规模建设和武器装备制式化的壮观场面，可以看到国产第一代坦克的诞生、第一枚反坦克导弹和第一枚空空导弹的诞生，可以看到，历次战争对武器装备发展的巨大推动，可以看到兵器装备现代化曲折而崎岖的发展过程，可以看到兵器工业历史上两个国家科技进步特等奖和惟一的发明一等奖的身影，也可以看到中国兵器沿着机械化、信息化的金光大道勇攀高峰、气吞山河的壮丽画卷。

这本书不是技术专著，没有长篇大论地讲述武器的技术战术数据及深奥的技术细节，不涉及具体的技术秘密。但它从另一个角度，介绍了中国兵工在世界兵器发展史上的一些重大壮举。如第一代水陆坦克横渡琼州海峡、新型坦克车辆驰骋世界屋脊、铁骑三千下西洋、155 火炮的中国传奇……。本书还介绍了新装备背后许多鲜为人知的趣事，如毛主席诗词与步枪的故事，没有阅兵的阅兵工程，第一次使用空空导弹的空战，我国霹雳 -2 导弹与美国响尾蛇导弹、苏联 K -13 导弹的关系，奥运女冠军吴小旋与张山画进了《军工报国图》诗画长卷等等。语言通俗易懂、深入浅出。

这本书不是报告文学，更不是小说，所写的内容，有的是作者的亲历亲见的纪实，有的是作者深入挖掘的史料整理。作者试图用历史唯物主义的史观对这些历史事件进行公正的评价，既热情歌颂取得的辉煌成就，总结成功的经验，也鞭挞大跃进和文革期间违背科学发展观的历史教训，旨在以史为鉴，发扬成绩，克服缺点，使兵器工业更好地贯彻科学发展观，更加科学地、可持续地、健康快速地发展，尽快地赶超世界先进水平。

在本书中，作者以饱满的激情颂扬了中国兵工发扬“老兵工精神”，在兵器装备发展的道路上不畏艰险、披荆斩棘，勇于创新，勇攀高峰、团结协作、无私奉献的精神风貌，热情地歌颂了铸剑的功臣们，兵工泰斗刘鼎，身残志坚、自学成才的三代坦克“独臂总师”祝榆生，优秀总师周燕生，设计坦克最多的方慰先，勇攀高峰的远火总师徐中信等。

本书共分四章，第一章 战事与发展，为兵器装备的发展综述。第二

章 金戈熠熠，关于枪炮火箭等武器的故事。第三章 铁马奔腾，关于装甲车辆的故事。第四章 铸剑功臣，介绍了几位为兵器装备发展做出了贡献的领导与设计师。书中插有不少珍贵的历史照片和兵器装备的彩照，力求图文并茂。

为了保守国家秘密，本书的主要内容多为20年、30年前的历史旧事，有关近期的事件较少，提及近期项目的，其有关数据和图片仅以外贸样本中向外介绍的和国内有关刊物上已经报道的为限。而且一般兵工厂都用某炮厂、某弹厂等代替，请有关单位见谅。

本书写作过程中得到了兵器工业集团办公厅、党群工作部、北方公司、兵器工业档案馆的大力支持，原兵器工业部的老领导唐仲文副部长及其夫人艾明阁总工程师、原兵科院杨荫桐院长、杨楚泉副院长等审校了部分文章，提出了很好的意见，张华同志提供了许多关于反坦克导弹的宝贵资料，《兵器知识》杂志社林儒生同志也给予了很大帮助，在此一并表示衷心感谢。

目　　录

第一章　战事与发展

一、抗美援朝立新功/2
二、“以苏为师”独立自主创新业/9
三、“大跃进”与三级干部会/19
四、中印边境自卫反击战与武器“减肥风暴”/32
五、援越抗美 防空武器跃上新台阶/44
六、珍宝岛自卫反击战对反坦克武器发展的巨大促进/53
七、没有阅兵的阅兵工程/66

第二章　金戈熠熠

一、“峨眉”秀甲天下“虎头”威震寰宇/86
二、兵器工业第一枚导弹——霹雳－2空空导弹/92
三、红箭之歌/99
四、新152加农炮　披荆斩棘俏夕阳/131
五、155火炮的中国传奇/138
六、信息化火炮畅想曲/152
七、中国野战火箭的强国之路/159
八、双35高炮引进背后的故事/180
九、大口径焊接钢药筒　真正的中国独创/188

第三章　铁马奔腾

一、第一辆中型坦克诞生记/202
二、铁骑三千下西洋——69－II中型坦克出口纪实/211

三、谁是中国的第二代主战坦克/220
四、63 式水陆坦克横渡琼州海峡/228
五、双 37 自行高炮　报春的红梅/239
六、驰骋在世界屋脊——记新型坦克车辆西藏大试车/247

第四章　铸剑功臣

一、兵工泰斗 统战功臣——人民兵工创始人刘鼎同志的传奇人生/258
二、特殊材料铸就的“独臂总师”——记三代坦克总设计师祝榆生/266
三、周燕生当好总师的秘笈——周燕生遗著《军工科研四十年》读后/276
四、焊接药筒泰斗刘纯彬/289
五、一流的坦克设计大师方慰先/300
六、世上无难事 只要肯登攀——缅怀远程火箭总设计师徐中信/310

第一章

战事与发展

一、抗美援朝立新功

《人民兵工创建80年80件事》之14、15

兵工厂转入战时体制，全力支援抗美援朝

1950年10月19日，志愿军入朝作战。兵器工业转入战时体制，全系统开足马力生产，全力支援前线。与朝鲜比邻的沈阳地区兵工企业紧急分迁，在黑龙江省新建了8个兵工厂。

从1950年10月至1953年12月，兵器工业共生产各种火炮8424门，火箭筒7682具，各种枪械60.8万支，炮弹和火箭弹1035万发，枪弹12.5亿发，手榴弹1360万枚，地雷11.5万个，火药和炸药1076吨，有力地支援了朝鲜前线。

五三工厂获“模范工厂”光荣称号

在抗美援朝战争期间，兵器工业广泛开展了群众性创新纪录运动，五三工厂创造了“在厂长责任制的基础上，实现管理民主化；劳动和学习相结合，把各项技术经济指标落实到班组；党政工团拧成一股绳，思想政治工作渗透到经济工作中去，保证各项任务的完成”的先进经验。1953年获得全国“模范工厂”称号，成为全国经济战线的一面旗帜。

1950年6月25日，朝鲜战争爆发。8月美机不断入侵中国领空。中国人民忍无可忍，10月19日，志愿军雄赳赳、气昂昂，跨过鸭绿江，开始了伟大的抗美援朝战争。全国掀起了参军、参战、支前的热潮。

这场与以武装到牙齿的美帝国主义为首的联合国军的战争，对于刚刚组建的中国兵器工业来说，是一次十分严峻的考验。有着优良传统的中国兵工，义无反顾地投入了这场支援志愿军抗击美帝国主义的伟大斗争。

战冰冻　斗严寒　高速完成战备搬迁

当志愿军进军朝鲜时，重工业部正在北京召开第一届全国兵工会议，会议的后半截就变成了部署紧急生产和战备搬迁的动员大会。

辽宁沈阳地区是建国初期的重要兵工基地，鉴于离朝鲜前线较近，东北人民政府工业部军工局，于10月底下达了部分兵工厂紧急搬迁或分迁到黑龙江省齐齐哈尔和哈尔滨地区的命令，计划新建8个兵工厂，其中包括坦克修理厂、大口径炮厂、大口径弹厂、枪厂、枪弹厂等，这些兵工厂，于1951年3月后，相继投入了生产，初步建成了黑龙江兵工生产基地，有力地支援了朝鲜前线。

此次紧急搬迁任务，时间紧、任务重，时值隆冬，天寒地冻，条件十分艰苦。这些新厂的基础，有的是日军的破营房仓库，有的是简陋的民用工厂，有的则是平地起家。英雄的中国兵工，满怀保家卫国的激情，离开大城市，进军北大荒，以临战姿态，投入了解放后兵器工业的第一次大迁徙。

各厂成立了搬迁领导委员会，从思想动员、组织计划、搬迁运输、厂房宿舍建设、设备安装到生产生活，统筹领导搬迁与建设复产工作。

没有施工队伍，职工和家属一起上。地冻三尺，就先用火烤，再挖槽立桩。住临时工棚、盖干打垒的宿舍和简易厂房。为了早日建成投产，他们日以继夜，争时间、抢进度，克服了无数难以想象的困难，边搬迁、边建设、边生产，支援前方。

迁往北安原东北军政大学旧址的枪厂和迁往齐齐哈尔“荣军学校”的炮厂，都是只用了一个月的时间，就完成了数千台设备、数千吨工具和材料以及数千员工的搬迁。接着又用了仅仅3个月时间完成了复建投产。其余工厂此后也陆续建成投产，创造了了中国兵工建设史上少有的高速度。

这次大搬迁，充分展示了中国兵工的爱国主义热忱和大无畏的献身精神。受到了中央军委的表扬。

开足马力，努力增产武器弹药

1950年10月第一届兵工会议之后，整个兵器工业进入了紧急动员状态。

“后方多流汗，前方少流血”，“一切为了战争”。各兵工厂实行11小时工作制，两班倒。职工夜以继日，加班加点。工厂开足马力，努力增产，多造武器送前方。兵器工业战线，广泛开展增产节约运动与爱国红旗竞赛。1951年与1950年的产量相比，枪械增长了12.3倍、火炮增长了5.8倍、炮弹增长了2.2倍、手榴弹也增长了5倍。以后两年又有成倍增长。

刚刚搬迁到北安的冲锋枪厂，他们仿制的苏式冲锋枪成功，命名为50式7.62毫米冲锋枪，这是经毛主席批准定型的我国第一种制式武器，1951年初投产后年产就达3.3万支，而1952年产量却猛增4倍。长安厂除完成了大量炮弹生产外，还先后生产出迫击炮、火箭筒、轻重机枪等7种枪和炮。

志愿军装备的火炮，多数是缴获国民党军队的，如日式70毫米步兵炮、75毫米山炮、美式57毫米、75毫米无坐力炮和105毫米、155毫米榴弹炮等，后来又从苏联买进了76.2毫米加农炮和122毫米榴弹炮，这给弹药生产带来了很大困难。弹药厂一方面积极修复整装日式和美式弹药，一方面积极测绘仿制这些弹药。东北的弹药厂，先后仿制成功日式70毫米、75毫米炮弹和苏式的76.2毫米与122毫米榴弹等。并自行研制了迫击炮弹、火箭弹、地雷、爆破筒、手榴弹等多种弹药，源源不断地供应前线。

刘正栋同志的回忆录还记述了一个关于紧急生产1亿枚雷管的故事。1951年6月第五次战役结束后，双方战线基本上维持在“三八线”

附近，形成了长达两年多的战略相持阶段。在长达250公里的战线上，需要修堑壕、筑工事、挖山洞等需要大量的爆破器材与雷管。1952年11月中财委主任陈云召集会议，部署军需生产任务。他说“前方打仗，急需工程爆破器材，必须在一年之内完成1亿枚工程雷管和炸药、导火索，前方的需要就是命令，一枚雷管也不能少。”1亿枚雷管是当时生产能力的3倍，困难虽大，但没有任何回旋余地，兵工总局连夜开会布置，除原有的辽宁、山西两个火工品厂开足马力努力增产外，又动员东北地区的炮弹厂、引信厂转产雷管，经过努力拼搏，忘我劳动，终于按时完成了任务。陈云同志表扬说：“很好！兵工生产是过得硬的。”

1951年7月东北军工局派技术检验处处长赴朝，参加志愿军后勤部军械会议，听取参战部队关于武器装备使用情况的报告，收集前线部队对武器弹药的意见。此外，兵器工业部门先后派遣十几批战地技术服务小组，指导部队试用新武器，协助修枪修炮修坦克，受到部队的赞扬。

在支前生产中，五三工厂把增产节约运动同提高企业管理水平有机结合，推进管理民主化，生产连年大幅度增长，1951年产量比上年增长4倍，1952年又增长了一倍。1952年12月24日，中央人民政府财经委员会和全国总工会联合作出决定，经周总理批准，授予五三厂“模范工厂”的光荣称号。朱德总司令为该厂题词“你们是依靠工人阶级搞好工厂企业的模范”。

在抗美援朝战争的两年零九个月里，兵器工业累计生产各种枪械60余万支（挺）、枪弹12.5亿发、各种火炮8424门、火箭筒7682余具、手榴弹1360万枚、炮弹（含火箭弹）1035万发、火炸药万余吨以及大量的地雷、航空炸弹等，并抢修了大量武器装备和弹药，为赢得抗美援朝战争的胜利做出了积极贡献。

紧急科研，粉碎“刺猬战术”

在朝鲜前线，志愿军面对的是机械化装备的美军。他们以坦克为依托，掩护步兵作战，推行“刺猬战术”。而我们的反坦克武器十分落后，不但品种少，而且数量奇缺，主要靠手榴弹、爆破筒、炸药包攻击敌人坦克。

据刘正栋同志回忆，有一次，志愿军已经把美军分隔包围了近20处，可是，第二天天亮，眼睁睁地看着美军用坦克掩护步兵突围，全都逃跑了。这种围而无歼的现象，使志愿军又气又恨。东北军区司令员兼政委高岗从朝鲜前线考察回来后，下命令："限期在三个月内，给志愿军提供有效的反坦克武器"。

为了满足前线需要，中央军委决定研制火箭筒和无坐力炮及其配套的破甲弹，以加强志愿军的反坦克火力。

重庆望江厂进行了57毫米无坐力炮试制，1951年就供应前线2014门，1952年又生产1999门。57毫米破甲弹也先后在重庆和太原地区的弹厂试制成功，1953年累计生产44万发。

57毫米与75毫米无坐力炮装备后，增强了志愿军的反坦克火力，狠狠打击了美军的嚣张气焰。1951年秋季，志愿军某部炮手徐中在五圣山防卫战中，用57毫米无坐力炮击毁敌军坦克7辆，荣立特等战功，并获得"二级战斗英雄"光荣称号。

当时，威力比较大的反坦克武器是美式90毫米火箭筒。在火箭专家、重工业部钟林副部长的领导下，仿制90毫米火箭筒的任务很快下达给和平机械厂和东北机器厂。

1951年3月，和平厂立即组织优秀技术人员，测绘、仿制和改进美式90毫米火箭筒，两个月制出样品，1952年初就将4832具火箭筒送上了前线。

90毫米火箭弹的试制任务，落到了东北机器厂肩上。

1950年11月，在钟林副部长的指导下，成立了以吕去病为组长的研制小组，开始了90毫米火箭弹研制工作。仅用两个月，就设计出135式90毫米涡轮式火箭弹，射程1000米，可穿透100毫米装甲。1951年3月生产出了几十发到前线进行实战试验，随后志愿军派了一个排来厂坐催，东北军区炮兵司令万毅也来厂督促。工厂紧急投产，生产出1万枚送往前线。接着，又改进成功241型90毫米尾翼式火箭弹，当年年底就完成了20万发的生产任务。为了完成上述任务，他们克服种种困难，没有铝合金管就用无缝钢管代替，没有压药机，就冒着风险在加热炉旁用水压机压药，为此，抗日时期的老兵工孙明山等同志献出了宝贵的生命。

这是我国生产的第一代反坦克火箭弹，在朝鲜战场发挥了重大作用。1951年9月美军发动秋季攻势，志愿军第204师组织一个野炮营12门野炮，一个山炮连4门和一个反坦克大队无坐力炮与火箭筒49门（具），在文登里和百岘地区组织反坦克战域，给美军第2师、南朝鲜军第8师的40多辆坦克以重创，击毁38辆，击伤多辆，粉碎了美军的"坦克楔入战"。据《东北日报》报道，90毫米火箭筒和弹投入战场仅一个多月，就击毁美军坦克282辆，打破了美军的"刺猬战术"，粉碎了美军的秋季攻势。火箭筒和火箭弹的研究小组荣获国家嘉奖。

此外，据该厂老厂长佟磊同志回忆，东北机器厂还是我国最早的火箭弹研究基地。在成功试制90毫米火箭弹之后，他们乘胜前进，研制了第一代炮兵火箭427式102毫米火箭，射程5000米。接着又研制成功488式102毫米火箭，射程8000米，和平厂同时研制了6管排炮。1952年生产了240门及几千发火箭弹，送到朝鲜前线，在上甘岭战役中发挥了一定作用，受到好评。后来，他们还试制成功了与苏联"喀秋莎"火箭炮通用的132毫米火箭弹。吕去病工程师领导设计的产品还有60毫米、82毫米迫击炮长弹和120毫米迫击炮钢弹送往前线，该厂还复装了大量105毫米榴弹、120毫米迫弹、长弹、爆破筒、反坦克地雷。……东北机器厂为抗美援朝的胜利和我国火箭事业的发展，做出了重大贡献。

长达3年零1个月的朝鲜战争，以美国在其历史上第一个没有取得胜利的停战协定上签字而告终。中国人民志愿军取得了抗美援朝的胜利，戳穿了美帝国主义不可战胜的神话，为保卫世界和平做出了重大贡献。

刚刚组建的新中国兵器工业，接受了这场异乎寻常的严峻挑战，圆满地完成了支援前线的光荣任务，为人民、为祖国，保家卫国，再立新功。

刊载于：2011－09－01 中国兵器工业集团公司官网 www. norincogroup. com. cn

二、“以苏为师”独立自主创新业

《人民兵工创建80年80件事》之17、18

周恩来总理亲自兼任中央兵工委员会主任

1951年1月4日中央军委成立兵工委员会，政务院总理周恩来亲自兼任主任，负责领导全国兵器工业的生产与建设。在周恩来总理和兵工委员会的领导下，兵器工业取得了辉煌的成就，提前一年多完成了“一五”计划的总产值指标，实现了武器装备的制式化和国产化。

积极引进苏联先进军事技术，独立自主地建设现代兵器工业

1951年10月18日，中苏双方签订了《关于中国工厂获得制造苏联型式枪炮、弹药特许权和交付苏式枪炮、弹药样品、生产技术资料及必要时派遣苏联专家给予技术援助的协定》。

1953年5月15日，中苏两国政府签订《关于苏联政府援助中国政府发展中国国民经济的协定》。该协定确定，苏联帮助中国建设重点工程。1956年4月7日，中苏两国政府又在北京签订《苏联政府援助中国政府建设重点成套项目的补充协定》。在这两个《协定》中，兵器工业共有21个建设项目，这批项目于1960年前后相继建成，成为新中国兵器工业的骨干。

新中国成立前，1949 年 6 月，毛主席在《论人民民主专政》中就明确指出：新中国“将倒向社会主义一边”。1949 年 5 月至 8 月刘少奇率中共代表团秘密访苏。新中国成立后，1949 年 12 月毛泽东主席出访苏联，1950 年 2 月 14 日签订了《中苏友好同盟互助条约》。在中国实现工业化的过程中，争取苏联的帮助是一项英明正确的国策。为了保卫祖国，建设强大的国防，毛主席指出“我们必须掌握最新的装备和随之而来的最新的战术，我们必须向苏联的军事科学学习，以便迅速把我军提高到足以在现代化的战争中取胜的水平。”（高级步校第一期开学典礼的训词），从而确定了我国的军队建设与国防建设“以苏为师”的指导思想。

1951 年 1 月 4 日中央军委成立兵工委员会，政务院总理周恩来亲自兼任主任，中国人民解放军代总参谋长聂荣臻、中央财经委员会副主任李富春任副主任，负责领导全国兵器工业的生产与建设。根据毛主席与党中央的部署，在周总理的领导下，从 1951 年开始，中国政府先后十多次派团前往苏联，商讨苏联援助的事宜，先后签订了多项重要协议。

1951 年 6 月 总参谋长徐向前率中国中央人民政府兵工代表团访苏，于 1951 年 10 月 18 日两国政府签订了《关于中国工厂获得制造苏联型式枪、炮、弹药特许权和交付苏式枪炮弹药样品、生产技术资料及必要时派遣苏联专家给予技术援助的协定》。

1952 年 8 月，周总理亲自率政府代表团访苏，于 1953 年 5 月 15 日签订了《关于苏联援助中国发展国民经济的协定》（5. 15 协定）。协定规定苏联援建中国 91 个项目，连同此前的 50 个项目，再加上 1954 年 10 月 12 日增加的 15 个项目，合计 156 项，这就是著名的“156 项工程”。在“5. 15”协定中有兵工厂 18 个。

1955 年 6 月，薄一波副总理访苏签订了科学技术合作协定，于 1956 年 4 月 7 日在北京中苏两国再次签订了《关于苏联援助中国发展国民经济的协定》（4. 7 协定），苏联援建的项目又增加了 55 项，其中国防工业 33 个项目中有兵工厂 6 个。

1956 年 7 月 李富春副总理访苏，1957 年 12 月 7 日，两国又签订了《关于修改和补充苏联在技术上援助中国建设和改造工业企业和其他项目的议定书》，撤销和停建了 3 个兵工项目。

此外，张爱萍、刘鼎、张连奎、刘亚楼等同志也为争取苏联援助而先后访问过苏联。

对于上述各项协定，尽管后期苏联单方面撕毁协定，撤走专家，但由于中苏两国政府共同努力，大多数协议基本上都得以履约。

最新出版的《中国共产党党史》第二卷中是这样评价苏联对中国援助的：

我国“一五”计划的制订和实施，得到苏联政府的直接援助。这在当时对加快实现初步工业化目标是十分宝贵的。以156个工业项目为中心，苏方不仅提供贷款，而且从资源勘探、厂址选择、技术设计、机器设备、建筑安装到人员培训、试车投产，都给予具体的指导和帮助。我国争取苏联帮助“一五”计划兴建的156个重点项目，对中国工业化的起步起到了十分重要的作用。

援建新厂21个

在156项工程中，兵器工业原有24项，后来撤销了3项，实际建成了21个现代化的兵工厂，包括坦克及发动机厂、大口径炮厂、航炮厂、大口径弹药厂、火炸药厂、引信厂、火工品厂，光学仪器厂、防化器材厂、水中兵器厂等。这些项目从1953年起陆续开始建设，多数在1960年前基本建成，少数在1960年后建成。厂址由中苏双方共同勘察、共同选定。在初步设计阶段，苏方负责工厂的总体设计，在技术设计与施工图设计阶段，苏方负责基本生产与辅助生产的主要建筑物和构筑物的设计，苏方的设计工作量占70%以上。苏方在建设过程中提供了生产技术资料270多种，重要产品技术资料100多种，包括产品图、技术条件、材料标准、工艺规程、工装图及部分非标设备图纸。这些产品的性能与工艺设计多数比较先进，资料比较齐全。苏方还负责提供大量通用和非标设备，各种工艺装置、毛坯、原材料、半成品和零备件以及测试仪器，其中，2000吨水压机、炼钢平炉、16吨锻锤、连续硝化机等都是当时的世界先进水平。施工中苏方负责技术监督，并对设备安装调试与新产品的试生产实行全程技术指导。在中苏双方的共同努力下，在我国各级政府与部门的大力支持下，21个项目基本上都高速度、高质量地建成。结束了中国不能生产坦克履带车辆、大口径高炮、地炮、坦克炮，岸舰炮和航空机关炮的历史，填补了我国坦克车辆、大口径火炮与弹药、航空兵器及配套的光学仪器、水中兵器、光学材料、防化器材等许多专业的空白。这一批新工厂一建成便成为兵器工业的骨干与中坚，对中国兵器工业的发展发挥了重大作用。

改造老厂近 40 个

1952 年 5 月中央军委作出《关于兵工问题的决定》，确定了首批制式化的 18 种武器。8 月拟定了《工厂调整实施办法与步骤》，按专业化的要求进行调整改造，并决定改造工作以第一批制式武器及配套产品为纲，目标是：按照确定的生产纲领，用苏联的先进技术改造工艺装备、调整布局、制造工装，充实测试手段、提高技术人员和工人素质，使之适应制式装备的生产需要。

1953 年开始，老厂的改扩建与制式化武器的试制工作在全行业 40 个工厂全面铺开，苏联派出了大批有经验的专家到厂具体指导。协助审查改造方案，帮助消化技术资料，办培训班传授生产技术，协助编制工艺流程，合理调整生产布局，解决改造中的各种疑难的技术问题，指导工厂建立健全理化分析、标准计量等技术后方，改善测试手段、建设靶场和实验室。在整个技术改造的过程中，采纳了苏联专家提出的许多建议，如：淘汰天轴吊挂皮带传动装置，改为单机齿轮变速传动方式；提高型锻技术水平，加强热处理、表面处理、焊接、冲压等薄弱环节，添置理化、计量、靶场仪器设备，加强检测手段等。经过改扩建之后，老厂面貌焕然一新。形成了专业化的生产格局，改变了落后的生产方式，加强了技术后方，提高了测试水平。改进了工艺，弥补了不平衡环节，提高了生产能力，降低了成本，改善了生产环境与劳动条件，为顺利完成制式化装备的试制创造了良好的条件。

建立健全现代企业管理制度

1951 年 10 月中苏签订第一个协定后，11 月苏联即派出 5 人专家组来华综合考察中国制造苏式枪炮弹药的条件，经过3个月的调查，提交了考察报告，指出了中国的兵器工业存在着产品杂乱、规格繁多、性能落后、能力不平衡、技术水平低、技术人员缺乏、管理不善、生产不文明等等问题，提出了加强建设的若干建议，其中的一条就是，兵工总局应对兵工厂实行直接管理，建立集中统一的管理体制，并对总局的设置提出了具体意见。

中央军委兵工委员会采纳了这个意见，于1952年5月21日做出《关于兵工问题的决定》，明确规定兵器工业实行集中统一领导，撤销各大行政区的兵工局，改设兵工总局驻各大行政区办事处。兵工总局在军委兵工委的领导下直接领导各兵工厂。6月17日，召开了第二届全国兵工会议，朱德、李富春等国家领导人到会做了重要讲话。李富春同志在闭幕会上指出："中国要工业化，工业必须集中统一在中央，这是势在必行。要根据中国的特点，几年内逐步实现。但对兵工来讲，不是逐步，而是要快步实现。兵工历来在工业上是带头的。今后国家走向工业化，希望兵工也要带头，永远带头，推动其他工作前进。"

会后，兵工领导机构按照"紧缩中间，加强两头，使兵工总局切实成为全国兵器工业的强有力的领导机构"的原则进行了改革。这是兵器工业历史上一次重大的领导体制改革，不但对全面完成20世纪50年代各项繁重的任务发挥了十分重要的作用，而且为建设独立完整的兵器工业体系，实现工业化、现代化有着深远的意义。

制式化过程中在专家的指导下，工厂普遍实行厂长负责制，建立了一整套科学的生产管理体系与制度，一是"三级（厂、车间、工段）一长"负责制的生产指挥系统，二是以总工程师为首的技术管理体系，总工程师领导总设计师、总工艺师、总冶金师及总机械师等，统一管理工厂的技术工作。三是以总会计师为首的经济核算系统，确立了五项经济指标（商品产值、总产值、劳动生产率、良品率和成本）的三级经济核算制度。并相应建立了各种岗位责任制、计件工资制、工艺管理、设备维修管理、工具材料管理等项制度。还帮助工厂建立了军品交验、不合格品处理、废品统计分析、原材料检验、计量检定、量具流转等制度，使工厂的文明化生产向现代化大大前进了一步。专家在华期间，提出的建议多达数十万条，80%都被采纳。

建立完整的兵器教育体系

苏联帮助哈军工与北京工业学院建立起兵器专业的高等教育体系，在哈军工成立了炮兵工程系与装甲兵工程系。在北京工业学院建立了16个兵器专业，包括：枪械、火炮、弹药、火箭弹、引信、药筒、坦克及发动机、火炸药、军用光学仪器、指挥仪、雷达及遥控等产品设计与制造工艺等，几乎覆盖了整个兵器工业的各行各业。高等兵器教育的教学计划与教学大纲均参照苏联，基础课普遍采用苏联教材，专业课的讲稿或由苏联专家亲自编写，或在专家指导下由我们老师编写。至1956年底共开设了75门专业课。

中等兵工专业学校与技工学校，也学习苏联办学经验，借鉴苏联的组织机构和管理制度，调整了部分学校的专业设置与教学计划，编译了各工种的教学大纲和大量的教材。

苏联还接收了我国1200个实习生，到对口的兵工厂的对口岗位学习，为我们培养了一批专业人才和骨干。

总之，学习苏联的经验，奠定了中国兵工教育体系的基础，对提高教学质量，培养大量的各类技术人才，满足社会主义建设需要，发挥了重要的作用。

实现陆军武器装备制式化

解放初期，人民解放军的武器装备主要是缴获的，不但性能落后，数量不足，而且口径杂乱，型号繁多，仅枪械、火炮就产自24个国家98家工厂，110种型号，自己能够制造的产品很少，无法满足部队作战的需要，更不能满足现代化的要求。

1952年5月中央军委兵工委做出的《关于兵工问题的决定》中，确定了以生产制式武器为中心改造老厂和建设新厂的方针，并确定了第一批制式化武器18种，其中15种均为苏式。根据中苏签订的协议，我国获得了大批苏式武器的特许制造权。先后随21个新厂建设引进了数十个成套项目和54项单项生产技术，一个大规模的制式化武器的试制在全行业展开。

试制工作严格按照苏联图纸技术要求进行，合格一道工序，定型一道工序。严格执行先试制定型，再小批量试制，再大批量生产的流程。这就是延续至今的新产品科研生产的法定程序：样机研制、工厂鉴定、设计定型、部队试用、生产定型、小批量试制、大批量生产。在试制过程中，一方面虚心向苏联学习，一方面发挥自己的聪明才智，创造了“六试六定”的试制程序（即经过试验合格后，定机器、定卡具、定刀具、定量具、定材料、定操作规程）和“郭绍江工作法”，提高了试制质量，缩短了试制周期。我们的工程技术人员认真消化吸收并较快地掌握了苏联的技术，同时，他们也发现并修改了原来设计中的一些错误，结合中国的生产条件，改进了部分生产工艺。

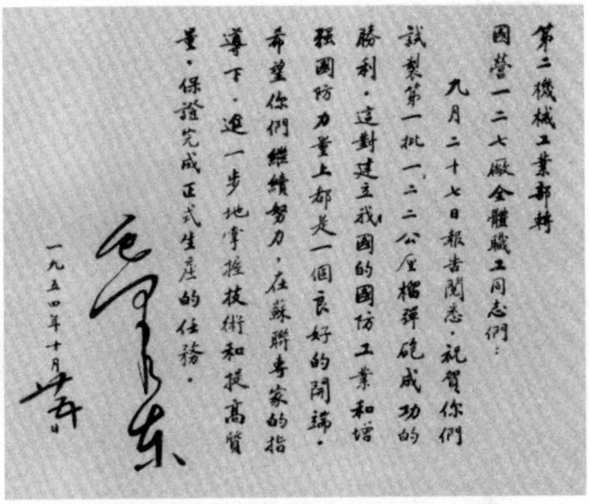
第二機械工業部轉
國營一二七廠全體職工同志們：
九月二十七日報告閱悉，祝賀你們試製第一批一二二公厘榴彈砲成功的勝利，這對建立我國的國防工業和增強國防力量上都是一個良好的開端。希望你們繼續努力，在蘇聯專家的指導下，進一步地掌握技術和提高質量，保證完成正式生產的任務。
毛澤東
一九五四年十月廿五日

1954 年和平厂、东北机器厂等试制的 122 毫米榴弹炮与山西机床厂试制的 76.2 毫米野炮率先完成试制，批准定型，命名为 54 式 122 毫米榴弹炮和 54 式 76.2 毫米野炮。10 月 25 日毛主席亲自签发嘉勉信对上述两厂予以表彰。1958 年 6 月毛主席在国防工业展览会上参观了 54 式 122 毫米榴弹炮。据不完全统计，1959 年前兵器工业完成定型的装备多达 10 大类 122 项，还不含引信、火工品、火炸药、光学仪器和原材料等配套产品。这些装备有几个明显的特点：（1）填补了国产坦克车辆、大口径火炮、航炮等重型装备以及许多配套光学仪器的空白；（2）产品形成了以苏联装备为基础的系列化；（3）门类比较齐全，除了陆军装备外，还服务于空军、海军；（4）武器性能基本上都是当时世界的准一流水平，从而使我军的装备完全地实现了国产化、制式化，从此甩掉了人民解放军装备“万国牌”的帽子，大大缩短了与世界先进水平的差距。

国庆 10 周年的大阅兵，国产的 59 式中型坦克、60 式中型履带牵引车、76.2 毫米野炮、85 毫米加农炮、130 毫米加农炮、152 毫米加农炮、100 毫米高射炮、75 毫米无后座力炮、57 毫米战防炮和 40 毫米火箭筒以及各种枪械伴随着威武的中国人民解放军通过天安门，这既是对我国武装力量的检阅，也是对我国国防工业，特别是兵器工业成就的检阅。

参加国庆10周年阅兵的59式中型坦克

参加国庆10周年阅兵的59式152毫米加农炮

参加国庆10周年阅兵的59式100毫米高射炮

1959 年前定型的部分制式化产品统计表

产品品种		数量	合计	产品名称
坦克与履带式车辆		2	2	59 式中型坦克、60 式履带式牵引车
枪械	信号枪	1	23	57 式 26 毫米信号枪
	手枪	3		51 式、54 式 7.62 毫米手枪，59 式 9 毫米手枪
	步枪	2		53 式 7.62 毫米马步枪、56 式 7.62 毫米半自动步枪
	冲锋枪	3		50 式、54 式、56 式 7.62 毫米冲锋枪
	机枪	14		53 式、56 式 7.62 毫米班用机枪、58 式 7.62 毫米连用机枪 53 式、57 式 7.62 毫米重机枪，53 式 7.62 毫米战斗机枪， 55 式、59 式 7.62 毫米坦克机枪、59 式 12.7 毫米坦克机枪 54 式 12.7 毫米高射机枪、59 式 12.7 毫米航空机枪 56 式 14.5 毫米四联高机、58 式 14.5 毫米两联高机 54 式 12.7 毫米舰用机枪
火炮	无坐力炮	2	23	52 式 57 毫米、56 式 75 毫米无坐力炮
	迫击炮	3		53 式 82 毫米、55 式 120 毫米、56 式 160 毫米迫击炮
	加农炮	5		54 式 76 毫米加农炮、55 式 57 毫米战防炮、56 式 85 毫米加农炮、59 式 130 毫米加农炮和 59 式 152 毫米加农炮
	榴弹炮	2		54 式 122 毫米榴弹炮、56 式 152 毫米榴弹炮
	高射炮	3		55 式 37 毫米高射炮、59 式 57 毫米高射炮、59 式 100 毫米高射炮
	坦克炮	2		59 式 100 毫米坦克炮、55 式 57 毫米反坦克炮
	航炮	3		23－1、37－1、30－1 航炮
	火箭炮（筒）	2		52 式 90 毫米火箭筒（后未列入制式化序列）、56 式 40 毫米火箭筒
地雷	防步兵雷	4	6	PMD－6、58 式防步兵雷，59 式子母雷、59 式跳雷
	反坦克雷	2		41 式、59 式反坦克雷
手榴弹		4	4	攻 43 型、防 1 型手榴弹、反 3 型反坦克手榴弹、木柄手榴弹
喷火器		2	2	58 式轻型喷火器、58 式重型喷火器
鱼雷发射器		1	1	59 式鱼雷发射器

半个世纪过去了，回顾 20 世纪 50 年代，在周总理的亲自指挥下，“以苏为师”，认真学习苏联先进技术，接受苏联援助，这是中国兵器工业历史上规模最大、涉及面最广，成效最大的一次大引进，引进的不仅是一批现代化的兵器技术，而是包括科研、生产、教育、工程设计等在内的整个兵器工业体系；不但援建了一批重要的工厂，而且全面改造了老厂；不但引进了制造技术，而且引进了现代化的管理、先进的教材和设计规范。引进的结果，不仅实现了兵器装备的制式化和国产化，使人

民解放军成为世界上一支不可小视的武装力量，而且使我们仅用了10年左右的时间，走完了苏联30年兵器工业发展的路程，使我国的兵器工业跃上了一个很高的新平台，初步建成了门类比较齐全、专业基本配套、技术比较先进的现代化的独立自主的兵器工业体系，为兵器工业的发展奠定了坚实的基础。

中国人民决不会忘记苏联人民对我国国防建设所作出的重大贡献。为了表彰来华苏联专家的业绩，周恩来总理为在兵器系统工作的712名专家中的8名专家颁发了“总理感谢状”，另有66位专家荣获了“部长感谢状”。

三、“大跃进”与三级干部会

《人民兵工创建80年80件事》之27
国防工委召开三级干部会议整顿产品质量

20世纪50年代末，兵器工业受“大跃进”的影响，企业管理混乱，军品质量下降，安全事故不断发生，严重影响了部队武器装备和战备需要。1960年12月8日–1961年1月6日，由贺龙、罗瑞卿主持，在北京召开中央军委国防工委三级（部、局、厂）干部会议，重申“质量第一”的方针，开展以整顿产品质量为中心的整风运动，使我军装备质量有了显著提高。但会议错误地批判“搞民品是不务正业”，导致兵工企业民品全部下马，影响了“军民结合、平战结合”方针的正确贯彻。

《关于建国以来党的若干历史问题的决议》中指出：“1958年，党的八大二次会议通过的社会主义建设总路线及其基本点，其正确的一面是反映了广大人民群众迫切要求改变我国经济文化落后状态的普遍愿望，其缺点是忽视了客观的经济规律。”“急于求成，夸大了主观意志和主观努力的作用，……在总路线提出后轻率地发动了’大跃进’运动和农村人民公社化运动，使得高指标、瞎指挥、浮夸风和’共产风’为主要标志的左倾错误严重泛滥开来。”

《中国共产党历史》第二卷中也指出："'大跃进'运动虽然在某些方面取得了一定的成果，但为此而付出的代价却是巨大的。……这是党在领导全面的社会主义建设、探索自己的建设社会主义道路过程中的一次严重失误。"

这样一次全国性的运动，兵器工业也不能幸免，无疑也给建设与发展造成了严重破坏。

企业的放与收

八大二次会议后，进行了以下放经济管理权限为中心的大规模的经济体制变动，将原来由中央掌握的一些经济管理权限和中央经营管理的企业迅速下放给地方。

1958 年 4 月，国务院提出了企业下放的总原则。4 月份一机部向中央提出了军工企业不宜下放的建议。但是，6 月 2 日中央又做出关于企事业单位下放的规定，明确一机部所属单位大部分下放，于6 月 15 日前完成。

为了执行中央决定，6、7 月份，一机部将 15 个兵工企业、6 万余职工下放地方，约占全部 55 个兵工企业、22 万人的 1/4。主要是枪厂、枪弹厂、迫击炮弹厂等轻武器生产单位。企业匆忙下放地方管理后，在计划管理、军民结合、材料供应、协作配套等方面都出现了一系列的问题，"两个积极性比一个积极性好"和"促进地方经济发展"的初衷不但没有实现，而且一定程度上增加了地方的负担，造成了管理上的混乱。尤其是，下放发生在"大跃进"年代，废除了一大批行之有效的规章制度，更加剧了管理混乱的程度。

1959 年 9 月 15 日，一机部党组向国务院报告，建议收回部分下放的兵工企业。但未获批准。直到 1961 年 1 月 20 日，中央《关于调整管理体制的若干暂行规定》下发后的 5、6 月间，才将下放的兵工企业全部收回。这一放一收，给企业造成了不小的内伤。

建设工作遭到严重破坏

1958年在“以钢为纲”、“全面跃进”的影响下，建设规模急剧膨胀。国家要求兵器工业支援工农业大跃进。于是，盲目地新建“大铸造”、“大锻造”、大型总装厂房。仅铸造中心一气就在哈尔滨、重庆和西安地区同时开工了三个。

为了大干快上，完全打乱了建设计划。不但要求“二五”计划的建设项目必须在两年内完成，同时还要大上民品生产的“补腿”建设项目和大上导弹建设项目，为了这“两个大上”，许多老厂进行大规模的改建扩建。从而使基建规模急速膨胀，造成了战线过长、人力物力与施工力量的分散，严重影响了新厂的建设速度。在“一五”期间，基本建设从实际出发，根据需要和可能，有计划地展开，每年新上项目不多，集中使用资金，五年建成了65个项目。而“二五”期间，规模过大，投资分散，忽上忽下，最后只建成了29个项目，其中有些还不配套。停缓建项目占用资金多达3.7亿元，投资效益很低。

西安东方厂是受害最严重的单位之一，它是苏联援建的引信厂，在建设途中，1958年增加了西安地区铸造中心项目，生产纲领年产3万吨。1961年建成后随着民品的下马而告吹。1961年又决定上空空导弹项目，不久也遭下马，厂房报废。

在“一五”期间，学习苏联刚刚建立起的一套科学的基建程序，在大跃进中遭到了严重的破坏。违反基建程序，盲目追求高速度，提出了不切实际的“当年计划、当年设计、当年施工、当年投产”，大搞“边定设计任务书、边选厂、边设计、边施工、边试制生产”的“五边”工程，结果适得其反，变成了“边设计、边修改、边施工、边停工”的“四边”工程，造成了严重的损失和浪费。为生产导弹而建设的558、539厂两次选厂、两次开工，两次停工，建设3年，后来由于中苏关系恶化，所处位置不符合战备要求，全部下马，直接经济损失上千万元。

长治某厂为了生产导弹，扩建一个一级超净厂房，1.47万平方米。1960年5月18日开始施工，要求9月15日竣工。设计任务书未批，产品方案就修改了7次，工程设计时缺乏必要的设计资料，技术关键尚未解决，生产工艺未摸清，勘测资料不全，加之施工不按规范进行，对地下古墓未予勘察处理，结果部分基础急剧下沉，被迫停建。

除了建设规模膨胀失控外，基本建设管理也失去了控制，在“大破大立，不破不立”的思想指导下，基建中的许多行之有效的合理规章制度被废除，盲目下放设计审批权，简化设计、降低质量标准，大搞快速施工，放卫星。将原来的“包工包料”改为“包工包定额”、“包工不包料”，建设单位自行解决材料等等，致使工程质量和安全得不到保证。一年内发生施工质量安全事故2811起，其中重大事故349起，损失惊人。

生产受到重大冲击

和平厂原厂长周燕生在他的《军工科研40年》一文中，曾这样描述了“大跃进”时代的工厂状况。

在“人定胜天”、“大干快上”、“一天等于二十年”口号下，人们均把速度奉为行动的最高准则，置我国当时的经济与技术基础条件于脑后，狂热地要在短时间内“跑步”进入共产主义天堂。于是，在高不可攀的经济指标要求下，在车间现场“一顶二”、“一顶十”完成定额工时的鼓动下，加班加点习以为常，日夜连续奋战，半夜实在熬不住了，找个人见不到的地方打个盹，继续苦战；为了完成虚高的生产指标，把质量、节约等要求统统抛在九天云外；加之极力鼓吹“大破大立”，科学性被膨胀的盲目性无情压制，产品质量下降，造成产品严重内伤。

“大跃进”对兵工生产的破坏还在于，在“破除迷信”、“大破大立”口号下，把几年来学习苏联结合中国实际所制订的一大批行之有效的规章制度，均视作“教条主义”与影响生产力发展的绊脚石，一律加以批判与废除。1958年被明令废除的制度多达65项：如财务收支的监督办法、统一成本计算规程、成本管理条例、会计核算的凭证标准格式、定额管理办法、军品验收合格证、材料消耗定额管理制度、产品质量月报制度、报废火工品处理暂行办法以及独立的检验制度、独立的会计监督制度、垂直监察室制度等。与此同时，撤销、合并、压缩了一些职能部门。从而使企业生产处于“产品无标准、加工无规程、技术与检验人员无人敢负责、收支无计划、消耗无定额、考核无指标”的无政府状态。生产秩序混乱，产品质量下降，质量事故与安全事故频发。有的工厂半年未能生产出一根合格的炮管，有的厂废品率高达70%。某厂轻率更改工艺，错装零件，致使200多门加农炮不合格。某厂将100%的检验项目擅自改为抽检，连续发生击针击锤断裂事故，造成一年生产的7万支冲锋枪返修了两年，赵尔陆说：“我们工厂生产的冲锋枪，只打了十几发子弹，击针尖就断了，还不如阎锡山兵工厂生产的好。”1958、1959两年间，共发生重大火灾爆炸事故9起，与1957年相比，年平均事故死亡人数增加了3.6倍，万人重伤人数翻了一番。是新中国成立10年中安全事故最严重的两年。

兵器科研的乱象

从1957年反右派运动开始，中国进入了一个非理智的年代。“一天等于二十年”，大炼钢铁，大放高产卫星，超英赶美，跑步进入共产主义，刚刚萌芽的兵器科研事业经受了一场暴风雪的洗礼。

笔者当时正在大学里大炼钢铁、下厂搞技术革新，没能亲历过兵器工业大跃进的乱象，只能从一些回忆录里得到一鳞半爪的信息。

在炮院一所的所史中有一段这样的记载，从使用部门的角度上记录了大跃进的景况：“1958年，哈军工在全国大跃进形势影响下，开展了技术革命运动，在第二期学员毕业设计时大搞‘真刀实枪’的项目设计。接着又组织了群众献方案、提指标的运动。炮兵工程系组织了一次几个单位，几百人在一起的方案论证大会战，一个月提出了7种炮、4种枪的方案。最后由炮兵工程系党委研究决定，先搞‘四炮一仪’，即130毫米自行加农炮、152毫米自行加农炮、240毫米迫击炮、37毫米自行高炮和集中式指挥仪。并成立了科研领导小组和办公室。同年11月，军械所的人员和炮兵工程系二期学员在老师的带领下分赴20多个工厂，开始设计试制工作。”

“军械所大跃进期间的科研项目远不止于此，还有76.2毫米坦克炮、107毫米无坐力炮、180毫米榴弹炮、100公里导弹等97项，平均每人承担二、三项。”

周燕生厂长在他的《军工科研40年》中则从一个工厂的层面描述了大跃进情况："科研工作也卷入大干高潮中，技术人员昼夜兼程，几天内拼凑出总体设计，立即投入试制试验。因跨过了科学论证这个环节，试制出来的产品只能以失败告终。如：为迎接1960年阅兵而研制的808型多管火箭炮就因技术储备不足，匆忙上马，火箭弹性能不过关而中途夭折。又如我厂第一个独立设计的803型122毫米榴弹炮，铸钢不严格执行工艺规程，上架基轴根部集中大量砂眼气孔，在射击过程中突然断裂，造成火炮上下部分离，上部仰翻，险些酿成伤亡事故。上述群众建设社会主义积极性被误导而导致的恶劣后果，不但造成了主观愿望与客观实际严重脱节的思想混乱局面，而且造成了巨大的经济损失。"

大跃进中的兵器科研工作是新中国成立后，兵器科研队伍始建初期第一次真刀实枪的实兵演练，是向科学进军途中的第一场遭遇战，这是一场战略目标选择不当、作战计划不周密、战斗准备不充分、"兵力"不足、战术不合理的消耗战，尽管初衷是好的，但是实际结果是，搞乱了人们的思想，打乱了正常的科研秩序，废弃了行之有效的规章制度，打击了群众建设社会主义的积极性，是一场劳民伤财的乱仗、败仗，造成了严重的后果，损失已无从统计。

1. 这场战役发起的时机不对，工厂消化吸收苏联资料，国产化工作取得了初步成功，专业科研机构刚刚开始建设，技术力量十分薄弱，科研条件还很落后，预先研究、基础研究尚未开展。无论从什么角度都不具备进行如此大规模攻坚战的条件，完全是在大跃进政治形势的裹挟下不得已而仓促上阵的。

2. 正因为仓促上阵，缺乏缜密的作战计划与正确的作战方针。装备体制、口径序列等一系列重大问题尚未厘清，缺什么装备，重点发展什么也不清楚，更谈不上发展规划，因此，上项目盲目性极大。举例说，我国从苏联引进的加农炮、榴弹炮有8种之多，加农炮口径有76.2、85、122、130、152毫米，榴弹炮有122和152毫米，另外还有152毫米加榴炮，品种如此之多，口径如此之密，究竟怎么选择炮种？怎么确定口径序列？全不清楚，大跃进中又提出了180毫米榴弹炮和新型大口径远程火炮（后来演变成新152毫米加农炮）等。

3. 上项目缺乏充分论证，只凭主观意志提要求，追求高指标，超越现实可能，有条件上，没有条件也上。当时履带式底盘只有刚刚国产化的59式坦克和中型履带牵引车两种，却要搞130毫米自行加农炮、152毫米自行加农炮、37毫米自行高射炮。制导技术是一张白纸，却要上100公里导弹。

4. 一味追求高速度，大干快上，实行“人海战术”，“疲劳战术”，大哄大嗡，大搞群众运动。反右派、反右倾、拔白旗、插红旗，知识分子遭遇不公正的待遇，积极性、创造性受到很大的打击。

5. 科研程序被破坏，正常的工作秩序被打乱，行之有效的制度被废除。

大跃进中科研工作的这些乱象造成了严重的后果。

一大批搞无米之炊的项目，上马也快，下马也快。如130毫米自行加农炮，152毫米自行加农炮，240毫米迫击炮，100公里战术导弹，180毫米榴弹炮、107毫米无坐力炮、160毫米迫击炮增程弹、808型多管火箭炮等，大跃进时忙活了一阵子，后来就无影无踪，再也没有出现。另一批由于指标过高，几经调整，几上几下，变成了科研上的“胡子项目”。双管37毫米自行高炮1988年设计定型，周期长达29年；新152毫米加农炮1986年设计定型，周期27年；40公里273毫米火箭炮1983年设计定型，周期24年，它们都历经了几下几上的跌宕起伏，定型后在国内基本上都没有装备。76毫米坦克炮虽然通过了鉴定，但因水陆坦克和轻型坦克均采用了85毫米坦克炮而被废弃。

大跃进中成功与失败正反两方面的教训使我们对自主科研的认识深化了一步。科学研究是严肃而严谨的探索未知的活动，有其内在的客观规律，我们必须研究它掌握它，绝不能违背他。科学研究有一整套循序渐进的科学程序，切不可轻易跨越它。科研工作要打牢基础，才能上水平。科研必须解放思想，打破常规，否则就没有创新。但是筑梦的过程必须脚踏实地，循序渐进，不可好高骛远，盲目追求高指标、高速度、高水平。科技领域的竞争说到底就是人才的竞争，科研工作还必须建设一支训练有素的科技队伍。这些就是大跃进付出了巨大代价才取得的宝贵经验教训，是对历史的科学总结，此后几十年我国兵器科研发展的历史一再地证明，认真贯彻这套科学发展观，我们的事业就兴旺发达，朝气蓬勃，反之，就要受到沉重的惩罚。

三级干部会的来龙去脉

由于大跃进的干扰，国防工业生产秩序严重混乱，产品质量急剧下降，质量事故频发。为了肃清大跃进的流毒，扭转这种混乱局面，一机部五局于1959年二、三月召开厂长会议，作出了《关于提高产品质量，加强技术管理工作的决议》。同年5月19日和6月5日，一机部赵尔陆部长两次以个人名义致信省市厅局和工厂，呼吁“整顿生产秩序，提高产品质量”。并于1960年4月在沈阳召开了国防工厂三级干部会，再次强调加强企业管理，提高产品质量问题。

1959年12月1日国防工委成立，贺龙同志任主任。1960年5月10日，军委常委会议专门听取了一机部部长赵尔陆的汇报，随后发出《军委常委会议纪要》，指出了国防工业产品质量问题的严重性，要求立即采取有力措施加以解决。9月13日，中央书记处专门为武器装备的质量问题召开了国防工业电话会议，彭真、贺龙作了重要讲话，指出：对待产品质量的态度是个党性问题，将质量低劣的武器交付部队使用是犯罪行为。并指出：“当前军工产品的质量问题主要是由于领导上的错误造成的，领导要引火烧身。”

1960年6月毛主席在上海严肃指出：“把质量提到第一位，恐怕到时候了。”

尽管中共中央、中央军委三令五申，要求解决军工产品的质量问题，“质量第一”的方针也提出半年多了，一机部也三番五次开专题会、发文件，但效果仍不尽人意。贺龙同志用了近一年时间，深入军工企业调查研究，发现产品质量问题已经成了国防工业的“顽症”，仅靠过去那种开会、发文件已经不能彻底扭转“大跃进”遗留下来的严峻问题。于是决定在国防工业部门召开一次整风式的三级干部会议，来一次强烈的“冲击波”，来一场“狂风暴雨”，促使那些至今还不重视产品质量的领导干部猛醒。

1960年11月25日，贺龙把准备在国防工业系统召开部、司（局）、厂三级干部会议进行质量整风的设想报告了中共中央和中央军委，28日晚，又向毛泽东主席请示。毛泽东同意召开这次会议，并指出：“帝国主义压迫我们，修正主义也欺负我们，我们要争口气呀！”30日，贺龙在北京友谊宾馆召开了国防工业系统三级干部会议的预备会议，明确了会议的目的、开法。这次会议的中心任务是：以整顿军工产品质量为中心，整顿国防工业各级干部的思想和作风。”“开会的方法是摆事实，讲道理。把以前质量不好的情况都翻出来，开展批评和自我批评。目的不是追究谁的个人责任，而是找出经验教训，改进今后的工作。”贺龙同志还自我批评说：“国防工业产品质量不好，已经受到了损失。这个损失由我向中央、军委检讨。因为我是主管国防工业的，不要你们负责。”他号召与会同志：“整顿好思想和作风，克服缺点，纠正错误，统一认识，团结一致地把我们今后的工作做好。”

12月8日，国防工业系统三级干部会议开幕。根据贺龙的建议，配合会议在北京工业学院（北京理工大学的前身）举办了军工劣质产品展览会，展品1309项。

参加会议的有三机部系统的部、局（司）、厂（包括科研机构和高等院校）三级领导干部，以及一机、冶金、化工等部主管军工生产的部、局级干部和部分厂长、党委书记；同时还邀请了国家计委、经委、建委、各中央局、各省、市（自治区）和国防科委、军委各总部、各军兵种、各大军区以及国防部五院等单位主管军工的有关负责干部与会，共786人。会议共分航空、兵器、造船、无线电、装甲车辆、高等院校、化工、民用机械等8个大组。

正式会议开始后，全体大会和各大组会交叉进行。贺龙、聂荣臻、罗瑞卿、陈赓、刘亚楼等在会上作了报告，讲了话。国防工业部门的主要负责人在会上作了几次发言，高姿态地检查了工作中的缺点，承担了责任。

会上发言和书面发言的共190多人。会议着重揭发批评了国防工业和航空工业产品质量低劣，基本建设质量不好，零备件供应紧张，工厂管理混乱等严重问题，最突出的是米格-19飞机试制两年投产500架、米-4直升机试制3年都交不出一架合格的产品。

贺龙在会议中间，于12月24日给中共中央、中央军委和毛泽东主席写了一份《关于国防工业当前存在的问题及今后工作安排的报告》。《报告》根据三级干部会上揭露出的大量事实指出，目前国防工业问题确实十分严重。主要是：产品质量普遍下降；军品生产任务一再延误；国防工厂基本建设的质量不好；工厂管理紊乱，事故不断，伤亡严重；浮夸、弄虚作假、瞒上欺下之风盛行；军工厂在生产民用产品方面也存在着不少严重问题。因而国家在国防工业中的巨额投资，未获得应有的成果。贺龙把这比喻为“铸剑成犁”。

1961 年 1 月 6 日，贺龙作了会议总结报告。报告肯定了国防工业 11 年来的成绩，指出了存在的问题及产生的原因，提出了国防工业建设必须遵循的 17 条准则。准则的主要内容是：必须立足于应付帝国主义可能发动的世界战争和原子战争；必须为国防建设和军队建设服务；必须发奋图强，自力更生发展国防工业；必须随着国家独立完整的经济体系的建立，逐步建成完整的国防工业体系，做到工业配套、地区配套、产品配套；必须贯彻执行军民结合，以军为主的方针；必须贯彻质量第一，在确保质量的基础上提高数量的方针；无论是突击尖端、基本建设，都应当集中兵力打歼灭战；必须迅速地建立一支又红又专的干部队伍；必须坚决贯彻勤俭办国防工业的原则；必须加强政治思想工作，以政治统帅业务；必须树立忠诚老实、实事求是的作风，反对浮夸，反对弄虚作假。

这次会议历时 40 天，会议规模之大、时间之长、出席高层领导人之多和揭发、批判气氛之紧张，在国防工业系统是空前的，故人们称之为“大将点火，元帅升帐，海陆空军总动员”。会议产生的声威，使各方面都受到了巨大的震动。会后中共中央批转了贺龙同志《关于国防工业系统当前存在问题及今后工作安排的报告》。

为了贯彻三级干部会议精神，1961 年 1 月，国防工委下发了《关于在国防企业中开展整风运动的指示》。兵器工业用了近一年时间，开展了以整顿质量为中心的整风运动，从领导作风、生产纪律、质量管理、工艺设备等各方面，发动群众揭露问题，查找原因，制订措施。为此，国防工委从部队抽调了 2000 多名干部加强对兵工企业整风工作的领导。下面仅以包头某厂为例，可见整风运动的一斑。该厂在上级工作组的指导下，以整顿领导作风为主，大鸣大放大整大改，全厂鸣放出意见 7 万多条，厂长、书记两次在党委扩大会上作个人检查。然后转入中层干部整风，先后召开了四次以整风兑现为内容的职工代表大会，讨论整改影响质量的重大问题。此后，工厂便着手组织技术人员和管理人员归队，健全责任制，调整生产计划，加强军品生产线。返修1960年的不合格产品，清仓查库，清理原材料和在制品，对技术资料和工艺装置进行复查补制，检修5000多台设备，恢复其精度，整顿和健全规章制度67项。经过一年的整风，被大跃进破坏了的生产秩序才得以逐步恢复正常，企业管理重新走上轨道，质量与经济效益都明显提高。

三级干部会的历史贡献

国防工业三级干部会议是一次成功的大会，聂荣臻同志说："这次会议在中共中央、毛主席、周总理的关怀和指导下，贺总亲自主持，开得很好，是我们国防工业具有历史意义的一次会议。军工产品的质量低劣，已经严重地影响我军当前的对敌斗争和对未来战争的准备，我相信通过这次会议，一定能迅速扭转局面。"

这次会议的重大历史贡献在于：

第一，三级干部会议以及其后的整风运动，对大跃进所犯错误的清算，对大跃进的流毒的洗消，为《工业七十条》、《科研十四条》等重要文件的出台做了舆论准备，为这些文件的贯彻落实打下了基础。

第二，为贯彻落实"整顿、巩固、充实、提高"的八字方针提前进行了全面部署。

三级干部会结束后一周，党中央八届九中全会召开，会议决定对国民经济实行"调整、巩固、充实、提高"的八字方针。从此，国民经济结束了三年的大跃进，转入了调整阶段。国防工业三级干部会议实际上就是贯彻"八字方针"的动员大会，国防工业率先吹响了贯彻"八字方针"的冲锋号，为国防工业成功地贯彻"八字方针"，顺利地实施这一重大的历史转变奠定了良好的基础。

第三，"两个第一"的方针深入人心。

通过展览和大会上、大会后对触目惊心的大量质量问题的无情揭露，给人们猛击一掌，不但对国防工业系统上上下下，而且对军工配套协作单位的震动都很大，使人们对质量问题的严重性有了比较清醒的认识，对加强质量管理重要性的认识也有了很大提高。从而使军品第一和质量第一的方针越来越深入人心。

第四，在发动群众揭发问题的同时，又发动群众查找质量问题的原因，制定措施，边整边改，使质量管理恢复了正常，产品质量有了显著提高。

第五，这次的质量整风，实际上是一次以质量问题为突破口，全面整顿企业管理的运动，这个运动从领导作风、指导思想、规章制度、管理体制，到生产经营等方方面面都来了一次全面的整顿，使国防工业企业的管理工作逐渐走上了健康的发展轨道，从而，促进了兵器工业的发展。兵器工业总产值年平均增长速度，大跃进的“二五”期间，曾经从“一五”的26.5%，降为1.6%，但是整顿之后的1963－1965年间又恢复到44.2%。兵器工业全员劳动生产率，也曾经从1957年的5149元/人，逐年下降到1961年的1483元/人，整顿后又逐年稳步上升，1965年达到了7289元/人，创历史新高。

三级干部会的巨大贡献永载史册。

三级干部会的不足

但是，由于历史的局限性，三级干部会及其后的整风运动也存在一些不足，虽然不是主流，但一些教训也值得我们汲取。贺龙同志在4年后提到这次会议时曾说：“实践证明那次会议开得是及时的，有效的，不过也有缺点。如果把会议领导得好一点，特别是会议的领导方式好一点，会收到更好的效果。”

第一，国防工业发生的问题，实质上是“大跃进”中的“左”倾指导思想与“五风”（共产风、浮夸风、强迫命令风、生产瞎指挥风、干部特殊化风）在国防工业战线上所造成的严重恶果。虽然会议对大跃进的错误进行了相当程度的清算，但是最后这一层窗户纸还是没有被捅破。既然“三面红旗”不倒，那么，大跃进的流毒就很难彻底清除。

第二，虽然贺龙同志在开会时曾经强调，这次会议不是追究个人的责任，如果有责任首先是他的责任，不要大家负责。但是实际过程中，还是把由于大跃进方针路线上的错误强加到了国防工业部门的主要领导以及各级干部的头上，层层检查，人人过关。尤其不恰当的是，将本属思想工作上的问题，强行与所谓的“右倾机会主义”挂钩，把路线斗争引进了国防工业，开展了无情而错误的批判，并对一机部部长赵尔陆、三机部部长张连奎以及部分局长、厂长做出了不公允的组织处理，有的则被调离了国防工业系统。

第三，在批判忽视军品的同时，错误地指责“军工厂上民品是不务正业”，致使军工企业所有的民品“一风吹”，建成的、未建成的民品项目一律下马。这实际上违背了毛主席提出的国防工业要学会军用和民用两套生产技术的本领的指示，违背了周总理提出的“平战结合、军民结合、以军为主、寓军于民”国防工业和平时期的总方针。这次会议对“军民结合”方针的批判影响十分深远，一直到改革开放之后，国防工业实施“保军转民”，再次提出贯彻“军民结合、平战结合、军品优先、以民养军”方针时，许多兵工厂领导仍心有余悸。

对于国防工业三级干部会议上的失误和偏差，周恩来总理有所觉察。1961 年 11 月 8 日，中央决定成立国防工业办公室，作为国务院的一个口，在党内对中央书记处和中央军委负责，直接管理二机部、三机部和国防科委所属范围的工作，罗瑞卿任主任。国防工办成立后，国防工委不再直接管理国防工业的日常事务，随后于1963 年9 月，中央军委决定撤销了国防工委。

四、中印边境自卫反击战与武器“减肥风暴”

1959年3月西藏上层反动集团发动叛乱后，印度政府正式向中国政府提出大片领土要求，并不断深入中国领土向中国边防部队挑衅。1959年8月25日在中印边境东段“麦克马洪线”以北的朗久村发生第一次武装冲突。10月21日在西段的空喀山口以南的中国领土上再次发生武装冲突。至1962年印军在西段的中国领土上共设立了43处据点，在东段印军沿“麦克马洪线”建立了24个新哨所。1962年10月12日，尼赫鲁公然发出战争叫嚣，他说已下令要把中国军队从塔格拉山脊“清除掉”。为了先发制人，中国边防部队于10月20日实施反击，在西段一举扫除了印军在中国境内建立的所有据点，在东段控制了“麦克马洪线”以南的大片土地。11月21日中国政府主动宣布全线停火，并从12月1日起单方面后撤20公里。中印边境反击战共毙、伤、俘印军8700余人，缴获大量武器装备和物资，打了一次漂亮的速战速决的边境自卫反击战，使中印边境的形势基本稳定下来。

此次局部战争时间很短，仅仅40天，我参战部队既无空军，也无装甲兵，而印军则有空军支援，有机械化部队参战，因此，与印军相比，我们的装备总体上讲并不占优势，但是，我们却取得了战争的胜利。究其原因，一是捍卫领土完整，师出有名，有理有利。二是中央决策果断，速战速决。三是部队作战勇敢，战术灵活机动。四是新换装的国产制式化装备性能优良，可靠性好，发挥了重要作用。五是后勤克服困难，补给快速及时等等。

制式化装备实战立大功

此次参战的部队主要是陆军的步兵师，作战的主要兵种是步兵、炮兵、防化兵等。参战的装备都是刚刚换装的我国生产的第一批制式装备，这也是这批制式装备首次接受战争的考验。

此次作战的地域，东段路险林密，西段山高谷窄，高寒缺氧（4500－6000米以上），人烟稀少，补给线很长，交通极为不便。对武器装备来说，是在极端环境中的一次极其严峻的考验。

十分欣慰的是，我们的国产装备，经受住了这次考验，表现良好，特别抢眼的是一大批“56式”（半自动步枪、冲锋枪、班用轻机枪、40毫米火箭筒、75毫米无坐力炮、85毫米加农炮等）打出了信心，打出了军威。

在这样的地区作战，武器的机动性犹显重要，重型装备难以实施机动与展开，因此，我军配备装备的原则是“连级背着跑”，“营级驮着走”，“团级挽着走”，这一原则发挥了重大作用。特别是那些伴随步兵的轻型武器作用尤其显著。

56式半自动步枪，动作可靠，轻便灵活，400米内精度良好，而且节省子弹，很受战士欢迎。一个当时参战的老兵说，“定在常用表尺（表尺3），指哪打哪。”

56式冲锋枪人称“小机枪”，在步兵班装备于正副班长。实战中，由于其火力猛，400米内也有相当高的精度，和半自动步枪配合使用效果很好，常常能创造以少胜多的战例。比如西山口——邦迪拉战役中，某部9连副班长庞国兴，在和主力失去联系的情况下，和另外3名战士自动组成战斗小组，使用2支冲锋枪和2支半自动步枪，深入印军纵深7.5公里，占领两个炮兵阵地，缴获7门加农榴弹炮。后又配合主力部队缴获另外8门。在遭遇战中，当我军遭到印军伏击时，重火器来不及展开，分队中的冲锋枪手常常要担负起迅速压制敌人火力，掩护其他战友的重任，这时冲锋枪的作用非常关键。

56式班用机枪，火力持续性好，能有效封锁敌地堡枪眼并杀伤远距离运动之敌。在搜剿作战时，印军第62旅旅长辛格率四人逃跑，被56式班用机枪的一个连发射击全部毙命。

56式40毫米火箭筒在反击战中表现相当出色，它比无后坐力炮机动性好，野战中能跟上步兵猛打猛冲，及时进行火力支援。如某连火箭筒班班长黄绪林，在50米距离上击毁拦阻我步兵的机枪一挺，后又击毁正准备逃跑的106.7毫米迫击炮一门、牵引车一辆。又如我先头部队在与印军第48旅廓尔喀联队第6营遭遇时，先以40毫米火箭筒将7辆满载弹药的印军车辆打燃爆炸，印军2辆美制坦克企图逃跑，前面一辆马上被两枚火箭弹击中起火，另一辆的乘员丢弃坦克逃入密林。实战证明：56式40毫米火箭筒在攻坚时也是最适用的武器之一。

57 mm无坐力炮是直瞄的反坦克武器，直射距离近，但射击精度很高，抵近地堡射击累立战功。如：进攻“阿印8号”据点的战斗中，骑兵某团无后坐力炮排的2门57毫米炮，发射28发，命中25发，摧毁9个地堡，自己无一伤亡。

号称“十发十中”的75毫米无坐力炮在反击战中也发挥了很大的作用。某连前后四次作战，发射252发炮弹，90%以上命中目标，且多系首发命中，共摧毁敌碉堡17座，摧毁指挥所、火力点、单炮阵地等目标19个，为此，547厂（燕兴机械厂的前身）受到了三机部的通报表扬。

暴露出的问题

当然，在如此极端的环境中，我们的武器也暴露出一些问题，归纳起来有以下几方面：

1. 机动性问题很突出，这里西部山高，东部林密，没有公路，重型武器难以机动，主要装备和弹药都是靠人背马驮，人均负荷过重，加之高原缺氧，战士体力消耗很大。因此，对团以下武器弹药减轻重量是参战官兵最强烈的要求。

56式75毫米无坐力炮重达87公斤，身管太长，前打马头，后打马屁股，炮尾粗而短，驮载不方便。

53式7.62毫米重机枪原为轮架式，重达44.5公斤，仅轮式枪架就达30公斤，很不利于山地机动作战。

53式82毫米迫击炮，也重达52公斤，单件重都在16－19公斤，战士负荷也感到较重。

2. 作战使用方面的问题，（1）有的武器火线高较低，在灌木丛林地区使用时架设困难。75毫米无坐力炮有一次是把炮身绑在树上发射，创造了摧毁敌人四个地堡的战绩。53式重机枪的架轮在山地无法架设，有时是战士用肩膀支撑着射击。（2）对于高海拔地区作战，由于弹道性能的变化和测距不准，影响命中精度。（3）40毫米火箭筒后喷火焰容易伤及战士腿部。

3. 弹药对高寒地区的适应性略显不足。曾经发生过枪炮打不响，机枪不连发，手榴弹瞎火不爆，火焰喷射器冷喷以及药盘时间引信作用时间不正常等现象。

因此，这次作战对我军后来的轻武器发展产生了很大影响，特别是对武器减轻重量的认识有了显著提高，为兵器工业历史上的“武器装备的减肥风暴”起到了推波助澜的作用。

“减肥风暴”

陆军武器装备的“减肥风暴”，实质上是一次对制式化装备的技术改造运动，它起始于20世纪的50年代末，高潮于60年代，收获于60、70年代。开始阶段的特征是保持弹道性能基本不变，致力于简化结构、减轻重量，所以我把它称之为“减肥风暴”。这是兵器科研工作从大跃进的混沌状态的理性回归，是从仿制走向自行设计迈出的扎实的第一步。随着技术的进步，新原理、新结构、新工艺的不断涌现，后来的研究工作就不再是仅仅减重，而是武器弹药联合作战，同时改进，着眼于系统性能的全面提高，渐渐地步入了自主创新的金光大道。

“减肥风暴”几乎涉及第一批陆军制式装备枪炮领域的各种武器，小到几百克的手枪，重到8450公斤的130毫米加农炮，手枪、步枪、机枪、迫击炮、榴弹炮、加农炮……无一“漏网”。几十个项目齐头并进，你追我赶，声势浩大。少的减重几十克，多的减重2100公斤，有的减重百分之几，有的减重高达50%－60%。减肥的方法多种多样，或删繁就简，简化结构，或用新结构代替旧结构，用新材料置换旧材料，或降低不必要的强度冗余，或将武器一分为二，或移花接木……。如双联14.5毫米高射机本色过于笨重，于是将其一分为二，新设计了可以人背马驮的单管14.5毫米高射机枪。又如，将122毫米加农炮的炮架，巧妙地移植到了130毫米加农炮上，从而使130毫米加农炮重量大幅度下降……

这是历史上规模空前的一次大改造，收获颇丰，成绩巨大，定型了一大批改进型武器，多达几十种，笔者收集了其中一部分制成了一览表附后。在此过程中虽也有个别不成功，但绝大多数都装备了部队。从而使部队武器装备的机动性上了一个大台阶，武器设计水平迈出了重要而坚实的一步，培养锻炼了一大批技术骨干，进而增强了自主创新的勇气和信心。这是兵器工业技术进步史上一个重要的发展阶段，也是武器从仿制向自主创新过渡的必经之路。

“减肥风暴”的动力来自于三个方面：一是来自战争，特别是中印边境自卫反击战以及后来的援越抗美，战争实践对武器的机动性提出了强烈的需求；二是来自兵器技术发展内生力量的推动；三是来自于“人民战争思想”与“人背马驮理念”的指引。

人民战争思想是毛泽东军事理论的重要组成，是中国革命取得胜利的重要保证。新中国成立后，毛主席根据未来相当长时期内，与主要作战对象相比，敌强我弱的势态不会根本改变的客观现实，提出了“未来的战争，主要还得打人民战争，打仗还是寄希望于步兵”的战略思想，毛主席一再强调仍然要重视步兵武器。

鉴于我国机械化水平一时难以提高，因此，步兵的机动方式，主要还是依靠两条腿，靠人背马驮。所以，在20世纪60年代，人背马驮一直是武器设计的重要指导思想与设计原则。1961年8月召开的国防工业工作会议，提出了武器轻量化是科研工作的重点方针。

从中国兵器技术的发展史来看，经过10多年对苏联技术的消化吸收与试制生产，我们已经逐步掌握了苏联武器的设计原理与制造技术，在学习的过程中，也发现了苏式武器结构比较复杂以及比较笨重等缺陷和不足，随着我国新材料、新工艺的发展，随着我们设计水平的提高，科研生产者们也产生了改进制式装备的强烈愿望，这是一种科技发展内生的强大的原动力。

以上三股力量的汇合，产生了强烈的共振，促成了这次“减肥风暴”的风起云涌与波澜壮阔，成就了“减肥风暴”的巨大成功。

几个典型案例

在这里我们不能对如此众多的兵器减肥效果一一介绍，只选取了以下几个典型个例。

【重机枪从 45 公斤到 15 公斤】：

53 式重机枪原来只有轮架式一种，重达 44.5 公斤，仅枪架就重 29.9 公斤，非常笨重，因此，该枪的减肥就从轮架开刀，自行设计了三脚架，使全枪减轻了约 15 公斤，减重 33%。这是改进 53 式重机枪迈出的第一步。后来在此基础上又进一步简化结构，又减轻 1.4 公斤，命名为 57 式重机枪（三脚架式），累计减重效果 36%。

当时，我军装备的机枪除 53 式、57 式重机枪外，还有 58 式连用机枪、56 式班用轻机枪，品种较多，能不能简化些呢？因此便产生了用轻重两用机枪取代上述几种机枪的构想。任务下达给北京工业学院与西南仪器厂。在朵英贤老师的带领下，北京工业学院的学生们下到工厂，厂校密切合作，新研究设计了短枪机，供弹机构由双程进弹改为单程进弹，用偏摆式枪机代替楔铁式，并采用了独创的浮动原理，使后坐抗力下降，大大提高了射击稳定性，也使枪重大幅度降低，全枪重 23.5 公斤，1967 年定型，命名为 67 式轻重两用机枪，获全国科学大会奖。由于文革的影响，生产质量很不稳定，大量装备部队后，试用中出现射击精度不好，枪管烧蚀严重和停发现象。1975 年与 1979 年先后作了两次重大改进，定型了 67－1 轻重两用机枪，取代了 53 式、57 式重机枪和 58 式连用机枪。67－1 式枪重减为 25.4 公斤。

53式重机枪与67－2轻重两用机枪

有了上述几次改进的经验，增强了设计人员的信心，于是在西南仪器厂吴尚礼、208所朵英贤副总工程师等人的带领下，以进一步减轻重量、增强可靠性、提高身管寿命为主攻方向，开始了新一轮改进设计，对枪管、枪架、弹链等主要部件进行了更大胆的改进，同时改进了操作方式。由于后坐力降低，因此，可以实行抵肩射击，从而取消了高低架身的缓冲装置。此外，枪架助锄改为滑动式，枪架脚管采用矩形变截面的冲焊结构，全枪结构紧凑、灵活可靠，重量15.5公斤（其中枪架仅5.5公斤），仅为53式重机枪（轮架式）的1/3。枪管采用耐烧蚀的新材料，使身管寿命大大提高。该机枪于1982年设计定型，命名为67－2式重机枪，荣获国家科技科技进步二等奖。“四合一”身管寿命技术获兵器工业部科技进步一等奖。

最近，工程院院士、中国枪王朵英贤（右图）的自传出版，很荣幸朵院士赠我一册，其中有两段关于该机枪参加射击比赛的故事很有趣，在此我也转录于下。一次是1963年下半年，67式机枪的原理样枪初步试制出来，重量明显减轻，精度与53式相当。总后在北京八一射击场组织了一次向军委各总部及五机部领导机关的汇报试验，67式的样枪与53式机枪进行对比射击，结果是定点精度二者相当，而横向扫射命中概率高于53式，得到了领导机关的一致好评，这对刚刚开始自行研制的设计者们鼓舞极大。另一次是1979年，我国的67－1式机枪改进已经成功，此时，我国仿制的苏联PKMS

通用机枪也已成功。PKMS 是 1969 年苏联开始装备的最新的通用机枪，是世界通用机枪中的佼佼者。于是中国究竟选用哪种机枪，成为一个有争议的问题。为此，军械部决定进行一次选型。将 102 挺 67 - 1 式机枪与 500 挺 PKMS 机枪同时发往全军 10 个地区，进行部队对比试用。这是我国最大规模的一次选型试验。由于试验地区广、部队多、样本量大，加之组织严谨，试验结果置信度很高。最后的试验结果是：67 - 1 式的射击精度、机构动作的可靠性及携行战斗性能均优于 PKMS，获得了部队一致的肯定与好评。只是 67 - 1 机枪重量稍重，希望进一步改进。中国自制的机枪在与世界枪械强国的 PK 中获胜，无疑大大增强了我国枪械研制队伍的信心。他们一鼓作气，终于拿下了 67 - 2 式轻重两用机枪，跃进了世界先进行列。

我国重机枪从 53 式到 67 - 2 式，经过 20 多年的艰苦努力，经历了两三代六、七个型号的演变，如今的 67 - 2 式与仿制苏联的 53 式相比，已经面目全非，焕然一新，性能也不能同日而语了。

【12.7 毫米高射机枪的四级跳】（从 127 公斤到 40 公斤）

12.7 毫米高射机枪总设计师朱德林

54 式 12.7 毫米高射机枪是仿制苏联的 ДШКМ 高射机枪，是我国第一代制式高射机枪，结构简单，适于人背马驮。但是重达 127.5 公斤（装备手册为 134 公斤），机动性欠佳。20 世纪 60 年代长安机器厂将其改进，取消了防盾、架轮、散热片等，增添了精瞄机构、枪管提把、挡弹板等，于 1966 年定型，命名为 54 - 1 式，质量降到了 93 公斤（装备手册为89 公斤），这第一跳就减轻重量 27%（按装备手册 35%），成就可谓不小。

20 世纪 60 年代末，湖南小三线资江机器厂，在生产 12.7 毫米高射机枪过程中积累了丰富经验，主动发起了对 12.7 毫米高射机枪的挑战，朱德林为首的设计组，排除文革的干扰，在极其简陋的条件下，开始了向高峰的攀登。他们敢想敢干，打破常规，大胆采用导气管式的新自动

原理，并在闭锁机构、缓冲器结构、枪架设计等方面采取了一系列新技术，使全枪重降到了57公斤，这第二跳比54式减轻重量55%，取得了惊人的突破。该枪外形美观，结构紧凑，携带方便，操作简便，采用简易环形瞄准具，提高了命中精度。于1978年设计定型，命名为77式，荣获国家科技进步二等奖。被誉为兵器科研战线的“一枝花”。使12.7毫米高射机枪发生了革命性的变化。

在资江机器厂的带动下，高机的减重的缺口被打开，国家队长庆机器厂不甘落后，实现了第三跳，又把12.7毫米高射机枪降到了45公斤。

可是，时隔不久，资江机器厂的85式又以40公斤的成绩再次夺冠，从127.5公斤，经过93、57、45、40公斤的四级跳，85式仅为原枪重的30%，可谓成绩斐然。如此你追我赶，把我国的高射机枪的水平推进了世界先进行列。

【60毫米迫击炮小炮做出了大文章】

解放初期，我国生产装备的60毫米迫击炮是旧中国仿制的法国布朗德式，性能相当落后，炮重43公斤，射程才650米。于是，没有列为制式装备而停止生产。

20世纪60年代开始装备63式60毫米迫击炮，射程比上述60毫米迫击炮增加一倍多（1470米），炮重12.5公斤，是部队上最轻巧的火炮。但该炮射击稳定性稍差，部队不很满意。后来改成了60－1式，炮重降为11.5公斤，射程提高到1620米，开始大量装备部队。但是装备部门仍然不很满意，20世纪70年代再次准备将其从装备体制中撤销，60毫米迫击炮又一次面临退役的危险。幸运的是，20世纪80年代国际军火市场上对其却有强烈的需求，但要求性能必须改进提高。于是北方公司就组织南京理工大学和小三线9607厂、9613厂，对60毫米迫击炮进行重大改进，在唐治、冯文有、孙长安等同志的带领下，大胆创新，采用圆形窗式座板，提高了射击稳定性，采用螺纹身管改善了散热性能，炮弹加上了闭气环，提高了射击精度，10 年间设计定型了两代产品（WW90 式和 PP93 式），都荣获了部级科技进步一等奖。其中 WW90 式 60 毫米迫击炮射程 5750 米，使用特种装药可以达到 6000 米，炮重仅 20 公斤。该炮精度高、威力大，在世界同类迫击炮中射程最远。从而使 60 毫米迫击炮再次起死回生，不但没有从装备体制上消失，国内却扩大订货，并且大量出口，使老装备焕发了青春，小炮做出了大文章。

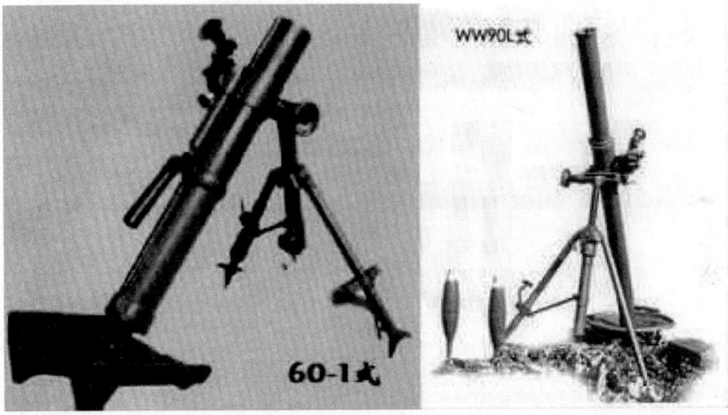

几种迫击炮主要性能对比表

型号	炮重（公斤）	弹重（公斤）	最大射程（公里）	杀伤半径（米）
63 式 60 毫米迫击炮	12.5	1.33	1470	11.7
53 式 82 毫米迫击炮	52.2	3.23	3040	30×16
WW90 60L 毫米迫击炮	21.5	2.3	6000	20

【从 120 毫米迫击炮到 100 毫米迫击炮】

20 世纪 60 年代初陵川机械厂与炮院一所着手改进 55 式 120 毫米迫击炮，陆金楚同志创造性地用梯形座板代替了传统的圆形座板，极大地减轻了重量。淮海机械厂改用了新型缓燃药，大幅度降低了膛压，解决了射击稳定性问题，为迫击炮轻型化闯出了一条新路。定型的 64 式 120 毫米迫击炮全炮重仅 174 公斤，比 55 式减轻了 101 公斤，减重 37%。运动方式由汽车牵引改为骡马驮载。

20 世纪 80 年代，陵川机械厂与淮海机械厂又联合设计，研制成功了 86 式 120 毫米迫击炮及弹药，炮重仅增加 18%，射程却却提高了

36%。又进一步优化了系统综合性能。

有了 120 毫米迫击炮的研制经验，我国开始脱离华约口径系列，走自主创新的道路，自行开发更加先进的 100 毫米迫击炮及弹药。陵川机械厂邹厚甫等同志与有关弹药厂密切协作，精心设计出 71 式 100 毫米迫击炮武器系统，新型高强度材料的座板等新技术的采用，使全炮重仅 74.5 公斤，射程却达 4700 米，在中越边境自卫反击战中因重量轻、精度好而享誉战场，战士们称其为“立功炮”。其后的 80 式 100 毫米迫击炮，更多地使用了高强度钢、以及铝合金、钛合金，炮重降至 52 公斤，很适合空降兵使用。89 式 100 毫米迫击炮更有了大步提高，与 71 式相比，重量仅增加了 4 公斤,(78.5 公斤)，射程达 6500 米，提高了 37%。

枪炮武器减重一览表

序号	名称		型号重量【减重百分比】				
1	7.62 毫米手枪	型号	54 式	64 式	77 式		
		重量(公斤)	0.86	0.53【38%】	0.5【42%】		
2	7.62 毫米冲锋枪	型号	56 式	56－1 式(折叠枪托)			
		重量(公斤)	4.03	3.8【6%】			
3	7.62 毫米班用机枪	型号	56－1 式	74 式			
		重量(公斤)	7.9	6.2【16%】			

续表

序号	名称		型号重量【减重百分比】				
4	7.62毫米重机枪	型号	53式（轮架）	53式（三脚架）	57式（轮架）	57式（三脚架）	67-2式
		枪重（公斤）	44.5	29.9【33%】	38.3【14%】	28.5【36%】	15.5【65%】
		其中枪架	29.9	15【50%】	23.8【20%】	14【53%】	5.5【82%】
5	12.7毫米高射机枪	型号	54式	54-1式	77式	85式	
		重量（公斤）	127.5	93【27%】	57【55%】	40【69%】	
6	14.5毫米高射机枪	型号	56式4管	58式双管	75式单管	75-1式单管	
		重量（公斤）	2100	660	142	169	
7	60毫米迫击炮	型号	63式	63-1式			
		重量（公斤）	12.5	11.5【8%】			
		其中炮身	4.5	3.8【16%】			
		炮架	4.6	4.3【6.5%】			
		座板	3.4	3.4			
8	82毫米迫击炮	型号	53式	67式	83-1式		
		重量（公斤）	52.5	35【33%】	18.1【65.5%】		
		其中炮身	17.6	13【26%】	5.7【68%】		
		炮架	18.9	10【47%】	5.7【70%】		
		座板	16	12【25%】	6.7【58%】		
9	120毫米迫击炮	型号	55式	64式			
		重量（公斤）	275	174【37%】			
		其中炮身	100	64【36%】			
		炮架	80	45【44%】			
		座板	95	65【32%】			
10	130毫米加农炮	型号	59式	59-1式			
		重量（公斤）	8450	6300【25%】			
11	75毫米无坐力炮	型号	56式	56-2式			
		重量（公斤）	87	52【40%】			

注：【】号中的减重百分比都是与左侧第一列武器的相应数据的对比。

（刊载于《兵器知识》2013年第12期，内容略有删节）

五、援越抗美 防空武器跃上新台阶

1964 年 7 月发生“北部湾事件”后,8 月 5 日美国首次轰炸越南北方目标,把战火延伸到了北方,从而使侵越战争升级。8 月 6 日,我国政府发表了抗议美国侵犯越南的严正声明。为防止战争向中国转移,1965 年 4 月 12 日中央下令全国转入临战状态。4 月 20 日,全国人大常务委员会郑重宣告:中国将继续尽自己的一切可能,坚决地、无保留地支援正在抗美爱国正义斗争的越南人民。1965 年 6 月 9 日,第一批中国志愿部队开进越南,与兄弟的越南人民并肩作战。至 1968 年 3 月,总计出兵 32 万余人。兵器工业也在这次援越抗美作战中作出了重大贡献。

高炮部队的辉煌战绩

战争升级后,美国实施“南打北炸”的战略,推行了“滚石行动”计划,对北方进行狂轰滥炸,3 年中出动包括 B52 在内的飞机 10.7 万架次,投下炸弹近 300 万吨,8 年中的投弹量是二战期间世界总投弹量的 4 倍,相当于每平方公里的越南土地上投下了 TNT 炸药 314 吨,给越南人民生命财产造成了巨大损失。

应越南政府的请求,中国政府派出了防空部队予以支援。入越的中国高炮部队主要担负北宁至凉山、安沛至老街、克夫至太原的铁路线以及太原钢铁基地等重要目标的防空作战任务，并掩护中国援越工程部队的施工。

从1965年6月至1969年3月，先后赴越轮战的中国高炮部队和配属的防空部队共有16个支队辖63个团，总计约15万人，其中空军高炮部队先后有8批7个师辖26个团零8个独立营及配属的9个探照灯营、14个雷达连。他们使用的武器装备主要是老旧的苏式85毫米高炮和65式37毫米高炮，少量装备了59式57毫米、100毫米高炮和56式四联14.5毫米高射机枪，性能比较落后。

但是，入越高炮部队广大指战员针对美机活动特点，发扬“小米加步枪”的精神，研究了多种机动灵活的战法，与美机实施空中“短兵相接”，集中几十门小高炮集火射击一架飞机，用相对落后的武器，打击美军性能先进的飞机。在3年零7个月的时间里，仅中国空军入越高炮部队就与美机作战558次，取得击落美机597架、击伤479架的光辉战绩，有力地打击了美国侵略者的嚣张气焰，保卫了越南领空，打出了军威、国威。

援助越南建设兵工厂

1965年6月越南政府代表团访问中国，7月13日中越两国政府签订了《关于给予越南政府经济技术援助协定》，协定中的31个项目中，兵器工业承担了8个，包括新建6个兵工厂，扩建2个兵工厂，它们分别是新建迫击炮弹体厂、迫击炮弹装药厂、40毫米火箭弹厂，火工品厂、引信厂、机枪厂以及扩建步枪厂和枪弹厂等。

为了执行政府协定，1965年9月五机部王立总工程师率团赴越南考察，双方签订了《关于8个军工项目有关建设问题的会谈纪要》，双方议定，8个项目分三个阶段实施。考察组成员戴森同志在考察途中遭遇敌机轰炸不幸光荣牺牲。

五机部对援越项目十分重视，选派有经验的老厂和最好的设计单位负责这几个兵工厂的筹建，第一阶段的3个项目都在1966年7月开工，先后在1969年前建成投产。后5个项目多数也在20世纪70年代建成。

在这批兵工厂援建的前后，中国还援助越南建成了一批兵工厂，帮助越南形成了枪械、枪弹、地雷、手榴弹、迫击炮弹和40毫米火箭筒的生产能力，为越南人民取得抗美战争的胜利做出了积极贡献。

紧急实施“高光专案”

面对严重的空中威胁，我国领导人高度重视。为了对付可能的侵略战争，防空武器的发展就成了当务之急。为此，中央决定实施“高光专案”，加强高射武器和光学仪器的建设，一方面支援越南抗美，一方面也为我国做好战争准备。

1964年10月15日总参谋长罗瑞卿提出了关于加速高射武器和弹药建设的报告，1965年五机部制订了建设规划，1966年周总理批准了这个规划。计划在赣西(2套)、晋西、豫西共建设4套37毫米高射炮厂，后来豫西项目下马，晋西37毫米高炮厂建成后撤销，江西只建成了一套57毫米高射炮厂。与此同时还在原来的炮厂和枪厂中扩建了一批高射武器项目。并在河北与湖南建设了2套37毫米高射炮弹药厂。

1969年1月国务院批准上海在皖南地区小三线建设一套57毫米高射炮厂共12个项目，包括高射炮总装、瞄具、电机、电器、测距机、雷达、指挥仪、炮弹装配、炮弹弹体、弹壳、引信等，于1971年建成投产。

此外，根据国务院批准的规划，在天津和沈阳的民用工厂建设了两条57毫米高射炮动员生产线，在其他省市建设了8条37毫米高射炮、4条14.5毫米高射机枪、3条12.7毫米高射机枪和7条高射武器瞄准镜动员生产线。在6个省市动员生产了3.5万件防弹衣支援越南前线。

1965年11月，国防科委向聂荣臻副总理汇报时，聂荣臻指出：“光学仪器落后的矛盾很突出，备战以来，军用十分紧张，要大力抓”。接着五机部上报了《关于加速光学仪器工业发展的请示》，为此在河南与湖北建设了7个光学厂。

通过高光专案的实施，大大扩大了我国高射武器及其配套光学仪器的生产能力。也为支援越南做出了贡献。

与此同时，1965年为了完成备战增产任务，兵器工业各企业努力扩大生产，主要武器特别是高射武器比1964年有了较大增长。37毫米高射炮增长52%、高射炮弹增长46%、14.5毫米高射机枪增长1.9倍，有力地支援了越南抗美斗争。

高射武器跃上新台阶

抗美援越战争虽然以美国的失败、中越人民的胜利而告终，但是也暴露出我国高射武器不但数量严重不足，而且性能十分落后，远远不能满足现代对空作战的需要。主要问题是射高低、射速慢、威力小，自动化水平低，炮瞄雷达的抗干扰能力差……。

1967年6月，国防科委召开了高射武器科研会议(620会议)，入越作战的高炮部队和赴越南前线考察的科技人员在会上介绍了情况，1967年7月毛主席接见了会议代表和赴越参战的代表，指出要加强高射武器和光学配套产品的生产建设。会议决定把填补中空火力缺口，进一步加强低空、超低空火力作为科研工作的重点，要求高射武器向全天候、全自动和提高机动性方向迈进，随之一批科研项目应运而生。

【71式20毫米高射炮】在此之前，1964年2月，总参就根据刘伯承副主席的指示，考虑我国超低空防空能力薄弱，下达了20毫米高射炮的研制任务，主要用于歼灭2000米以下空域的目标，兼顾对地面目标作战，特别强调机动性，要求能人背马驮。该炮于1971年批准设计定型，命名为71式20毫米高射炮。曾经赴越南试用，没有批量生产，也没有装备部队。

【65式双管37毫米高炮】部队原装备的55式37毫米高射炮是单管的，火力密度低，于是在其基础上改进成了双管的65式37毫米高射炮，射速由80发/分提高到320-360发/分。该炮在越南战场上曾经立下过赫赫战功，被部队誉为“铁扫帚”。但是，该炮为人工瞄准、手动操作，不具备全天候作战能力。为此，开始了全自动的双37毫米高炮的研制。

【74式全自动双管37毫米高炮】1974年定型的74式全自动双管37毫米高射炮，配备了1035模拟式指挥仪、2米测距机和瞄10型炮瞄雷达(311甲)，具备6种工作方式，即全自动、火控半自动、雷达测距半自动测角、对针式瞄准、瞄准具半自动、瞄准镜手动等工作方式，既可以实现全天候全连自动集火射击，各炮也可以独立作战，火炮的射速进一步提高到440-480发/分，瞄准具的目标航速由250米/秒提高到350米/秒，火炮性能与毁伤概率都得到大大提高。311甲炮瞄雷达采用手控跳频，提高了抗干扰性能。1978年设计定型的311乙炮瞄雷达采用双波段、单脉冲体制，

加装了动目标显示，进一步提高了抗干扰的能力。

74式全自动双联37毫米高射炮

【72式85毫米高射炮】1967年根据越南战场的需要，为了提高中空的火力，国防科委紧急部署了新85高炮系统的研制，由炮所（当时的1102所）担任总体单位，李洪昌任总设计师，由上海纺织机械局组织所属的纺织机械厂等单位进行试制，1972年设计定型，命名为72式85毫米全自动高射炮。系全天候、全自动的高射武器系统，最大射高16000米，有效射高12000米，射速30－35发/分，行军全重6100公斤，比59式100毫米高射炮减轻了3500公斤，射速比59式100毫米高射炮高提高一倍多。该系统配有小860炮瞄雷达，新3米测距机、数字式指挥仪、变倍指挥镜，具备自动瞄准、半自动瞄准、对针式瞄准和手动瞄准四种工作方式。有较高的瞄准速度与装填速度，有效地提高了瞄准精度与射击精度。

72式85毫米全自动高射炮

【炮瞄雷达】小860炮瞄雷达是大860炮瞄雷达改进型，采用双波段、动目标显示、频率捷变等技术，提高了抗“百舌鸟”导弹攻击的能力和抗电子干扰能力，1974年设计定型。此后即着手研制性能更优越的第二代雷达火控系统（306），该系统采用了脉间跳频、脉冲压缩、恒虚警、行波管等多项新技术，性能国内领先，接近世界先进水平。1989 年我曾经参加了国家科技进步奖的评审会议，在会上，雷达专家、机电部军工总监夏文祥同志对该雷达给予了很高的评价，会议一致同意 306 雷达评为国家科技进步一等奖。后来，该雷达的总设计师王越同志当选中国科学院院士和中国工程院第一批院士，改写了兵器工业没有院士的历史。王越同志还是兵器工业唯一的一位双院士。

306 雷达总设计师、科学院院士、工程院院士王越

这批项目陆续定型装备部队，使我国高射武器系统的性能和技术水平都大大提高了一步。同时开启了我国低空与超低空高射武器向机械化、信息化、网络化、全天候、全自动、炮与导弹结合的新目标快速发展的新时期。1977 年到 1985 年 12.7 毫米高射机枪先后定型了 4 个品种，重量一个比一个轻，性能一个比一个好，1985 年我国仿制成功了苏式双管 23 毫米牵引式小高射炮，1987 年自行研制成功了 PG87 式双管 25 毫米牵引式小高射炮，1989 年定型了我国第一台三位一体的 PGZ88 式双管 37 毫米自行高射炮。1995 年定型了 PGZ95 四管 25 毫米自行高射炮，2004 年定型了 PGZ04A 型四管 25 毫米自行高射炮，20 世纪 80 年代后期，我国引进了瑞士双管 35 毫米牵引式高射炮，国产化的 PG99 式于 1999 年设计定型，后来又定型了双管 35 毫米自行高射炮，1992 年，我国还定型了先进的 ET90 - 200 型高射炮、地空导弹旅(团)情报指挥系统，从而使我国高炮的装备水平跨进了世界先进行列。

援越抗美的附带收获

抗美援越战争胜利后，1975 年春节前夕，总后装备部通知 20 院到南苑机场接收越南政府赠送给我国一批战利品，共十余种，我记得的有：陶式反坦克导弹、BLU - 82 燃料空气炸弹、M109 式 155 毫米自行榴弹炮、175 毫米自行加农炮、M102 式 105 毫米榴弹炮等。根据装备部的指示，20 院组织有关单位对这批样品进行了认真的测绘分析，相继提出了研究报告，对于我国兵器技术的发展提供了很多有益的借鉴。

【陶式导弹】通过对陶式导弹和发射装置的测绘分析，使我们掌握了该导弹设计原理和一些单项技术，对我国正在研制的红箭－8反坦克导弹方案的确定、部件的选择都有很好的帮助。20世纪80年代中后期，国外提出了在T－72坦克上安装陶式导弹干扰器的要求，后来，我国就借助这次测绘的结果，研制成功了陶式导弹干扰器，在验收试验时，安装在T－72坦克上的干扰器取得了对5发陶式导弹全部干扰成功的优异成绩，受到外方的好评。

【155毫米自行榴弹炮】通过155毫米自行榴弹炮的测绘，不但对我国自行研制PLZ－05型155毫米自行加榴炮有重要参考价值，而且对我国PLZ－45型155毫米自行加榴炮在科威特市场上，战胜美国的M109型155毫米自行榴弹炮成功出口有很大的帮助。

【云爆弹】在这里，我要特别提一提云爆弹，因为，这在我国当时还是空白。云爆弹是美军在越南战场广泛使用的一种新型的大面积爆破杀伤弹药，学名“燃料空气炸弹”，又称为空气炸弹、油气炸弹、窒息弹等。它的战斗部里装的不是炸药，而是可燃气体，如环氧乙烷或环氧丙烷等。它的爆炸机理与炸药爆轰也不一样，炸药爆炸是炸药在极短的时间里，发生了激烈的化学放热反应，引起气体体积急速膨胀，产生了高温、高压和强力的冲击波，从而对临近目标和周围物体形成剧烈的破坏作用。而云爆弹则是可燃气体与空气中的氧气混合到一定的浓度时引起剧烈的化学反应而引起的爆炸，类似于煤矿里的瓦斯爆炸。它的爆炸过程是：当云爆弹被投放或发射到目标上空时，在特种引信的作用下引爆母弹，将弹体中的燃料均匀散布在空气中，与空气充分混合形成悬浮状态的气溶胶，并在目标上空聚集形成覆盖，状如浓雾。当气溶胶达到一定浓度后，引信进行第二次引爆，整个雾团发生爆炸，在瞬间释放出大量热能，形成高温高压，并迅速膨胀，达到毁伤目标的目的。由于它在爆炸时消耗了覆盖地域的氧气，因此，造成该区域短时间的缺氧，故又名窒息弹。

获得了燃料空气炸弹样品之后，有关单位立即进行测绘分析，1978年前后在官厅水库岸边的工程兵试验场，进行过一次美制云爆弹的静态爆炸的效应试验。在离爆心的不同距离上，布置了不同的效应物，如狗羊之类，有的被放置在坦克里的不同位置。实验结果，证实了该弹种确实具有很大的威力，几十米之内的动物全部毙命。从此之后，便开启了我国云爆弹的研制工作，经过多年的努力，终于填补了这项装备的空白。在北方公司2012年版的出口产品手册中，我十分高兴地见到了122毫米Fuel－Air Explosive Rocket的身影，最大射程20公里。

【菠萝弹】说起抗美援越战争对我国兵器科研的影响，还得提及一下菠萝弹，虽然它不在这批战利品之列，但却是美国在越南战场大量使用过，曾经对我高炮部队造成很大威胁的一种炸弹。为了防止该炸弹对我高炮指战员的伤害，1971年国家计委与总后勤部紧急安排了6个省市14个工厂动员生产了防弹衣3.5万套运往越南前线。

BLU－3/B菠萝弹形如菠萝，故得名菠萝弹，也称筒形钢珠弹，是美国制造的一种小型航空杀伤炸弹。全弹质量0.785公斤，全弹长95毫米，弹体直径75毫米，装填炸药0.162公斤，每发弹装填直径6.35毫米的钢珠240－250粒。命中目标时炸药爆炸，弹体破裂，大量的小钢珠高速飞散，用于杀伤人员，破坏车辆、停放着的飞机、弹药、雷达设施等。

BLU－3/B菠萝弹这种杀伤子弹可装在子母弹箱内，每箱装114颗菠萝弹，一撒一大片，菠萝弹着地后，像炸豆一样，噼噼啪啪声震耳，钢珠四溅，密度很高，防不胜防，因而对阵地上的人员震慑作用极大。

通过援越抗美，使我们增加了对钢珠战斗部威力的认识，从此开始了这一战斗部品种的研制，并推广应用于各种武器弹药的战斗部，从手榴弹、反坦克火箭筒到各种火炮和火箭炮以至航空炸弹，都有了钢珠战斗部或钢珠子弹，大大提高了我国武器的杀伤威力。北方公司出口的SHE－50型122毫米火箭弹，最大射程50公里，每发弹含有7400粒钢珠，在122毫米云爆火箭弹中也装了1500粒钢珠。

援越抗美再一次证明，战争是兵器科学技术发展的强大助推器。

（刊载于《兵器知识》2014年第9期）

PGZ04A 式 4 管 25 毫米高炮系统 60 周年阅兵

PG99 式双管 35 毫米高射炮弹炮结合防空系统

六、珍宝岛自卫反击战对反坦克武器发展的巨大促进

《人民兵工创建80年80件事》之32

“8.23”反坦克武器大会战

1969年3月“珍宝岛事件”中，暴露出我军反坦克武器的性能落后。8月，由国务院主持召开了反坦克武器科研生产会议，动员各方面力量研制和发展反坦克武器。会议确定了30项列入装备体制，其中新研制的16种。这次大会战完善了坦克反坦克、炮兵反坦克、步兵反坦克以及航空兵反坦克的立体反坦克体系，大大提高了我国坦克和反坦克武器的技术水平和生产能力，增强了我军反坦克作战能力。

1969年3月2日苏军出动70多人，分乘2辆装甲车、1辆军用卡车和1辆指挥车，从苏联境内分路向珍宝岛急进，不顾中国边防巡逻分队的警告，突然开枪射击，打死打伤中国边防巡逻人员多人，爆发了“珍宝岛事件”。

3月15日，苏军先后出动50余辆坦克、装甲车和100多名步兵，运用直升飞机和纵深炮火掩护，侵犯我国领土，并炮击中国境内纵深地

区。中国边防部队奋起反击，同入侵苏军激战9个多小时，顶住了苏联边防军的6次炮火急袭，击退了苏军的3次进攻。3月17日，苏联边防军又出动步兵70多人，在岛上敷设地雷，企图阻止中国边防部队登岛，我边防部队又以炮火将其击退，胜利地保卫了珍宝岛，捍卫了祖国神圣的领土。

此次珍宝岛自卫反击战不仅是神圣领土的保卫战，也是T-62坦克的争夺战。在3月15日的战斗中，苏军出动的坦克是当时世界上比较先进的T-62主战坦克，其中一辆被沈阳军区工程兵某部军务科副科长孙征民布设的反坦克地雷炸坏，瘫痪在河叉的冰面上。为了阻扰我军获得这辆坦克，3月21日苏军派出爆破组试图炸毁坦克，但被我军击退。之后苏军又用炮火把坦克周围的冰层击破，使坦克沉入了乌苏里江底。4月，我方派出有海军潜水员参加的打捞队将其打捞出来，这就是人们在中国人民革命军事博物馆看到的那辆缴获的T-62坦克。

我国反坦克武器暴露出的问题

这次自卫反击战虽然以我军的胜利告终。但通过此次反击战，暴露了我军反坦克武器的诸多薄弱环节，特别是T-62坦克的出现，使人们更加感到问题的严重。

这场反击战从装备上讲完全是一场不对称的战斗，苏方参战的是以坦克装甲车辆为主的机械化部队，而我军则是以炮兵、步兵为主的边防军。炮兵师的56式85毫米加农炮和装甲兵的85毫米坦克炮，都是苏联20世纪40年代的产品，其装备的被帽穿甲弹和尖头穿甲弹只能在50-70米的距离上垂直击穿120毫米的靶板。军级炮兵装备的44式100毫米加农炮和装甲兵装备的59式100毫米坦克炮的被帽穿甲弹，也仅能在50-100米距离上垂直击穿120毫米厚的靶板，威力都很差，对付类似T-62坦克的正面装甲，常常出现跳弹，即使击中了也不能有效击穿。在连营级装备的75毫米无坐力炮不但炮很重，而且破甲弹威力仅为150

毫米/30度，无法对付大倾角的T－62的首上装甲。新装备的65式82毫米无坐力炮，威力提高到了120毫米/65度，但直射距离仅为300米。步兵班装备的56式40毫米火箭筒，直射距离仅100米，射击坦克时经常发生跳弹，为此江南厂专门研究了一种防滑帽，许多兵工厂都曾经紧急生产，发往部队。

坦克历来是反坦克的主力军。T－62坦克是苏联替换T－54、T－55的换代产品，1962年定型，1964年装备部队，累计生产2万辆，装备过十多个国家。与我国的59式坦克相比，其坦克炮口径加大到115毫米，线膛炮改成了滑膛炮，配备有脱壳穿甲弹，火力强。发动机功率提高到426千瓦，机动性高。炮塔的防护也有所加强。我军的59式很难挑起反坦克主力军的大梁。

总之，通过珍宝岛战事，暴露出我国反坦克武器装备方面存在许多问题，无法适应未来战争的需要。主要表现在以下方面：

第一，全军反坦克火力配系尚不完善，缺胳膊少腿。武装直升机是反坦克和反装甲目标最有效的装备之一，但我国还是空白；战斗机与轰炸机没有攻击坦克的有效手段，空军也缺乏远程投放反坦克作战部队的能力。坦克号称“陆战之王”，但当时我们的坦克还缺乏与称王相适应的实力。军师一级的炮兵也缺乏远程打击坦克的有效手段，因此，我们的反坦克作战过多地依靠步兵。

第二，反坦克武器品种少，反坦克手段单调，主要是火箭筒、轻型无坐力炮、地雷与手雷等近战武器，而反坦克导弹、反坦克子母弹、反坦克自行炮、反坦克布雷车、钨合金穿甲弹等重要的反坦克利器均属缺门，远程反坦克火力更加薄弱。

第三，现装备的反坦克武器，性能落后，射程近，机动性差，破甲弹威力低，引信大着角发火率不高，无法有效对付现代化的坦克。

尽管我国早就把“三打”作为武器发展的方向，即打坦克、打飞机、打舰船。但是真正把“打坦克”提上议事日程还是在珍宝岛战事之后。

重拳密集出击

珍宝岛事件的发生对于中国的政治军事形势都产生了重大影响，使中国感到面临着严峻的军事威胁。国务院、中央军委发出了加强战备的指示，对于反坦克武器的发展做出了一系列重大部署，其中有 4 次重大会议，6 场大会战，掀起了反坦克武器科研生产的新高潮。

1969 年 8 月 23 日由国务院召开的反坦克武器科研生产会议（“8. 23”会议）拉开了这个高潮的序幕，1969 年 11 月 5 日常规兵器工业领导小组召开了常规兵器工业规划会议，即“一一五”会议，接着又召开了“6911”抓革命，促生产会议，落实“一一五”会议提出的大规划。1973 年 7 月国务院再次召开了“七三七”反坦克武器专业会议，将已取得的科研成果落实于生产，大小三线与动员线齐上阵，建设起了强大的反坦克武器的生产能力。与这些重要会议并行的是，一连串的大会战相继展开。其中有“8. 23”反坦克武器大会战、“二四”新型坦克车辆科研大会战、“704”动员坦克大会战、兵器动员大会战、85 毫米微旋破甲弹动员生产大会战以及红箭 -73 反坦克导弹大会战等。开启了我国反坦克武器大发展的新篇章。

【8. 23 会议与大会战】

1969 年 8 月 23 日，由国务院主持的反坦克武器科研生产会议（代号“8. 23”）在北京民族饭店召开，会议邀请珍宝岛战斗英雄到会介绍了战斗情况，动员各方面力量，共商反坦克武器发展的大计。

会议的第 3 天 8 月 25 日，在北京南口靶场举办了反坦克武器展览与汇报表演，周恩来总理等中央领导亲临现场参观，并接见了会议代表和战斗英雄，勉励大家研制出更多新式武器支援人民解放军。

与会人员集思广益，拟订了多种方式打坦克的技术方案：有地面的，也有空投的；有近战的，也有远射的；有改型的，也有新研制的，其中有 30 项列入装备体制，需要新研制的有 16 种。会后，由五机部牵头，炮兵、装甲兵、第十一研究院共同组成了“8. 23”会战指挥部，由五机部陈锐霆副部长任总指挥，统筹安排，组织实施。参与会战的单位以战斗状态全力以赴，各个项目犹如装上了新的助推器，会战取得了丰硕的成果。

“8.23 会战”部分项目反坦克能力一览表：

序号	武器名称	直射距离（米）	武器全重（公斤）	穿破甲威力
1	69 式中型坦克	1736（穿甲弹） 1050（破甲弹）	36500	100 毫米/60 度（穿甲弹） 120 毫米/65 度（破甲弹）
2	78 式 82 毫米无坐力炮	500	32.5	150 毫米/65 度
3	75 式 105 毫米无坐力炮	580	209（炮重） 2300（行军全重）	150 毫米/65 度
4	69 式 40 毫米火箭筒	300	6.9	110 毫米/65 度
5	70－1 式 62 毫米火箭筒	150	3.1	100 毫米/65 度
6	73 式 100 毫米滑膛炮	1774（穿甲弹） 1057（破甲弹）	3500	100 毫米/60 度（穿甲弹） 120 毫米/65 度（破甲弹）
7	85 毫米微旋破甲弹	974	12.5	100 毫米/65 度
8	100 毫米通用破甲弹	1000（破甲弹）		120 毫米/65 度
9	2 公斤反坦克航弹	2 型航空子母炸弹可装 26 枚	2.18	静破甲 250 毫米
10	72 式铁壳反坦克地雷		8	可炸断中型坦克履带，使负重轮变形
11	72 式塑料反坦克地雷		6.5	同上
12	74 式火箭布雷车与弹	最大布雷距离 1500 米	定向器 5 根轨道	一次齐射可发射 10 发弹，每发弹装 10 枚 72 式地雷
13	79 式火箭布雷车与弹	2600 米	定向器 8 根	一次齐射可发射 8 发弹，每发弹装 10 枚 72 式地雷

【一一五会议与大规划】

根据常规兵器工业领导小组关于每年的兵器生产能力能够装备 500 个师的要求，兵器工业在 1969 年 11 月的“一一五”规划会议上提出了一个庞大的规划，三年中建设 95 个大中型项目和 93 个改扩建项目，总投资 120 亿元，远远超出了实际可能。这就是受到五机部抵制与广泛非议的“大规划”。后来，经国家批准的项目仅47项，实际建设的仅26项，其中坦克车辆与反坦克武器占有很大比重。541工程建成了7个工厂，形成了第二个中型坦克的生产基地。542工程建成了1个发动机厂。“辽西基地”建成的6个工厂中包括100毫米坦克炮与反坦克炮的弹药生产基地。“湘西高炮基地”，原计划生产57毫米高射炮，最后建成了2个厂，也改产坦克零备件。

在这一时期，除大规划外，还有20多个停办的军队或地方院校改建成了工厂，这些院校是西安装甲兵工程学院、西安工程兵学院、通县军械技术学校、南京军械技术学校、洛阳工程兵学校、重庆炮兵学校、绵阳铁道兵学校、天水步兵学校、南京大学常德分校等。五机部所属的一部分大专院校和技工学校，有的改为工厂，有的办起了校属工厂。还有些设计院、工程公司也改成了工厂。其中也不乏反坦克弹药厂和为坦克配套的光学厂。

总之，大规划实施的结果，坦克车辆生产能力有了很大提高，反坦克弹药也有一定的增强。

【二四坦克车辆科研大会战】

“珍宝岛事件”之后，1969年12月，装甲兵与五机部在北京联合召开了第二代坦克车辆论证会议，会议拟定了研制4种新型坦克车辆的方案，中央军委于1970年2月4日批准了这个报告，为了贯彻落实2月4日的批复，决定由装甲兵牵头，国家计委、国防工办、五机部共同组成会战指挥部，会战办公室（简称二四会办）设在装甲兵，负责组织和协调会战工作。这就是著名的“二四会战”。“二四会战”的项目经过几次演变，曾经参与会战的新型坦克车辆有以下7种车辆8种型号：二代中型坦克、二代轻型坦克、二代水陆坦克、二代履带式装甲输送车、二代轮式装甲输送车（含16人与24人两种方案）、523轮式装甲输送车和轮履合一装甲车。声势非常之大，但由于受文革思潮的影响，脱离了中国的国情，“913”事件之后，会战即行停止，无果而终。

【704动员坦克大会战】

鉴于我国唯一的中型坦克厂位于中蒙边境，一旦形势紧张，很难坚持生产，于是中央决定在内地组建坦克动员生产线。1970 年 4 月余秋里同志邀请有关部门负责同志座谈，大家意见以洛阳拖拉机厂与矿山机械厂为中心，通过民用企业的大协作，进行坦克动员生产大会战，人称“704 会战”。会战规划领导小组由五机部部长邱创成任组长、一机部周子健部长和装甲兵宋庆生副司令任副组长。在国家计委的领导下，按照“一厂一件，百厂协作”的原则，组织 6 个省市 71 个民用工厂，动员生产 59 式坦克，技术上由专业兵工厂对口支援。在各方面的支持下，经过动员企业的共同努力，“704”动员生产线于 1974 年试制出第一辆 59 式坦克，1982 年批准转入批量生产。表明我国用较少的投资建成了我国第一条动员坦克生产线，不但装备国内部队，还出口第三世界国家。

【兵器动员大会战】

“一一五”会议后，国务院国防工办与国家计委部署了全国性的以反坦克武器为重点的动员生产大会战，在 18 个工业部门、分布在 26 个省市的 3000 多家民用企业，组建了 400 多条动员生产线。主要品种有：无坐力炮及弹、火箭筒及弹、反坦克地雷、高射炮、舰炮等。动员规模之大、品种之多、涉及省市与部门之广，为我国的工业动员史上之前所未有。

【“737”会议】

1973 年 7 月国务院、中央军委委托余秋里、张才千同志主持召开了反坦克武器专业会议，即“737”会议。会议总结了“8. 23”会议以来反坦克武器所取得的进展，肯定了成绩，交流了经验，并按照中央军委批准的《关于解决反坦克武器问题的建议》，制定了“四五”计划后三年的发展规划。“8. 23”会战中的科研成果，凡是列装的项目均立即安排生产，建设生产线。会后在五机部系统国家共批准了新建与改扩建反坦克武器项目 66 个。其中，反坦克导弹项目 2 个、单兵火箭和 69 式 40 毫米火箭筒及弹项目 23 个，坦克项目 19 个、火炮项目 7 个、炮弹项目 14 个、反坦克地雷项目 1 个。此中，主要是“737 会议”确定的新项目，也包括“一一五”会议大规划中的续建项目。

“737”会议决定在陕西与山西省的部属企业扩建了两条红箭 –73

反坦克导弹生产线，一条脱壳穿甲弹生产线、一条反坦克地雷生产线。在新疆、甘肃和吉林抢建了三套69式40毫米火箭筒和火箭弹厂。另外，在河北还建设了一套火箭弹厂，改建了一个火箭筒厂。

“737”会议后，动员战线也有了很大的动作，安排了8个品种反坦克武器弹药的工业动员，建成了77条动员线。包括82毫米无坐力炮7条、82毫米无坐力炮弹5条、40毫米火箭筒9条、40毫米火箭弹7条、40毫米瞄准镜6条、62毫米单兵火箭筒4条、62毫米单兵火箭弹1条，反坦克地雷13条等。“737”会议后，地方军工根据计委和国防工办的部署，先后在13个省的手榴弹厂和迫击炮弹厂扩建13条反坦克地雷生产线和1条引信生产线，年产100万个。

【85毫米微旋破甲弹动员大会战】

为了解决部队大量装备的85毫米反坦克炮与坦克炮缺乏反坦克弹药的问题，“737”会议后，组织7个省市，跨部门跨行业的数十个工厂，既有航空工业与兵器工业的工厂，也有地方军工的工厂，还有民用工厂，建设起了11条85毫米微旋破甲弹动员线，总产能达32万发。生产线建成后，至1979年止共动员生产了52万发破甲弹，在中越边境战争中发挥了重要作用。

85毫米微旋破甲弹总设计师曹孝清（左1）

丰硕的战果

国务院、中央军委的一系列重大决策的实施，在珍宝岛战事之后的十余年间，我国的反坦克武器发展取得了丰硕的成果，缩短了与世界武器装备和技术水平的差距，主要表现在以下几个方面：

一是初步构建了多兵种多手段立体式的反坦克作战体系，不但装甲兵、炮兵、工程兵、步兵都具有了反坦克手段和能力，而且空军也初步有了反坦克手段和能力。

二是形成了由近及远的反坦克火力配系，从零距离的反坦克地雷、手雷、几十米射程的枪榴弹、百十米至几百米的反坦克火箭筒、无坐力炮，千米以上的反坦克炮、加农榴弹炮的反坦克弹种，直至航空兵远距离攻击的反坦克炸弹，反坦克的火力纵深大大加大，对付集群坦克车辆的作战能力有一定的加强。

三是发展了许多新品种的反坦克武器，填补了部队装备的许多空白。诸如反坦克导弹、反坦克布雷车、航空反坦克子母炸弹、反坦克子母火箭弹和炮弹、侧甲雷、两用雷等。

四是反坦克武器的性能有了质的提高。反坦克弹药的品种急剧增加，抗旋破甲战斗部、串联破甲战斗部、自锻破片战斗部不断涌现，破甲威力大幅度提高。穿甲弹种再不是什么钝头、被帽穿甲弹了，高速钨心脱壳穿甲弹、全钨脱壳穿甲弹、贫铀穿甲弹相继问世。使我国的反坦克弹药走进了世界先进行列，可以有效地对付复合装甲、间隙装甲、屏蔽装甲以及爆炸装甲等各种先进的装甲防护。

五是培养了一支反坦克武器的研究队伍，反坦克武器的基础研究取得了长足进步。20 世纪 70 年代，我国广泛地开展了装甲与反装甲基础技术的研究，开展了穿甲机理、破甲机理、抗旋药型罩技术、高膛压火炮、液压自紧、炮管内膛镀铬、炮管热护套等新技术的研究，在研究矛的同时，也进行了盾的研究，各种装甲接踵而至。通过矛与盾的相克相长，取得了一大批研究成果，促进了反坦克武器水平的提高，为各种新弹种的诞生提供了技术支撑，也为后来消化吸收国外引进的技术打下了良好的基础。

六是建立了我国反坦克武器完整的生产体系，生产布局有了很大改善，各大区都有了反坦克武器的制造能力，总的生产能力急速增长，创历史最高，生产技术水平也有了相应提高。

七是进行了最大规模的军民结合的动员演练和大小三线的建设与紧急备战生产，极大地考验了我国平战转换能力，积累了丰富的经验。

典型产品介绍

【86 式 100 毫米高膛压滑膛反坦克炮】伴随着 69 式坦克研制成功，与 69 式滑膛坦克炮弹药通用的 100 毫米滑膛反坦克炮同时诞生，命名为 73 式 100 毫米反坦克炮。在此基础上，又进一步发展了 86 式高膛压 100 毫米滑膛反坦克炮，采用电渣重熔高强度炮钢和液压自紧技术，火炮的膛压从 323.6 兆帕提高到 451 兆帕，炮口初速从 1505 米/秒（穿甲弹）提高到 1610 米/秒，配备了钨合金脱壳穿甲弹，穿甲威力从 100 毫米/60 度提高到 150 毫米/65 度。该火炮荣获国家科技进步一等奖。

86 式 100 毫米高膛压滑膛反坦克炮

【69 式 40 毫米火箭筒】我国当时装备的是 56 式 40 毫米火箭筒，系仿制苏联的 RPG－2，直射距离仅 100 米，破甲威力也不高，引信大着角发火性差，即前面所提到的需要安装防滑帽的那种，简称“老 40”。研究与生产部门都对该火箭筒性能不太满意，也曾经试图对其进行改进提高，但效果都不理想。1963 年曹刚川同志从苏联留学回国，带回了苏

联 RPG－7 新型 40 毫米火箭筒的资料，原炮兵科学研究院一所郑民达等同志研究了上述资料，该火箭筒首次采用无坐力炮发射火箭增程弹，将直射距离提高到了 300 米，是“老 40”的 3 倍，破甲威力 110 毫米/65 度也强于“老 40”。于是提出了以此为蓝本研制“新 40”的建议，很快得到炮院的批准，代号为 J－203 的项目正式上马。1964 年 8 月曾经在北京进行过一次汇报表演，贺龙元帅称赞道“这么个小东西能打坦克，还能打 300 米，应该喊万岁！”于是，1965 年上级决定炮院一所的项目组下到工厂实行科研生产相结合。

但是，对于是走“老 40 改”还是上“新 40”，业内看法并不一致。“老 40”是已经大批量生产的老产品，生产技术成熟，工艺性好，改进“老 40”具有继承性好的优点。而“新 40”虽然性能较好，但结构较复杂，制造较难，射击精度不够稳定，存在迎风偏现象。因此，取消“新 40”的火箭增程，改为纯火箭的方案，以牺牲 150 米射程为代价，来换取精度提高的方案被提出，这就是人称的“老 40 改”。但是，在火力强大的坦克战斗车辆面前，直射距离缩短一半，意味着战士牺牲的风险就增加数倍。为了研究风偏对作战的影响，J－203 项目组曾经在沈阳军区某军进行了一次体验射击试验，从 1 个连的每个班中各选一名“老 40”火箭筒射手，经过简单的培训，射手操作“新 40”火箭筒对 200 米处的活动目标射击，63 发 50 中，命中率为 79%。试验的结论是：该武器射程远、精度好，风偏可以修正，可以在实战中使用。

在时任炮兵副司令孔从洲力挺下，“新 40”才免遭下马，与“老 40 改”并行研制。在此前“老 40 改”曾经组织过大会战，生产了数万具火箭筒与上百万发火箭弹，后来由于在部队使用中发生过几次炸膛事故，新老 40 之争方告结束。1970 年 8 月 10 日，常规兵器工业领导小组批准“新 40”设计定型，命名为 69 式 40 毫米火箭筒，成为正式列装的制式化装备，这也是“8. 23 会战”开始后最早定型的产品。“737”会议后在吉林、甘肃和新疆抢建了 3 套 69 式 40 毫米火箭筒与火箭弹厂，全国生产新 40 的工厂共有 6 套厂，另外动员线建成了 9 条火箭筒生产线，年产 2 万具；7 条火箭弹生产线，产能 42 万发。“新 40”的发展达到了前所未有的新高度。以后江南厂等单位不断技术改进，分别定型了 I 与 II 火箭弹，性能一步步提升，破甲威力分别达到 150 毫米/65 度与

180 毫米/65 度，可以对付复合装甲。不但大量生产装备部队，而且大量出口许多国家。

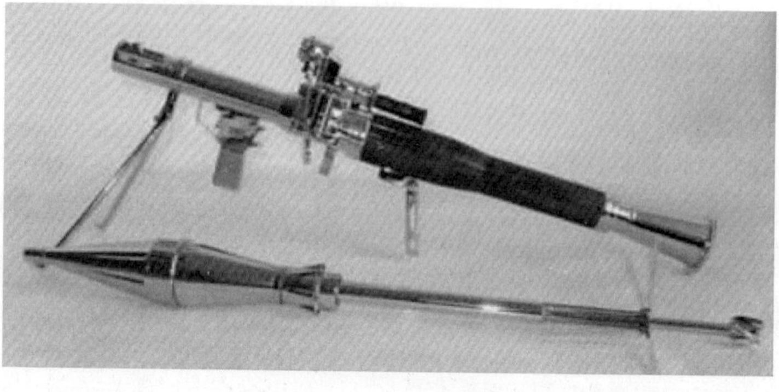

69 式 40 毫米火箭筒及弹

【78 式 82 毫米无坐力炮】华东工程学院将火箭增程技术，成功地移植到了 82 毫米无坐力炮上，直射距离提高到 500 米，有效射击距离 800 米，采用抗旋技术的破甲弹，威力达到了 150 毫米/65 度，装备于营级，取代了 65 式 82 毫米无坐力炮，被誉为“兵器科研一枝花”。

【布雷车的南北双雄】工程兵的反坦克武器在珍宝岛战事之后也有了很大发展。在反坦克地雷中，72 式铁壳和塑料壳反坦克雷，具有耐爆、防核爆、防直列装药诱爆的功能，一次耐爆率 90%，三次耐爆率 75% 以上，成为部队的主要装备之一。接着又开发了适用于火箭布雷的 81 式反坦克地雷，适用于机械布雷的 85 式反坦克雷，引信全部是全保险型的。78 式反坦克雷具有炸穿坦克底甲板和炸断履带的双重功能。84 式反坦克车底雷，用于布雷火箭弹发射时，打着了坦克就是能击穿坦克顶甲的炸弹，打不着坦克时就转换成地雷状态，可以炸穿底甲板。

工程兵部队对于反坦克具有很高的积极性，1970 年与 1971 年广州军区与沈阳军区工程兵，各自提出了研制火箭布雷车的方案，分别与江南厂与东机厂、和平厂等单位联合研制。广州工程兵的方案首先于 1974 年设计定型，命名为 74 式火箭布雷车及弹，每车挂装布雷火箭弹 10 发，每发火箭弹装填 10 个 72 式反坦克地雷，射程 1500 米，单车一次齐放 18 秒，布设雷场的正面与纵深均为 100－200 米，布雷密度不小于 0. 5。沈阳军区的布雷车于 1979 年设计定型，每台车挂装 8 枚火箭弹，每发弹内装10个地雷，射程为2600米，雷场面积为400米×300米，性能略高于74式，该车参加了1984年国庆35周年阅兵。

74式火箭布雷车发射

参加1984年国庆阅兵的79式火箭布雷车

（刊载于《兵器知识》2014年第2期，内容略有删节）

七、没有阅兵的阅兵工程

《人民兵工创建80年80件事》之46
向机械化进军的“8910”阅兵工程

兵器工业贯彻军委“缩短战线、突出重点、狠抓科研、加速更新”的方针，根据1984年9月国务院、中央军委批准的坦克装甲车辆“七五规划”中指出的“首先应发展反坦克火炮、防空火炮、导弹和提高压制火炮的自行性，加强坦克的突击力”的要求，1986年5月，国家启动了40周年国庆阅兵工程“8910”。这是历史上启动最早、项目最多、历时最长的阅兵工程。

在14个项目中，机械化、摩托化装备多达11项，覆盖炮装工和陆军航空兵等多兵种。自行高炮、自行反坦克炮、火箭爆破扫雷车、履带式反坦克导弹发射车以及机载反坦克导弹等都填补了我军装备的空白。

打开新中国阅兵的历史，从1949年的西苑机场阅兵到1959年的国庆阅兵，一年一次，从不间断。可是此后一停就是25年，直到国庆35周年才恢复了阅兵，然后就是50周年与60周年国庆阅兵。人们不禁要问，怎么就没有40周年国庆阅兵呢？这个迷直到2011年纪念人民军工创建80周年，在评选的人民兵工80件大事中才揭开了这个谜底。当时，我是兵器工业部阅兵领导小组成员，主管阅兵办公室工作，参与了“8910”工程的全过程。它是我一生中参与过的最大的一项工程，也是为之付出最多的工程之一，所以它也是我引以自豪的一项工程。

英明的决策

20世纪80、90年代，全党工作重心转到以经济建设为中心的轨道，国民经济由计划经济向社会主义市场经济转变，国防科技工业实行“军民结合、平战结合、军品优先、以民养军”的发展方针，军品技术改造则贯彻“缩短战线、突出重点”的方针，部队订货大幅度削减，技改规模大大压缩，国防工业企业军品生产能力大量过剩，民品生产青黄不接，企业经营极度困难。面对“保军转民”的艰难的战略转型，怎么才能保持军事技术与世界同步发展，而不把距离越拉越大呢？这是摆在国防科技工业领导部门面前的一大课题。

受到国庆35周年阅兵的启示，阅兵是一项振军威、壮国威的政治任务，最能够提振人心、激发活力，聚集人气。它能将全国的资源有效地动员起来，集中力量办大事，为武器装备高速发展营造一个良好的小气侯小环境。在这个环境中，全国为阅兵大开绿灯，有求必应。人人为能给阅兵出力而自豪。国民的积极性、能动性、创造性能得到最大的发挥。在这个环境中，同心协力，勇挑重担，不推诿，少扯皮，协作氛围特别融洽和谐。各方面顾大局，求同存异，技术上的争论、工作方式方法上的分歧，都能比较容易统一。于是国务院、中央军委接受总参与国防科工委的建议，决定国庆40周年再次举行阅兵。

然而，摆在阅兵面前的困难是显而易见的，因为1984年刚刚举行过阅兵，现行生产的装备都已参加过阅兵，5年后拿什么新武器来阅兵呀？而且这次阅兵的规模与先进性都得优于上次才成。为此，打破常规，总参与国防科工委提前于1986年4月底，就把阅兵的决定向个工业部门吹了风。听到这个消息时，兵器工业战线的人们无不为之振奋，个个摩拳擦掌，都想在这个“壮国威，振军威”的工程中做出自己的贡献。于是，五一节都顾不上休息，5月2日，兵器工业部第一次阅兵工作预备会就在北京召开。会议由负责军品科研生产的副部长来金烈主持，会议的目的，就是征集阅兵项目。与会单位积极性很高，报名很踊跃。部机关进行了认真研究，筛选出了14个候选项目，其中一类是已经定型但没有参加过阅兵的装备共2项；第二类是有可能在近几年定型的在研项目7项；第三类是条件并不怎么具备，但可以努力争取完成的项目5项。

1986年5月22日，决定阅兵项目命运的"865会议"在北京远望楼举行，会议由总参和国防科工委主持，参加会议的有时任总参装备部副部长的曹刚川同志、副总长何其宗同志、国防科工委谢光副主任以及国家计委、国家经委、总后勤部、有关军兵种以及各工业部门。我怀着忐忑不安的心情，在大会上代表兵器工业部汇报了我们的阅兵方案。没有想到的是，我们推荐的14个项目最终全部获得通过，后来全都列入了国务院、中央军委下达的文件，其中包括本来不抱很大希望的5项争取项目。西南车辆厂党委书记田家惠有一段回忆，代表了与会者的共同心情。远望楼会议开始先宣布了第一批获准项目，西南车辆厂有两项，40公里火箭炮底盘与122毫米自行榴弹炮。但老田并不满足，因为他们厂还有一项轮式装甲车项目没有入选。于是当晚就找到四川兵工局林琦局长，拉着林局长，抱着一堆资料一起找到谢光副主任，向他汇报了一大堆轮式战车应该参加阅兵的理由。第二天，何其宗副总长宣布，551轮式装甲车也入选阅兵工程。此时，老田如释重负，圆满完成了工厂的重托，心满意足地离开了永远难忘的远望楼。1987年5月28日，国务院、中央军委正式批转了关于新中国成立40周年庆典受阅新武器装备几个问题的请示，向全国下达了阅兵任务，这就是代号为"8910"的阅兵工程。

向机械化进军的冲锋号

"8910"工程是中国历史上规模最大、启动最早，唯一以科研项目为主的阅兵工程。14个项目中，已经定型的项目只有2个，其余全是在研的项目或新立项的项目。此次的阅兵装备覆盖面极广，几乎覆盖了除防化兵、通信兵以外的陆军所有兵种，其中装甲兵5项、炮兵5项、工程兵1项、陆军航空兵1项、轻兵器2项。

这项阅兵工程最大的特点是机械化、摩托化水平很高，有 11 项是自行武器与机载武器，而履带式自行武器多达 9 项。是我军向装备机械化发起进攻的最大规模的一个战役。

我军长期是以徒步步兵为主的军队，团以下装备以人背马驮为主，师以上的装备也是以牵引火炮为主。全军的机械化是从装甲兵开始的。59 式坦克定型后，又先后装备了 62 式轻型坦克、63 式水陆坦克、63 式装甲输送车、77 式水陆装甲输送车、70 式履带自行 130 毫米火箭炮（19 管）以及 70－1 式 122 毫米履带自行榴弹炮。炮兵的自行炮在 20 世纪 70 年代只有 63 式轮式自行 130 毫米火箭炮、吉普车载的 105 毫米无坐力炮两种。总体上讲，当时我军的机械化装备品种不全、机动性不强、技术性能落后。

1977 年 12 月 28 日，中央军委作出了《关于加强我军武器装备现代化的决定》，提出了“主要野战部队快速机动，实现机械化的要求”。这才开启了我军机械化装备发展的新阶段，1984 年阅兵时，改进型的 82 式 130 毫米轮式自行火箭炮（30 管）与 81 式 122 毫米轮式自行火箭炮面世，炮兵的第一款履带式自行炮－83 式 152 毫米加榴炮也在阅兵中亮相。此外还有 79 式主战坦克、79 式火箭布雷车等。因此，35 周年国庆阅兵只能说是我军机械化刚刚迈出的第一步。

“8910”工程的项目中，轮式自行武器与履带自行武器占了绝大多数，而履带自行更是唱了主角，占了 9 个席位。其中有中国第一款双管 37 毫米自行高射炮、第一款履带式 120 毫米自行反坦克炮以及履带式 122 毫米自行火箭炮、履带式 273 毫米自行火箭炮、履带式红箭－8 反坦克导弹发射车、履带式火箭爆破扫雷车、88 式主战坦克、二代履带式装甲输送车、新型 122 毫米履带式自行榴弹炮等，还有 551 轮式步兵战车。与此同时，我国第一枚武装直升机机载红箭－8 反坦克导弹也出现在“8910”工程的行列中。如此众多性能优越的机械化武器装备同时出现，这在中国兵器工业历史上是空前的。它填补了我军装备的许多空白。这是我国向机械化发起全面进攻的重大战役，“8910”工程全面完成后，初步形成了我军比较完整的机械化装备系列，大大提升我军机动作战的能力与水平。

三次阅兵大检查

为了“8910”工程的顺利进行，总参谋部与国防科工委进行了精心的策划和卓有成效的组织领导。从 1987 到 1989 年的三年间，“8910”工程每年召开一次工作会议，检查当年工作进展，协调有关问题，部署来年工作。特别是这三年间组织了三次阅兵大检查，对工程进展推动极大，在人民群众中留下了极深刻的印象。我参加了前两次，至今难以忘怀。

1987 年 4 月，一架专机降落在重庆白市驿机场，由何其宗副总长、科工委谢光副主任、机械委来金烈军工总监带队的，四委（计委、经委、科工委、机械委）两部（总参、总后）组成的检查组开始了第一次阅兵大检查。第二年 4 月，又组织了第二次大检查，其间，刘华清副秘书长亲自光临重庆指导阅兵检查，视察了望江机器厂的阅兵项目，并在西车厂召开的汇报会上对阅兵工作发表了重要讲话。除了阅兵项目比较集中的重庆地区外，“四委、两部”检查组从哈尔滨、齐齐哈尔，到包头，从大同、太原到西安，三年三次，几乎走遍了承担“8910 工程”研制生产任务的几十个主要工厂和研究所，每次检查的时间累计两个月以上，其规模之大，级别之高，检查面之广，工作之深入，在兵器工业历史上实属空前。

检查组下基层，不走过场、不讲排场、不住大宾馆、不大吃大喝、不游山玩水、不接收纪念品，切实为基层办实事。大检查的主要任务：一是传达中央关于阅兵的决定，沟通与地方政府的关系，争取地方政府与有关部门对阅兵工作的支持，二是宣传阅兵的重大意义，广泛发动群众。三是现场联合办公，高效协调解决各种重大问题，为基层排忧解难。

1986 年新 122 毫米自行榴弹炮冬季试验时，油气悬挂装置温升过快，导致密封件损坏，没能通过寒区试验。油气悬挂是自行火炮中的一项新技术，不但可使车辆行驶平顺，而且便于火炮射击时的调平。由于冬季试验失败，有人对油气悬挂方案产生了动摇，建议放弃，退回到机械悬挂方案。1987 年 4 月，检查组来到了西南车辆厂现场办公，厂长汇报了这个问题和两种不同的意见。谢光主任问搞油气悬挂的同志在不在座？厂长连忙把负责设计油气悬挂的曹万夫请来，听了曹万夫的汇报，谢主任问他对油气悬挂有没有信心？老曹本以为由于试验失败，准备挨一顿撸的，一听谢主任的问话，搞了十多年油气悬挂研究的老曹满有把握地回答：有信心。于是，谢主任斩钉截铁地说，这个问题别再讨论了，坚定不移地搞下去，绝不要动摇。果然，第二次寒区试验便获得了成功。

在炮所检查时，汇报到120毫米自行反坦克炮的内弹道试验出现了二次压力峰，现场办公认为这可是火炮射击中的重大安全隐患，必须予以解决。谢主任问有办法解决吗？所里回答应该有办法，只是……。谢主任问有什么困难？科研费不足。需要多少？所里铆足了劲回答：20万元。谢主任爽快地决定，20万元一分不减，但你们一定得把问题解决，不留隐患。

在内蒙二机厂检查120毫米自行反坦克炮，得知炮管毛坯采用了电渣重熔新工艺，但生产规模较小，满足不了阅兵需要。计委当场表态同意纳入技术改造计划。在哈一机厂检查时，参观几十年没有改造的锻造车间，锻锤工作时，厂房那裂了缝的山墙呼扇呼扇地震动，很不安全，检查组决定拨款予以改造。

1988年阅兵工程进入科研生产的关键时期，适逢重庆地区枯水季节，天然气、电力都严重不足，拉闸限电是普遍现象，严重影响阅兵工程的进度。现场办公与重庆市协商，天然气由重庆自己调节解决。为了解决电力不足问题，科工委同志，特地把贵州省电力局的同志请来重庆，签订了协议，向贵州借电支援阅兵工程。

阅兵检查中还有一段关于“路”的佳话。望江厂地处长江北岸的一个山凹凹里，背山面江，虽属重庆市，却没有公路可以直达厂区，南岸虽有公路，但必须摆渡才能到厂，工厂的物资与产品的进出主要靠水路，遇上大雾封江，望江厂只能望江兴叹。交通不便给望江的生产和群众生活都带来了很多不便。

1987年第一次阅兵检查来到望江厂时，工厂背后大山那边的一条通往市区的干道公路已经通车，但是，从干道下来通往工厂的3、4公里的断头路，却无人问津。如果能接上该主干道，通往市区的时间将大大缩短，这对于自行炮的运输，对工厂的生产生活无疑是件十分有益的事情。但是，此时的望江厂处于军品任务不饱满，民品生产接不上的困难时期，经济上捉襟见肘，无力自筹。邓厂长向我们私下里试探性地提出了这个问题，我们觉得一个大型企业、一个自行炮厂，怎么能不通公路。于是积极支持他向阅兵检查组汇报。

听了厂长汇报，谢光主任问需要多少资金？邓厂长使了好大劲才说了个160万元，谢主任当即拍板。一段造福于望江的道路就这样借助阅兵工程的东风上马了。

1988年阅兵检查又一次来到望江，我原以为一年过去了，这段路应该建成通车了，可是工厂领我到现场察看了一番，沿着江边的悬崖凿山开路，工程量还真不小，由于资金不足，道路还没有打通。检查组毫不犹豫地决定再追加160万元。

1990年后我有幸再次造访望江厂，当我坐车从重庆市区直达望江厂，当我行驶在这段已建成的公路上时，无限的感慨油然而生。这是浩大的“8910”工程中的一朵小小的花絮，望江人绝不会忘记这条伴随阅兵项目而诞生的短短小路。

……

在三次阅兵大检查中，类似这样的事例很多，无法一一列举。

国家机关组织的三次阅兵大检查，继承发扬党的光荣传统，急基层之所急，想基层之所想，为基层排忧解难，这种求真务实的工作作风，不但对阅兵工作的全面完成起了重大的推动作用，而且为我们树立了良好的学习榜样，受到了基层的热烈赞扬。

新技术的孵化器

禽蛋在暖箱中孵化出新生命，植物在温室里茁壮成长。阅兵工程就是国防科技的温室和暖箱。

在“8910”工程中有一批“备选项目”或者称“争取项目”，意思是尽最大努力，争取按时定型参加阅兵，如果实在赶不上趟，也不算没有完成任务。这批项目是40管122毫米履带自行火箭炮、551轮式步兵战车、履带式红箭－8反坦克导弹发射车、引进的155毫米加榴炮以及直九武装直升机载红箭－8 反坦克导弹。其中前四项都在“8910”孵化器中修成了正果。

【PHZ89 式 122 毫米履带式自行火箭炮】

当时的122 毫米火箭炮只有81 式轮式自行的，履带自行的虽有装备规划，但还没有正式立项，何时启动也没有确定。此前，哈一机厂为北方公司曾搞出过一台外贸科研原理样车，而该方案尚未得到炮兵认可。“865”阅兵项目决策会议上，为了壮大国庆40 周年阅兵规模，大家一致同意将这个项目列入备选阅兵项目。可是大家都没有料到的，在这短短的三年多一点时间内，以这台外贸样车为基础，从讨论战技指标开始，历经方案论证、样车试制试验、正样车试制、工厂鉴定、定型试验等全过程，累计研制了两轮五台样车，行驶3000 公里，射弹707 发，总经费才1500 万元。一举甩掉了“备选”的帽子，圆满地完成了定型和生产任务，命名为PHZ89 式122 毫米履带式自行火箭炮，后来成了炮兵部队的骨干装备。

【ZSL90 式轮式装甲车】

轮式装甲车是部队摩托化不可或缺的一种装备，但在我国的发展道路一波三折。20 世纪60 年代的64 式轮式装甲输送车（521）定了型，没装备部队。70 年代“二四会战”的522 轮式装甲输送车与轮履合一装甲车中途夭折。1980 年四川建筑机械厂以国产EQ245 载重越野汽车为基础发展了6×6轮式装甲输送车（523），在使用部门的支持下，于1984年生产了20台，参加了国庆阅兵。与此同时，兵器工业部以引进德国奔驰2030载重汽车国产化的“铁马”载重车为基础开发了551轮式装甲车，但是一直得不到使用部门的认可，拿不到“准生证”，直到1984年4月仍然没有列入“七五”装备规划。兵器部不得不立足于出口，自筹资金研制外贸型的551。这场旷日持久的轮式装甲车发展道路之争，直到“8910”工程上马，大家终于统一了认识，同意551列入阅兵计划，从而使551进入了快车道。经过坦克所和西南车辆厂以及协作单位的共同努力，于1990年12月批准设计定型，命名为ZSL90式轮式装甲车。“8910”阅兵工程促成了我国轮式装甲车辆一个重要底盘的正式诞生。该车为6×6全轮驱动，3名载员加9名乘员，安装一门25毫米机关炮，高平两用。该车系军民结合型，60%的部件与铁马载重车通用，7%与86式履带步兵战车通用，继承性良好。在551的基础上，后来又衍生出了多种新型车辆，包括551－1式轮式步兵战车、551－2式装甲运输车、ZSL92式轮式装甲车、双管23毫米轮式自行高射炮、轮式装甲地空导弹发射车以及防暴车、巡逻车等，为我国轮式装甲车辆的发展做出了积极贡献。

【ZDF89式履带式导弹发射车】

履带式红箭－8反坦克导弹发射车是坦克所于1980年底开始论证的

项目，1985 年研制出过一台四联装炮塔式的发射车。然而，“8910”阅兵的导弹发射车要求将底盘由 A531 装甲输送车改为二代装甲输送车，炮塔改成升降式。新底盘加新炮塔，对于原来的方案几乎是颠覆性的改变，所以，也被列为“争取项目”。经过坦克所、弹所、光学所以及北京北方车辆厂等单位共同努力，用半年时间完成了方案论证，用 17 个月完成了工程研制，包括初样车技术鉴定，2 台正样车试制。接着又用 16 个月完成了定型试验和部队适应性试验，均一次获得通过。1990 年批准设计定型，命名为 ZDF89 式履带式导弹发射车。

功率强大的推进器

国家为“8910”阅兵工程营造了良好环境，科技发展获得了充足的阳光与雨露，就像安装上了功率巨大的推进器，推动新技术以超常的速度前进，创造了前所未有的一个个奇迹。

1. 研制周期大大缩短

前面提到了 5 个“争取项目”，都是 1986 年前后立项上马的新项目，其中除直九武装直升机机载反坦克导弹一项未要求 1990 年前定型外，其他项目均在 1990 年底完成了定型，研制周期仅为 3 年半 –5 年。而且在 1990 年前还分别生产了 8 –20 台交付部队。比正常的研制周期起码缩短了 2 –3 年。

2. 定型试验周期大大缩短

定型试验是每个项目必经的重要环节，它的周期也是决定阅兵项目周期的重要因素。31、32、33 试验基地，炮兵、装甲兵的试验部队，都把“8910”工程的定型试验作为特殊任务安排，随到随试，全力以赴。三年多，他们共完成了 12 个新产品样车的试验，总行程达 33 万公里，创造了历史上试验项目最多，定型试验周期最短的新纪录。

双管 37 毫米自行高炮是雷达、指挥仪、高炮三位一体的火力火控系统，定型试验涉及到 31、32、33 基地、装甲兵试车队以及空军部队，按常规如果顺利需要 2 年以上才能完成。然而他们精心组织、周密安排、并行作业，有时东北、西北、北京三地同时进行，结果仅用 17 个月就完成了全部定型试验。

120 毫米自行反坦克炮的火力、火控系统定型试验以及打射表在短短的 4 个月内全部完成。中型自行火炮底盘与二代装甲车底盘定型试验创造了日平均行车 150 公里的新纪录。

3. 生产试制周期大大缩短

122 毫米履带式自行火箭炮，1989 年 9 月通过定型审查，1990 年 1 月批准设计定型，然而 1989 年 10 月已完成了 20 台，交付部队。

双管 37 毫米自行高炮 1989 年 3 月通过定型审查，1989 年 11 月 4 月批准设计定型，与此同时 24 台自行高炮已交付部队，由于科学地安排了科研生产交叉，使得从设计定型到完成批量生产的时间几乎为零，节省了时间 20 多个月。

科研生产试验各个环节的周期缩短，就是阅兵工程这个推进器强力推进的结果。

靓丽的成绩单

“8910”工程向国家交出了一份靓丽的成绩单。

“8910”工程从 1986 年 5 月 2 日兵器工业部第一次阅兵工作会议开始，到 1990 年 12 月 30 日双管 25 毫米炮塔及配用它的履带式装甲输送车、551 轮式步兵战车最后批准设计定型，历时 4 年零 8 个月，善始善终地完成了任务。12 个科研项目中，11 种新装备的 14 个新型号全都在

1990 年底前完成了设计定型。

按原计划的 12 个阅兵方队，共生产交付部队履带车辆 198 辆、轮式车辆 40 辆、牵引火炮 20 门、枪械万余支（挺）以及配套的弹药等。

工程结束后进行了全面的总结，召开了盛大的“8910”工程经验交流研讨会，13 位总设计师登台现身说法，谈体会、谈经验、精彩纷呈。使用部门、管理部门、试验基地、验收军代表共 20 多人也同台研讨“8910”工程成功的经验。如此众多的兵器装备的使用、科研、生产、试验单位和管理部门欢聚一堂，共同总结交流武器装备科研生产的经验，这在兵器工业的历史上是前所未有的，后来恐怕也再难重现。会后出版了《大型工程的组织与管理》（“8910”工程管理经验文集）一书，邹家华副总理、丁衡高、谢光和来金烈分别为该书题词，来金烈总经理还为该书作序。此外，编辑出版了由张爱萍题写书名的“铁马金戈展新姿”—“8910”工程画册，摄制了介绍“8910”工程阅兵新装备性能和研制过程的电视片《铸造新的长城》，神剑协会出版的报告文学《“8910”赞歌》，收集了 20 个单位的 28 篇文章，再现了“8910”工程中当代兵工的精神风貌与创业过程，刘华清副主席为其题写了“金戈闪烁，铁马奔流”。质量管理部门还出版了质量管理法规选编与质量管理论文集各一册，有关质量的录相片一部。一些项目也出版了自己的论文辑。整个过程做到了善始善终。

光荣属于“8910”

对“8910”阅兵工程使用部门作出了很高的评价：

装甲兵部蔡康生副部长指出：“如果没有强有力的组织领导，不组织这样轰轰烈烈的‘8910’工程，不开展社会主义大协作，要在短短的4、5年时间内完成这么多新武器装备的研制、试验、定型工作是很困难的。”“以会战的形式，有力地推动了新武器装备的研制速度。”

装甲兵部机关的同志认为：“在短短的4、5年时间内，基本上完成了五种车辆的研制、试验、定型和小批量生产工作，在装甲兵武器装备发展史上谱写了光辉的篇章。”

炮兵部机关的同志说“炮兵的5个项目，除个别项目业已定型外，均为新上或在研项目，经过3年多的努力，圆满地完成了任务，在比较短的时间内取得比较丰硕的成果。”

“一个大型复杂的武器系统（指122毫米自行火箭炮），从1986年5月决定研制，到1989年9月召开定型审查会，其间只有3年多时间，这在我国武器系统研制史上是少见的。”

“8910”工程在技术上也获得了大丰收，先后荣获国家科技进步奖一等奖4项、二等奖8项、三等奖4项，部级科技进步奖特等奖3项、一等奖11项、二等奖5项、三等奖1项。

既然“8910”工程取得了如此巨大成功，为什么没有阅兵呢？实际的原因是，由于打了8年的两伊战争于1988年停火了，以巴冲突也出现了缓和的迹象，鉴于趋于缓和的国际形势，中央才作出了40周年国庆不举行阅兵的正确决定。并早在1989年1月，国务院办公厅与中央军委办公厅就联合发文，传达了中央关于国庆不举行阅兵的决定。

为了展示“8910”工程的丰硕成果，于1989年国庆节前后，“8910”阅兵工程的新装备，在北京沙河机场航空博物馆举行了隆重的汇报展览。党和国家领导人江泽民、杨尚昆、李鹏、刘华清、迟浩田等以及国家机关和军委各总部领导参观了展览，给予了很高评价。

1991年11月，在纪念人民兵工创建60周年的大会上，“8910”工程的各个项目受到了中国兵器工业总公司的表彰，众多项目分别获得了优秀型号奖、技术创新奖、最佳质量奖、最佳进度奖，19名总设计师与副总设计师荣立一等功、50名荣立二等功、104名荣立三等功。双37毫米自行高炮总设计师雷明炎、155毫米加榴炮总设计师周燕生、88式主战坦克总设计师方慰先、88式主战坦克副总设计师兼发动机总设计师张保中等荣获兵器工业功勋奖。

1999 年国庆 50 周年我国又举行了隆重的阅兵仪式，在通过天安门广场的 30 个方队中，有一半都是兵器工业所属厂所研制生产的，而其中的 7 个方队都是“8910”工程的成果，40 周年国庆没有圆的阅兵梦，终于在 50 周年大庆时实现了，“9910”工程的军功章里也有“8910”工程的一半。

附表：“8910”工程项目一览表

序号	项目名称	定型年份	奖励等级		生产数量（辆）	99 年是否阅兵
			国家级	部级		
1	ZTZ80 式主战坦克	1989	二等	一等		
	ZTZ88 式主战坦克	1989		三等	20	88B 阅兵
	88 式火控系统		二等	一等		
2	ZSD89 式履带式装甲输送车	1989	三等	二等	20	阅
	ZSD92 式履带式装甲输送车				20	
	车载 25 毫米炮炮塔		二等	一等		
3	ZSL90 式轮式装甲车	1990	二等	一等	20	
	ZSL92 式轮式装甲车		二等	一等		阅
4	PGZ88 式双管 37 毫米履带式自行高射炮	1989	二等	特等	20	
5	ZDF89 式履带式反坦克导弹发射车	1990	三等	二等	20	
6	83 式 273 毫米火箭炮	1983	一等	一等	20	
7	PHZ89 式 122 毫米履带式自行火箭炮	1989	一等	一等	20	阅
8	PLZ89 式 122 毫米履带式自行榴弹炮	1989	一等	一等	20	阅
9	PFZ89 式 120 毫米履带式自行反坦克炮	1989	一等	特等	20	阅
10	GSL111 火箭扫雷弹/车	1987		一等/二等	18	
11	155 毫米牵引式加榴炮	1989		二等	20	阅
12	机载红箭 -8 反坦克导弹	1995	二等	特等		
13	85 式 7.62 毫米轻型冲锋枪	1985	三等	一等		阅
14	QBZ87 式 5.8 毫米自动步枪	1988	二等	步枪 2 等 弹一等		
	QJB87 式 5.8 毫米班用机枪					

国产化的155毫米加榴炮

ZTZ88式主战坦克

PFZ89式毫米履带式自行反坦克炮

GSL111A 履带式火箭扫雷车

PLZ89 式 122 毫米履带自行榴弹炮

ZSD89 式履带式装甲输送车

ZSD90 式履带装甲输送车

85 式 7.62 毫米轻型冲锋枪

QBZ87－5.8 毫米自动步枪

QJB87－5.8 毫米班用轻机枪

军委副秘书长刘华清与国防部长秦基伟为“8910”工程题词

第二章

金戈熠熠

一、“峨眉”秀甲天下
“虎头”威震寰宇

——两个奥运冠军的夺冠用枪

《人民兵工创建80年80件事》之50
国产运动枪支助健儿奥运会夺冠

1984年洛杉矶奥运会，吴小旋使用296厂生产的峨嵋牌小口径标准步枪获得射击冠军，这是中国第一个女子奥运冠军，也是用国产步枪获得奥运冠军的第一人。1992年，张山在巴塞罗那奥运会用长安公司生产的虎头牌猎枪获双向飞碟冠军，并在预赛中创造了20发全中的最高纪录。这是奥运历史上唯一一位在男女同场竞技中战胜男选手夺得冠军的女性。同年8月，中国兵器工业总公司奖励张山一辆长安奥拓牌轿车。

中国射击队，是兵器工业的长期合作伙伴。为了支持我国运动枪支的发展，中国射击队主动要求使用国产枪支；为了中国射击事业的发展，长安、嘉陵与建设等兵工企业，精心设计、精心制造运动用枪支弹药；双方密切协作，创造了一个个赛场佳话。

“峨眉”秀甲天下

一说起中国运动员第一次获得奥运金牌，人们都知道许海峰，都知道1984年的洛杉矶奥运会。如果问你获得奥运会第一个中国女冠军是谁，恐怕知道者寥寥。她就是吴小旋，就是在同一届洛杉矶奥运会上，她夺得了女子小口径标准步枪3×20项目的冠军。吴小旋使用的峨眉牌EM－752型5.6毫米小口径标准步枪，就是中国兵器工业建设机床厂研制生产的。

第一位奥运女冠军吴小旋

建设机床厂前身是著名的汉阳兵工厂，始建于1890年。抗日战争爆发后，其步枪生产线内迁，并入了重庆的第二十一厂一分厂，解放后改名建设机床厂，它是中国兵器工业的百年枪厂，具有悠久的历史。著名的汉阳造，就是该厂1893年的出品。解放后建设机床厂一直是中国兵器工业枪械行业的领军者，而且是毛泽东主席视察过的唯一的兵工厂。改革开放之后，又是军转民的排头兵之一，建设摩托与嘉陵摩托齐名。建摩B是兵器工业第一支上市的股票。

“峨眉”牌小口径步枪有两种型号，即峨眉牌EM－751型5.6毫米小口径自选步枪，系男子射击运动员60发卧射项目和3×40项目的专用枪支。而峨眉牌EM－752型5.6毫米小口径标准步枪，则是女子射击运动员60发卧射项目和3×20项目的专用枪支。

中国射击队使用这两种步枪累创佳绩。

在男子项目方面：

1977年，林波在参加布加勒斯特“中、罗射击友谊赛”中，使用国产EM－751型自选步枪，以599环的优异成绩，平男子60发卧射的世界纪录。

1978年第八届亚运会，我国射击运动员用国产峨眉牌EM－751、EM－752型步枪参赛，获得3×40项目、3×20项目两个团体冠军。

1979 年林波又在第四届全运会中使用 EM－751 型自选步枪，以 400 环的满环成绩，平 40 发卧射的世界纪录。

林波使用国产枪，多次获得国际、洲际、全国比赛冠军，两次平世界纪录，成为我国当时射坛的一颗明星。1985 年 9 月，林波为感谢建设厂对他的支持，亲自将两枚金牌和一枚国家体委颁发的运动员最高荣誉奖章赠送给了建设厂。

在女子项目方面：

1975 年，辽宁省女运动员金东翔在第三届全国运动会上使用峨眉牌 EM－752 型 5.6 毫米小口径标准步枪打出了 578 环的优异成绩，打破了南斯拉夫西奇和苏联雷特尼科娃在 1971 年创造的 577 环的世界纪录。

1980 年青海省女运动员孙秀萍在郑州全国分项赛中，以 598 环的优异成绩，平 60 发卧射的女子世界纪录。

1984 年 8 月 2 日，吴小旋在美国洛杉矶举行的二十三届奥运会上，以 581 环的优异成绩获女子 3×20 项目的奥运金牌，她也因此成为我国第一个获得奥运冠军的女运动员。

EM－751 型自选步枪 1979 年、1984 年两次荣获国家优质产品金奖，1984 年 EM－752 型 5.6 毫米小口径标准步枪也荣获国家优质产品金奖。

“虎头”威震寰宇

时隔 8 年，1992 年 7 月 28 日，25 岁的张山在巴塞罗那第 25 届奥运会上夺得了双向飞碟男女混合赛项目冠军，消息传来，振奋人心。因为，这不是一个普普通通的奥运冠军，而是一枚含金量极高的奖牌。她书写了巾帼不让须眉的真实故事，在男女同场竞技中一举战胜所有男女选手而夺得了世界冠军，这是奥运历史上绝无仅有的一个冠军。她还创造了 200 发百发百中弹无虚发的奇迹，创造了后人无法逾越的世界纪录。

这个喜讯更是震动了兵器工业。因为，张山夺冠所使用的是长安厂的虎头牌猎枪和嘉陵厂的猎枪弹，完全的中国制造。这是中国兵工史上使用国产猎枪夺得世界冠军的第一例。来金烈总经理在第一时间向巴塞罗那发去了贺电，表示祝贺。

奥运双向飞碟冠军张山

其时，我在兵器工业总公司市场营销局工作，我们局的同志，听到这个消息后不约而同地聚集在一起，热烈地议论着。大家一致认为，张山用中国兵器工业的枪和弹赢得了世界冠军，这既是张山的光荣，也是兵器工业的光荣。我们怎么来庆祝张山获得这枚光彩夺目的奥运会金牌呢？记不得是小冯还是郑元还是高巍提出了一项动议：用全国闻名的长安奥拓微型轿车和嘉陵摩托奖励用他们的枪和弹夺得世界冠军的张山。这个主意立即得到了大家的赞同。我连忙向周培德局长汇报，周局长非常赞成，并指出动作一定要快，争取在国内庆祝高潮来到之前率先举行，才会有轰动效应。

随后，我向兵器工业总公司来金烈总经理汇报，这位来自长安厂的老领导欣然同意，并指示我们一定要把这件好事办好。

长安和嘉陵是兵器工业乃至国防工业军转民的两面旗帜。长安汽车、嘉陵摩托是享誉全国的名牌。大家不会忘记，20 世纪 80 年代的一首民谣："一辆嘉陵两只筐，工资赛过胡耀邦。"多少人骑着嘉陵摩托致了富，多少人经营嘉陵摩托发了家。大家也不会忘记，那时北京城的"黄祸"，大街小巷跑的都是深受群众欢迎的黄色"面的"，其中最多的就是长安的微型面包。长安微车全国产量第一，销量第一，质量第一。今天他们两厂生产的虎头牌猎枪和嘉陵猎枪弹又在世界最高水平的赛事上折桂，为国家争得了荣誉，锦上添花、喜上加喜。

为了准备这届奥运会，这两个厂与中国射击队密切配合，为射手们精心制作了这批猎枪和枪弹，他们的心血得到了回报，川妹子张山用四川出产的枪支弹药创造了世界奇迹，这既是中国的光荣，也是四川的骄傲，他们两厂更是倍感荣耀。向合作多年的老朋友赠送本厂的名牌产品正是他们的共同愿望。因此，向张山赠送长安奥托微型轿车，向张山的两位教练赠送嘉陵摩托的方案一拍即合，很快得到了落实。

随后，我们立即向体委汇报，得到了体委大力支持，上报的方案也很快获得批准。

经过紧锣密鼓的筹备，在射击队凯旋后不几天，8 月 13 日下午，向张山赠送汽车摩托车的仪式就在《北方国际射击场》隆重举行。中央政治局委员、中央军委常委、国务委员兼国防部长秦基伟、兵器工业总公司总经理来金烈、国防科工委副主任谢光、国家体委副主任徐寅生、全国妇联副主席赵地、北京市常务副市长张百发等应邀出席，长安厂谭细绵厂长也专程赶来向张山赠送长安轿车。秦基伟发表了热情洋溢的讲话，盛赞张山为国争光的英雄气概和高超技艺，赞扬兵器工业对体育运动的大力支持。

第二天，各大媒体都报道了这一重要新闻。

事情过去 20 多年了，回忆起这次活动我犹感欣慰。这是我们市场营销局成立两年来，最重要最成功的一次宣展策划，既向为国争光的体育健儿表达了我们的敬意，彰显了爱国主义；也宣传了我们的名牌产品，不仅是知名的长安汽车和嘉陵摩托，而且宣传了我们的猎枪和猎枪弹；同时也宣传了军转民的两杆旗帜，宣传了北方国际射击场。起到了一箭多雕的良好效果。

载入《军工报国图》历史画卷

2011 年在纪念人民军工创建 80 周年时，全国开展了人民兵工 80 年 80 件大事的评选活动，入选的第 50 件大事就是《国产运动枪支助健儿奥运会夺冠》：

在纪念活动中，国防科工局新闻宣传办公室还策划创作了一幅展示人民兵工发展历史的书画长卷《军工报国图》，新闻办主任李金铎约我撰写一个创作提纲，我应约写了提纲，并提供了一些素材，其中就有这篇文稿和吴小旋及张山的照片。2013 年春节前，新闻中心送我《军工报国图》长卷的复制品一卷。作者是中国书画家协会理事郑希林和中国书法家协会理事张志和。画卷的前一部分是张志和先生的五幅书法墨宝："胡锦涛总书记致人民军工创建 80 周年的贺信"、"两弹一星精神"、"载人航天精神"、"军工精神"和"军工报国图"。画卷的主体是画作，最后是军工精英们的签字。

郑希林先生用工笔与水墨画相结合的方式，在 20 多米长的画卷中展现了中国军工从江西官田到延安、到太行、到全国解放、一直到卫星飞天、嫦娥奔月、亚丁湾护航以及 60 周年国庆阅兵等 80 年的伟大发展历程。他以祖国大好河山为背景，通过 14 个精彩画面展现了中国军工人军工报国、富国强军、建造钢铁长城的伟大抱负和无私奉献的军工精神。从其中的第 10 幅《军工科技助奥运》里，你就能看到这两位奥运女冠军的身影。她们用国产枪支夺得奥运冠军的英雄事迹，永远地载入了人民兵工军工报国的历史画卷。

《军工报国图》画卷全景

《军工报国图》画卷中的片段《军工科技助奥运》

（刊载于 2011 年 8 月 5 日《中国兵器报》、
《北方内部通讯》建党 90 周年专刊）

二、兵器工业第一枚导弹——霹雳-2空空导弹

提起兵器工业的导弹，人们往往知道的仅仅是反坦克导弹，其实，兵器工业投产最早的却是空空导弹霹雳-2，它也是是中国最早的空空导弹。后来因体制调整，该导弹转交给航空工业部生产。在这枚导弹的背后有着许多不为人知的故事。谨以此文献给中国空空导弹事业的创业者们，并悼念为此奉献了宝贵生命的王自重烈士。

王自重血洒长空

1958年9月24日是台海空战史上一个值得记住的日子。《当代中国空军》载道："这一天进入温州地区的国民党空军机群，遭到驻路桥海军航空兵部队的截击，飞行员王自重在击落F-86飞机2架后，被另一架F-86飞机发射的'响尾蛇'空空导弹击中。"《当代中国海军》记载道：9月24日上午9时许，国民党空军出动24架F-86型战斗机，分为两批气势汹汹地向温州地区扑来。航二师指挥所命令罗烈达中队、姜凯大队相继起飞迎敌，随后又令王万林大队升空掩护。姜凯大队勇猛地快速接敌，与敌机群近战格斗，双方飞机相互穿插，使携带了"响尾

蛇”空空导弹的敌机没有发射机会。罗烈达中队的三号机王自重驾驶的飞机掉了队，单机与12架敌机遭遇。近战格斗5分钟，击落敌机两架，最后被“响尾蛇”导弹击中，壮烈牺牲。空军出生的作家沈卫平撰写的《823炮击金门》一书对此有比较详细的叙述。大致情况是，在这一天里，先后在福建沿海的德化、三都澳和浙江温州地区发生了三场空战，台湾出动飞机共300余架次来袭，我空军出动240架次迎敌，这是两岸空军历史上最大规模的一次战斗出动。在温州空战中，国民党空军首次使用了响尾蛇空空导弹，这是世界空战史上第一次在实战中使用空空导弹。我海航二师这架歼-6飞机是第一个不幸被空空导弹击落的战机，飞行员王自重是第一个牺牲于空空导弹的烈士。他血洒长空，为捍卫祖国领空献出了宝贵的生命，被追记一等功。中国的空空导弹史上决不会忘记王自重的名字。

战后，海航二师派员赴温州以南现场，发现了王自重所驾战机的遗骸，捡到了“响尾蛇”空空导弹的残骸，还找到了数枚脱靶的未炸的空空导弹。几天后，它们被运到北京。天安门东侧的劳动人民文化宫辟地围栏，将这些“蛇尸”展出示众。中华人民共和国国防部发言人发表谈话，《人民日报》刊登社论，外交部新闻司举行新闻发布会，强烈谴责美帝国主义干涉中国内政，向台湾出售响尾蛇等先进武器。9月30日晚，周恩来总理在国庆9周年招待会上再次义正严词地谴责美国制造的“导弹事件”。神州大地又一次掀起了反美反蒋的浪潮。

鲜为人知的“55”导弹

AIM-9B是美国的第一代红外寻的的空空导弹。1949年，由于麦克利恩发明了第一个硫化铅红外探测器，美国福特航宇通讯公司和雷锡恩公司便开始了红外制导的近距空对空导弹的研制，于1953年试射成功。1955年开始装备美国空军，命名为“响尾蛇”，代号AIM-9，基本型号是 AIM－9B，后来又相继有 AIM－9C、9D、9G、9H、9E、9J、9N、9L、9M 等 10 多种改进型问世，总共生产 10 万多枚。时至今日，“响尾蛇”成为世界上最早研制成功、产量最大的红外制导空对空导弹，也是实战中被广泛使用的少数导弹之一，曾参加过越南战争、印巴战争、马岛冲突和海湾战争等。

获得了用烈士生命换来的“响尾蛇”导弹残骸，对于导弹事业尚在起步阶段的中国，实在是太可贵了，国防部立即决定对残骸进行测绘，并要求复制出同样的空空导弹，项目代号“55”。为此专门成立了科研委员会，主任是原国防科委秘书长安东。参加该项工作的有空军科研部、国防部五院、科学院、航空工业、兵器工业有关工厂、院校、研究所。研究工作最初在国防部进行，后转移到北京航空学院，经过几个月的努力，完成了第一套测绘图纸。

1959 年 5 月“55”号导弹由测绘转入仿制阶段。试制工作由北京转移到西安，以兵器工业的工厂和研究所为主要基地，分头进行零部件的仿制试制工作。各单位以高度负责的精神，精心加工，严格试验，攻克一个个技术难关，试制工作取得了重大进展。1960 年 10 月在西安召开了“55”导弹研制工作会议，成立了领导小组，组长是原第三研究所副所长高蔼亭，副组长是总装厂副总工程师李德儒。同时成立了总设计师室，空军科研部何培明任总设计师，王治忠、文周翰、林信文、仇继光、喻克勤任副总设计师。此后试制工作全面展开，紧张而有成效地进行。

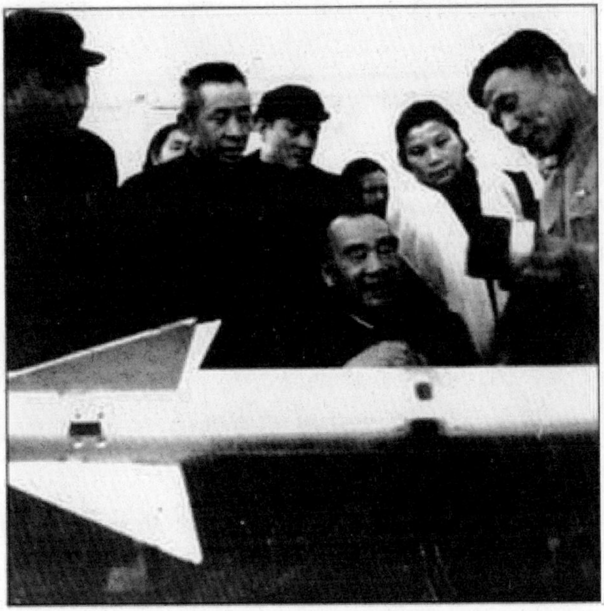

高蔼亭（右一）向朱德委员长介绍响尾蛇导弹

在第一套产品图的基础上，经过分析、计算、试验、对比和多次修改，完成了比较完整的产品图。制定了零部件、配套件和主要元器件的临时验收技术条件。编写了导弹技术说明书、关键部件的分析计算报告和实验分析报告。外场试验取得了飞机发动机红外能量辐射分布特性的测试数据。各试制单位组建了试制队伍，设计了多套工装与实验设备，试制出了一部分部件样机，相关新材料也由有关单位安排试制，虽然试制工作没有进行到产品设计定型，但是却为以后顺利接产 K－13 空空导弹，培训了人才，积累了经验，做好了组织上、技术上、人力上和物质上的准备。

K－13 的问世与霹雳 2 的诞生

苏联得知我国获得了“响尾蛇”的残骸，非常重视，先后派出了两批专家来华，一方面帮助分析研究，另一方面索取测绘资料。在专家回国时，大公无私的中国人，让专家带走了全套测绘图纸、试验数据和部分残骸。

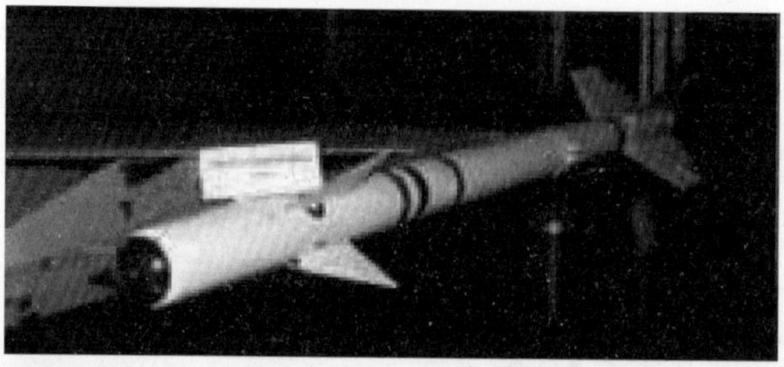

苏联如获至宝，他们立即着手仿制“响尾蛇”。毕竟苏联是个军事技术方面的超级大国，技术基础雄厚，先于我国于1960年仿制成功，1961年开始装备部队。取名为K－13空空导弹。后来又统一命名为AA－2空空导弹。

1961年中国军事代表团赴苏联商谈引进米格－21歼击机时，苏联同意将他们仿制成功的K－13导弹随米格－21歼击机一起转让给中国。

中国则决定在“55”导弹的研制工作基础上试制K－13导弹。由三机部五局（兵器局）抓总，三机部六院五所为总设计师单位，三所、四所和东方机械厂为副总设计师单位，东方机械厂负责总装，兵器工业的西光厂、发射药厂、火工品厂、战斗部厂负责各主要部件的试制。

1962年4月K－13图纸运抵我国后，翻译与消化随即展开，总体资料和各种图纸、技术条件分别由总设计师单位和副总设计师单位负责翻译复制；工艺资料分别由各承制厂负责翻译复制。由于各单位的积极努力，仅用10个月时间就完成了全部资料的翻译复制，还修改了多处错误，自行补充了缺少的资料，保证了资料的正确、统一和完整，使仿制有了可靠的依据。不久又提出了原材料、配套件和元器件共2000多项的明细和技术条件。国家经委于1963年10月和1964年4月召开了两次协作配套会，落实了试制定点工厂与协作配套关系。

与此同时，生产线的建设、工艺装置和专用设备的制造全面展开，并于1964年底建成了我国兵器工业系统内的第一个空空导弹生产体系，开始展开全面试制工作。参加仿制工作的干部、技术人员、工人以顽强的拼搏精神和认真的科学态度攻克了一个个技术难关。技术人员范作成、赵进启、宋树彬等和工人一起，解决了发动机壳体中段壁厚超差和口部椭圆度问题。控制舵出现了低温点火控制斜率严重偏移，副总工程师王治忠与攻关小组经过五天五夜的奋战，终于找到了原因。为解决引信早炸问题，技术员吴本玉在一次偶然事故中脸上、身上、手上被炸了10多处大大小小的伤口，但他只住院几天，伤口尚未痊愈就赶回工厂继续参加攻关试验。技术人员朱运贵、陈华等解决了导引头陀螺转速不均匀、磁放大器零位漂移问题，使产品一次合格率提高到90%以上。发射药厂研究出新的包复材料和缠绕工艺，强度提高7－8倍，彻底解决了药柱包复层的质量问题。

对于苏联产品的仿制，我国已经有了丰富的经验，50年代就总结了一整套行之有效的办法，“六试六定”工作法就是其中的一种。就是在试制过程中，试机床定机床，试夹具定夹具，试刀具定刀具，试样板定样板，试材料定材料，试操作定操作。定了零件定部件，定了部件定整机。试验工作也是按先静止后动态，先地面试验后空中飞行，先无控后有控的顺序进行。总之，一切都必须经过严格的试验，试成一项定下一项。这实际上是一套工艺定型、生产定型的程序，这也是一步一个脚印、脚踏实地的科学的工作方法。K－13的试制工作就按照上述工作法，先易后难，平行作业、纵横交错，有序地展开，整个过程基本上没有走弯路，工厂鉴定与国家靶场定型都是一次通过。

1965年9月舵机、弹翼、固体推进剂和装药发动机率先定型。1966年1月导引头通过鉴定，6月光学引信和控制仓对接调试过关，地面检测站鉴定合格。为了鉴定国产化产品的性能，用苏联产的导引头与国产舵机对接试验，解决了国产舵机的鉴定问题。

1966年7－10月，在国家靶场进行了全系统综合性能考核试验，包括地面与空中对照明弹的攻击试验，总共发射23枚导弹，除红外引信出现早炸外，试验证明全弹性能良好，控制系统工作可靠。初战告捷，全弹转入定型批试制。

1967 年 3 –7 月在试验基地进行了定型试验，耗弹 19 枚，靶机两架，结果证明：高低温和运输试验后，产品符合战术技术要求，发射安全可靠，控制系统精度较高，第一发就直接命中目标。地面检测站满足使用要求。同年 11 月，国务院特种武器定型委员会批准定型，命名为霹雳 –2 号空空导弹。

兵器科学研究院原总工程师欧阳刚

从此，中国有了自己的空空导弹。此后十几年间生产了相当多的导弹装备部队。后来科研与生产任务移交航空工业部有关单位，兵器工业只为其配套部分部件。2013 年秋天我拜访了当时参与霹雳 –2 导弹试制工作的原兵科院欧阳刚总工程师，他从苏联留学回来不久，1962 年就在西光厂投入了霹雳 –2 的试制工作。当我问及此事时，50 多年过去了，他仍然记忆犹新。我问他记忆最深的是什么？他说，苏联来的图纸资料很多，翻译工作量很大，他和林宜科是留苏的，义不容辞地挑起了翻译的大梁，为了争取时间，他们两个人分别口述译文，旁人负责记录，很快便完成了翻译任务。另一件印象最深的是，该导引头设计非常巧妙，整个光学部件都安装在陀螺仪的外框上，质量分布要求十分严格，否则将造成动不平衡，影响跟踪精度。为此，他们可费了一番心事，才完成了导引头的试制。欧阳总不无遗憾地说，为什么要把霹雳 –2 生产科研任务移交出去？我们个个都念念不舍。不曾想到的是，这次见面居然成了我们的诀别。马年年初一，为我国空空导弹与反坦克导弹事业、为中国的光学事业，尤其是红外热成像事业做出过杰出贡献的欧阳刚总工程师永远地离开了我们。让我们永远牢记住他的英名。

（刊载于 2014 年 2 月 17 日《中国兵工报》）

三、红箭之歌

《人民兵工创建80年80件事》之43、59
红箭-8反坦克导弹获国家科技进步特等奖

红箭-8反坦克导弹是我国自行研制的第二代反坦克导弹武器系统，既可单兵携带，也可车载。采用高低压发射，光学瞄准具瞄准跟踪，红外半自动有线制导。历时15年，突破了红外系统、发射器技术、初始弹道技术、放线技术、红外测角等技术关键，于1986年批准设计定型，它是我国具有自主知识产权的新技术兵器，性能达到国际先进水平，产品先后出口多个国家，同时实现了成套技术出口。1983年参加了国庆阅兵，1987年获国家科技进步特等奖。

后来，又将该导弹移植于武装直升机，机载红箭-8武器系统于1996年4月设计定型，成为我国陆军航空兵的第一代主战武器装备。该项目获得国家科技进步二等奖。

红箭-9重型反坦克导弹研制成功

红箭-9重型反坦克导弹武器系统是世界上性能较先进、功能较完备的车载反坦克导弹武器系统之一，从目标搜索到导弹发射、跟踪、自动装填等多方面都实现了自动化。该导弹采用电视测角、激光指令传输、三点导引制导方式，抗干扰能力强，射击精度高。由轮式装甲车车载，机动性防护性良好。射程5000米，配置串联战斗部，威力大，可以有效对付现役装备的各种主战坦克的装甲和反应装甲。1999年设计定型，2004年获国家科技进步一等奖。参加了50与60周年国庆阅兵。

开场诗

红旗红缨舞东风，鹰击长空东方红。
霹雳红箭争上游，长征远望向阳红。
嫦娥玉兔游天宫，海鹰龙宫迎蛟龙。
天河银河泛巨浪，曙光实践神舟梦。

这是一首用24种中国武器装备名称组成的七言古诗，是一首歌颂国防科技现代化和共和国重器的交响曲，她展示了新中国国防建设取得的伟大成就。而歌颂中国反坦克导弹光辉历程的红箭之歌就是其中的一个乐章。

前奏曲 J－201

“二战”之中，坦克异军突起，叱咤风云，凸显了陆战之王的威风凛凛，对战争的势态产生了重大的影响，使反坦克作战成为现代战争中的一个突出的重大课题，反坦克导弹因此应运而生。“二战”末期，德国率先研制成功了世界上第一枚X－7反坦克导弹，“二战”之后，反坦克导弹犹如雨后春笋，联邦德国的柯布拉、苏联的AT－1、法国的SS－10、英国的警惕者、美国的龙式等相继面世。

【白手起家】

新中国成立初期，国防工业的基础差，底子薄，在反坦克导弹武器的研制方面更是“一无所有”。1957年9月，聂荣臻率团访问苏联，10月15日签订了《中苏新技术协定》，苏联先后向我国提供了地空、空空、地地、潜地、岸舰、舰舰等6种战术导弹的实物和资料，唯独没有导弹家族中最小的小弟弟反坦克导弹。

卢伟如、王仁德陪同孔从洲参观J－201实验室

1958年，军委常规兵器专业组将反坦克导弹的研制任务纳入了发展规划，决心独立自主地发展中国的反坦克导弹。随之，军械科学研究所、北京工业学院、三机部三所分别开始收集资料和方案论证。北京工业学院的原理样机曾经在国防部举办的1958年“八一”献礼展览会上展出，周恩来总理仔细观看了样机。北工后来也曾经进行过一些试验，但由于技术问题较多而终止了研究。1960年5月，军械所、东北机器制造厂、庆阳化工厂组成了协作组，以东机厂为基地开始了反坦克导弹的研制工作，但不久也下了马。

1960年5月，军械所划归军委炮兵建制，炮兵以该所为基础，于1960年11月成立了炮兵科学技术研究院。炮院一所在所长卢伟如（后来升任广州军区副政委）的带领下，决定重启反坦克导弹的研制工作。1962年1月，卢所长专程赴北京向国防科委三局唐局长汇报导弹的论证情况，申请立项，唐局长同意开展研究。于是，1962年2月代号为J－201的反坦克导弹正式上马，总体方案论证和零备件研究以及相关的建设也相继展开。1963年1月张爱萍副总长来炮院参观，指示炮院要好好抓一抓反坦克导弹。10月，卢伟如所长带着模型又一次进京向张副总长和国防科委汇报论证进展情况。1963年11月，国防科委正式批准将其列为国家项目。不久炮兵研究院正式任命王昌仁为总设计师，曹翟、赵家铮为副总设计师。

我是1962年底毕业后分配到炮院一所的，一来就知道有个J－201，全所重点，压倒一切。其实，当时刚成立的一所条件很差，我们住的是张作霖时代的兵营，没有暖气烧火墙。与导弹有关的试验实施一个没有，人员都是搞火炮、火箭、弹药、引信、火工品以及火炸药的，基本没有导弹专业的人才，也没有可供借鉴的样品。可以说，当时的一所根本不具备研制导弹的条件，几乎是白手起家。J－201是炮院一所建所后第一个独立担纲的大项目，也曾有些非议，有人认为搞导弹是五院的事，不属一所的职责范围。刚从苏联炮兵指挥学院学成归来的老炮兵师长卢伟如，他既懂技术又热心炮兵装备，他坚定而明确地指出，近程战术导弹应该由炮兵来搞。于是他勇敢地挑起了这副重担，足见其远见卓识。

【曹刚川雪中送炭】

国家正式立项了，该是大干一场的时候了。可是这第一步怎么迈？搞个什么样子的导弹？无疑成了摆在年轻的科研人员面前最迫切的难题。

J-201反坦克导弹

当时他们手中只有一套德国的柯布拉反坦克导弹的勤务指南，对“柯布拉”的结构与性能参数有简单的介绍，这就是他们最重要的参考资料。他们对比分析了柯布拉和法国的SS－10导弹的性能，认为柯布拉比在X－7基础上发展起来的SS－10更进了一步，于是逐步形成了以“柯布拉”为主要参照的总体方案，这是在当时情况下唯一的选择，这也就是J－201反坦克导弹酷似西德“柯布拉”的原因。有人以为，J－201是柯布拉的仿制品，其实，我国获得柯布拉的实物样品是1966年后的事，此时我们的方案早已初步确定，有控飞行试验也进行两年了。当然，有了实物对我们的帮助还是很大的，一是证明了我们方案基本正确，另一方面对于一些局部设计也有不少的借鉴。通过测绘分析，进一步调整了 J－201 的总体参数，改善了导弹的操纵性能。

在方案选择的过程中，遇到了一个“导线”问题，许多人对有线制导心存疑虑，不太相信“这小孩放风筝似的东西也能打坦克?”有的担心导线被树枝挂断了怎么办？总之，对这个“小辫子”很不感兴趣。大家正为搞有线制导还是搞无线制导争持不下时，1963 年，曹刚川同志从苏联列宁格勒炮兵工程学院学成归来，带回了 3M－6（AT－1）反坦克导弹的教材和使用说明。真是雪中送炭，如获至宝。

3M－6 反坦克导弹是车载的，虽然不能直接运用于 J－201 便携式导弹，但是，它也是有线制导，这在徘徊于有线和无线之间难以决策的时刻，无疑对有线方案的确定起了十分关键的作用。此外，这套教材对于我们了解掌握反坦克导弹的结构原理和操作使用都有参考价值。

【求真务实 循序渐进】

J－201 在总设计师王昌仁、副总设计师曹翟、赵家铮、朱列旦等的带领下（下图为王昌仁和曹翟向炮兵副司令陈锐霆汇报 J－201），在炮兵和五机部的领导下，历经炮院、五机部七所、11 院、20 院多次体制

变迁，历尽文革动乱的磨难，克服了一个又一个困难，闯过了一道又一道技术难关，J－201终于于1973年1月批准设计定型，并荣获了全国科学大会奖。

J－201导弹的研制工作严格遵循科学研究的程序，从部件到整机，都是先地面试验再飞行试验，先无控飞行，再有控飞行，一步一个脚印，脚踏实地地前进。在无控飞行试验时，又分为三个阶段，P1弹只装起飞发动机，P2弹增加线管与陀螺等部件，P3弹再增加续航发动机、加速开关、点火线路等，经过10多次试验，初步解决了起飞问题、陀螺启动、导线放线、续航发动机等技术问题，然后才开始有控飞行试验，第一次有控飞行于1964年底实现。反坦克导弹设计的元老、J－201副总师曹翟在回忆文章中写道："1964年12月18日，第一次有控飞行试验在沈阳德胜营子进行。那时的气温－10℃，准备工作全部在帐篷里进行，试验当日凌晨3点最后一发导弹才完成对接。这次试验一共发射3枚导弹，只有一发听控飞行了600米。然而，这一发600米的有控飞行，却凝聚了近百名科技工作者3年的心血，它证明了我们的方案可行，象征着我国反坦克导弹进入了新的阶段，给我们带来了信心和希望。"1965年7月军委炮兵与五机部联合召开了技术审查与协作会议，会议期间又进行了有控飞行试验，孔从洲副司令等首长参观了试验，会议肯定了方案与研究方向。1969年8月25日，J－201再次参加了在北京举行的反坦克武器表演，参试代表受到了周恩来总理的亲切接见。9月24日，"823会战"指挥部决定，J－201反坦克导弹在改进操作、命中率提高到70%以上，并解决自炸后，可生产一小批交部队试用。要求1969年底完成设计定型。

1969年12月设计定型试验开始，1970年5月完成了补充定型试验，全面达到了战术技术指标。1971年5－7月在三个军区进行了部队试用，经过十几个小时模拟训练的士兵，平均命中率达60%，有的能首发命中，受到部队欢迎。1973年1月总参、总后联合批复，同意设计定型。从1962年12月立项到1973年1月定型，J－201导弹经历了10个春秋，历尽艰辛，在领导机关的正确领导下，在兄弟单位的积极配合下，中国自己设计的第一枚反坦克导弹终于诞生。

【铺路的石子】

但是，J－201 反坦克导弹最后并没有列入装备体制，也没有大批量生产，其原因有多种猜测，有的人则把它归咎于一次表演试验中的一发故障弹。

1977 年 8 月 10 日、17 日和 9 月 15 日，J－201 在北京南口靶场进行了三次汇报试验，对 1400 米固定目标和活动目标的射击，取得了 21 发 15 中，命中率达 75% 的骄人战绩。其中有一名射手取得了 10 发 9 中的好成绩。试验的组织者与参试者都很高兴。但是就在最后一天，发生了一次意想不到的故障。一发导弹在飞行中意外坠地，失去了控制的导弹，突然掉头向阵地方向飞来，此时，在观礼台上就坐的有徐向前、王震、粟裕、罗瑞卿等多位军委领导，多亏导弹自行坠落在靶场的空地上，虽然没有产生严重后果，但是着实让人后怕。出现这次故障固然是 J－201 项目的不幸，但并不是 J－201 没有装备部队的根本原因。因为当 J－201 定型之前，我国已获得了苏联“赛格”反坦克导弹的实物样品，到 1977 年时“红箭－73”已经取得突破性进展，即将定型。并在这次汇报试验时，与 J－201 同场竞技。竞争结果“红箭－73”胜出。

尽管 J－201 反坦克导弹没能装备部队，这对于参与研制工作的人们来说多少有些遗憾，其实，大可不必。因为，由于它的研制成功，掀开了中国反坦克导弹事业新的一页，奏响了红箭之歌的前奏曲，它表明中国人已经具备了独立自主设计制造反坦克导弹的能力。卢伟如所长当年在炮院一所种下的反坦克导弹的种子，如今已经成长为参天大树。J－201 用碎石铺就的道路，如今已经变成了一条金光闪闪的大道，在这条大道上造就了一支特别能战斗、作风科学严谨的团队，他们累战累胜；造就了王兴治、杨绍卿两位工程院院士；在这条大道上建成了中国唯一的设备精良、水平一流的反坦克导弹研发中心。在这条大道上，一个个新型反坦克导弹脱颖而出，硕果累累。面对如此的辉煌，J－201 所付出的那么一点点学费又算得了什么？

变奏曲—红箭－73

“红箭－73”是仿制苏联的“赛格”反坦克导弹。“赛格”和“柯布拉”同属第一代反坦克导弹，都是目视跟踪、三点导引、手动控制、导线传输指令，但“柯布拉”是第一代的早期产品，而“赛格”则是晚期产品，“赛格”的性能与技术水平全面优于“柯布拉”，不但射程远、飞行速度快、威力大，而且勤务性好。比如“赛格”的射程是“柯布拉”的两倍，“赛格”的尾翼可以折叠，包装箱的体积小。因此，相比之下，J－201 肯定不如“赛格”。

项　　目	J－201	红箭－73
弹径（毫米）	100	120
弹长（毫米）	950	864
弹重（公斤）	10.3	11.3
飞行速度（米/秒）	85	120
射程（米）	400－2000	500－3000
命中概率	70%	70%
破甲厚度（毫米/度）	120/65	150/65

【竞争的魅力】

“8.23”会战总指挥陈锐霆副部长的回忆文章中写到，“在会战期间，我部有两位同志有突出贡献，一位是部机关贾庆祯同志，运用援外工作之机，一钱未花，引进了‘赛格’反坦克导弹的样品，并积极设法很快运回，为我红箭－73 反坦克导弹的研制，提供了借鉴，争取了时间。”

五机部于 1971 年获得样弹，当年 8 月即责成陕西东方机械厂和北京工业学院等有关单位进行测绘仿制，首先由北京工业学院进行初步分解测绘，然后以东方厂为主进一步进行测绘测试。1972 年明确了生产分工，东方厂为总装厂，负责全弹总装，山西惠丰机械厂负责生产引信。1973 年 3 月又明确惠丰厂也可以利用现有条件，自力更生，进行总装准备。

1973 年 7 月，“737”反坦克武器专业会议根据形势的需要，决定扩大“红箭－73”的生产规模，又增加了辽宁、吉林两省，以兵工厂为核心，动员组织民用企业，再建设两条“红箭－73”动员生产线，图纸由陕西提供，各地区分头进行研究试制。1973 年 10 月，国务院、中央军委正式下达了红箭 -73 导弹的研制任务，辽宁、吉林也加入了研制行列。这一决定大大调动了地方的积极性，一个以测绘仿制“赛格”导弹的大会战于 1974 年在中国的 4 个省（辽宁、吉林、陕西、山西）如火如荼地同时展开，形成了四虎相争的竞争局面。为了加强对大会战的领导，1974 年 3 月五机部科教组成立了以唐如信和王庆安为首的红箭 -73 项目总体组，1975 年五机部成立了导弹局，反坦克导弹处处长王连生、副处长崔世强和刘景玉负责大会战的组织协调工作。各地区也分别地成立了会战领导机构，辽宁的“745”工程指挥部，吉林的“702 办”，山西、陕西的红箭 -73 办公室。

各省你追我赶，互不相让，经过近 4 年的努力，于 1977 年 4、5 月间，除陕西省外，其他三省的红箭 -73 相继进入了国家靶场进行设计定型试验。不过此次试验都没有达到设计定型的要求，发生了续航发动机故障、陀螺失去定轴性、导线断线、早炸、低温掉弹等一连串技术问题。随之组织技术攻关，查找原因，采取针对性措施，逐一加以解决。

1977 年 9 月 15 日在北京举行了反坦克武器汇报表演，徐向前、王震、罗瑞卿、粟裕等军委领导参观了红箭 -73 反坦克导弹的射击表演和实物，听取了导弹局左文英局长有关会战情况的汇报，军委领导对会战取得的成绩给以了充分肯定，使大家受到了很大鼓舞。

1978 年 6 月山西惠丰厂率先再进靶场，用弹 39 发，靶场的结论是：接近或达到战术技术指标，经部队试验合格后，可以设计定型。1979 年 2 月中央军委批准山西的红箭 -73 设计定型。继此之后，1979 至 1980 年，辽宁与吉林的红箭 -73 也相继通过了设计定型试验，完成了设计定型。为此，领导机关决定陕西省的导弹不再进行设计定型试验，只进行接产鉴定。

竞争最能调动各方面的积极性，最能激发科技人员的创造性，是促进技术进步的强大动力。竞争不仅仅是技术的较量，而且是领导智慧、群众创造力与组织管理能力的全面较量。竞争的结果什么可能都会发生，谁也没有取胜的绝对把握。这次起步最早的、测绘导弹的元老厂，也是中国兵器工业历史最悠久的专业导弹厂，论技术力量最雄厚、经验最丰富，设备最先进，居然出人意料地败在了 3 个非导弹专业的引信厂和弹厂的手下，这就是竞争的魅力。

【勇闯三大技术关】

红箭－73不是技术引进项目，而是测绘仿制，仿制过程中遇到了这样那样的问题均属正常。其中最大的难题有3个。

近距离掉弹 这是一个从第一次有控飞行试验开始到生产定型一直困扰人们的技术难题。导弹飞离发射架300米左右就坠落于地，低温试验时尤为突出。为了解决这个技术难题，人们煞费苦心，经过长期的探索，北京工业学院从理论上找出了掉弹的原因是导弹偏心过大造成的。东方厂宋树彬参照国外的经验，大力改进工艺，力求做到设计基准、工艺基准和装配基准相一致，使质心保持在弹轴上，大大减小了质量偏心和推力偏心，极大地改善了产品质量，为掉弹问题的解决立下了汗马功劳。经过各个总装厂与北京工业学院的共同努力，终于攻克了这道难关。

制导导线断线 这是有线制导导弹的通病，J－201有过，红箭－8也有过。导线是有线制导导弹的生命线，三芯导线中只要有一根断线，弹下控制的信号就无法传导到弹上，导弹就失去了控制。东方厂成立了断线攻关组，设计了模拟飞行试验的放线机进行地面模拟试验，运用TQC全面质量管理方法，分析历次靶试的残骸，分析地面放线记录和实况录像，摸清了断线的根本原因，主要是线管解脱力均值偏小，放线时发生乱砸，破坏了放线的规律，致使松脱的导线相互扭绞而造成断线。他们采用正交试验法合理安排试验计划，进行了32发不同工艺参数、不同放线条件的地面模拟放线试验，找到了优化的设计方案，解决了令人头疼的断线故障。其他地区在解决断线问题上也都下了一番功夫，各有各的高招。

低温不听控 所谓低温不听控是指低温试验时导弹在两种情况下不听控制。一是在攻击左边界目标时失控，当射击1800米的目标，与导弹射向成22度半角时，导弹做大过载机动飞行而失控。另一种情况是，导弹发射10秒左右时失控，第11秒左右“平稳”落地，地面信号全部正常。对于第一种失控，终于找出了原因，由于低温飞行过载过大时，陀螺漂移量过大，内外环产生碰框，使陀螺失去了定轴性。对于第二种失控，经过长时期的研究，也找到了原因，是舵机滑阀机构的阀芯在飞行过程中发生了卡滞。采取了有针对性的措施后，低温不听控问题圆满解决。

【向二代导弹的跨越】

“红箭－73”的研制成功，标志着我军装备序列中反坦克导弹的空白得到了填补，开辟了中国反坦克弹药精确化的道路。1979 年我国红箭－8 的红外制导技术也取得了重大进展，引起了吉林江北机械厂红箭－73 研制人员的关注，能不能将红外制导技术运用在红箭－73 上，将目视制导的第一代导弹提升为半自动控制的第二代反坦克导弹呢？1979 年 7 月，五机部在吉林召开了专题会议，部署了车载红箭－73A 导弹的研制工作。不久提出了新的方案，在红箭－73 的基础上，弹上增加红外辐射源，发射架增加红外测角仪，改进控制系统，在保持原有手动控制的基础上，增加半自动控制，同时提高战斗部威力。载体是 86 式履带步兵战车，4 联装顺序发射，载弹量 4＋8 发。在 4 年的研制过程中，先后解决了红外源能量不足、弹道下沉、精度下降、弹的转速低、高低温弹道高散布大、偏航精度不好等技术问题，尤其是，又一次出现了严重的导线断线问题，断线率高达 40%－60%，最后查明系红外光源在燃烧中的高温颗粒烧伤导线包覆层所致。1981 年初开始进行有控飞行试验，1984 年底在试验基地完成了工厂鉴定，红箭－73A 导弹武器系统性能达到了预订的战术技术指标。

红箭－73D 反坦克导弹系统

装载红箭－73的86式步兵战车

在红箭－73A导弹研制过程中，1983年5月，总参装备部甘平副部长参观时提出了在红箭－73与红箭－73A两型导弹的基础上，研制一种适合兵组携带的第二代反坦克导弹。于是红箭－73B反坦克导弹正式立项。该武器系统仍然是光学瞄准，红外跟踪，采用烟火式红外光源指示导弹飞行轨迹，红外测角仪测定导弹方位，控制系统进行计算并发出指令修正导弹弹道，系统采用了电子门和多级设置门限，提高了系统抗干扰的能力，制导系统实现了数字化，提高了控制精度，缩小了控制箱体积，减轻了重量，总重不超过5公斤。战斗部威力也提高到垂直穿深760毫米。在江北机械厂与华南光电仪器厂等单位的共同努力下，1989年完成了设计定型。1990年荣获国家科技进步一等奖、部级特等奖。总设计师贾贵臣等为红箭－73的后续发展做出了很大贡献。

【成功占领国际市场】

红箭－73导弹研制成功后，北方公司就积极谋求挤进国际市场。由于“赛格”导弹已经装备了许多国家，而且生产这种导弹的国家也不止一个。要把一代的红箭－73推出去几乎是不可能，于是北方公司把重点放到了红外制导的二代上。1989年4月，红箭－73A导弹第一次出国进行飞行表演试验，科目是对远近目标和静动目标射击，试验一切正常，飞行平稳，100%成功，唯独干扰科目试验失败了，暴露出红外制导的红箭－73A的两大弱点，一是红外光源穿透沙漠尘埃的能力差，二是容易被强大的干扰光源所干扰（该项目在国内不考核）。但是，外方对这项抗干扰性能非常重视与坚持，他们说“这是用血的代价换来的经验和教训”。1989 年 12 月北方公司又赴另一国进行红箭 - 73 的飞行表演试验，这次使用的是山西惠丰厂研制的红外制导反坦克导弹，总体水平略高于吉林。前 4 个科目全部命中目标，最后一个科目，在弹道的中途点燃了两堆大火，结果导弹失控，改用手动控制才命中目标。两次出国试验的失败，表明市场对反坦克导弹的抗干扰能力的提高提出了强烈的要求。

这两次试验失败，全栽在抗干扰这个环节，迫使人们另辟蹊径，改用了电视测角制导方案。经过多年的努力，克服了诸多技术难关，AFT 07A 于 1993 年获准设计定型，1995 年第一批红箭 - 73 二代反坦克导弹开始出口。AFT 07B 也于 1996 年设计定型，加入了外贸行列，吉林江北厂、山西惠丰厂都为红箭 - 73 的出口立下了汗马功劳。后来，由于压缩军品生产能力，惠丰厂的红箭 - 73 虽然停产了，但也不应该忘记他们所做的贡献。尤其是惠丰厂谷崇光所长，熟悉系统总体、精通制导技术、现场处理技术问题的能力都给人们留下了深刻的印象。

红箭 - 73 成功出口也离不开 204 所的贡献。大家知道，原来“赛格”和红箭 - 73 一代的威力指标都是 150 毫米/65 度，到了 20 世纪 80 年代这个指标已经大大落后了。1985 年开始改进战斗部。参加改进的单位有惠丰厂、江阳化工厂、华丰化工厂和北工，第一步提高到了 180 毫米/65 度，尔后又提高到了 180 毫米/68 度，1986 年改进设计定型，1987 年装备部队。命名红箭 73—1，后因外贸需要而改名为 HJ - 73A.

随着装甲品种的增多，复合装甲、间隙装甲、反应装甲以及北约三层靶等的相继面世，装甲的抗弹能力大大提高，迫使破甲弹技术必须紧紧相随急起直追。面对国际市场对反坦克导弹破甲威力提出的令人咂舌的高指标，从事爆炸理论与破甲机理研究的专家、204 所原所长胡焕性沉着应对，他带领 204 所的团队，利用他们理论研究成果，精心设计破甲弹的结构、精选各种参数与采用精巧的工艺，使红箭 - 73 的破甲性能步步高升，200 毫米/68 度、280 毫米/68 度直至 300 毫米/68 度，在世界上同口径、同重量的战斗部中名列前茅。胡所长尊重用户，尊重合作单位，全力支持外贸工作，只要是经过努力他们能办到的事他都答应，凡是他答应的事没有不兑现的。有次外方来中国观看红箭 - 73 的破甲试验，试验目的是考察导弹串联战斗部对付反应装甲的能力，试验按计划全部顺利通过。但外方又提出了一个额外的要求，要检验反应装甲的抗弹能力。实际上这是外方对我们的反应装甲的真实性心存疑虑。不解除外方的这个疑虑，将影响外方对导弹威力水平的信心，势必给合同谈判增加一些未知因素。对于这个额外的要求答不答应，征求战斗部研制方胡所长的意见，胡所长非常理解北方公司，理解用户是皇帝这句格言的真谛，他毫不犹豫地答应了外方要求。做！用实验数据来证明我们的实力。于是进行了一发串联战斗部与一发非串联战斗部的对比试验，结果，串联战斗部有效击穿，而非串联战斗部则未能击穿，追加的试验圆满成功，内外双方都很满意，随后合同顺利签订。

红箭－73由一代向二代的华丽转型，奏响了红箭之歌的变奏曲，展开了红箭－73的新乐章。如今电视测角制导的红箭－73已经出口到好几个国家，它的设计继承了“赛格”，而它的战术技术性能，尤其是抗干扰能力与破甲威力，又大大超过了“赛格”，成为世界上少有的兼有一、二代功能的反坦克导弹，也是世界上“赛格”系列导弹中的佼佼者，获得了良好的声誉。红箭－73能有今天的辉煌，是4个省导弹研制生产单位与使用部门共同努力的结果，是研究人员充分发挥聪明才智，顽强拼搏的结果，也是北方公司以市场为先导，积极部署新技术开发、倾力向国外推销的结果。如今，中国红箭－73反坦克导弹这支红箭之歌变奏曲的旋律仍然在世界的上空回荡。

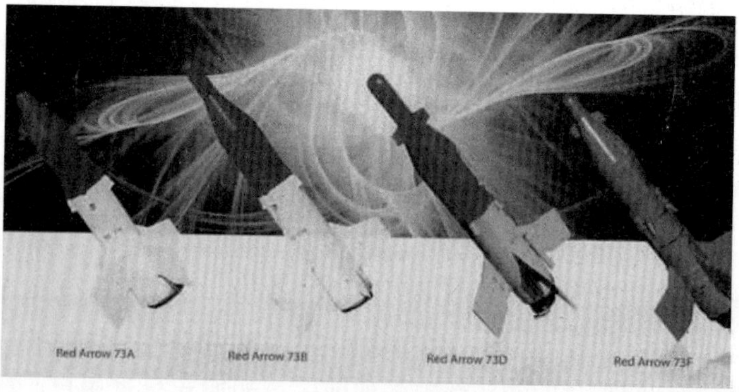

红箭－73导弹家族

英雄交响乐—红箭-8

红箭-8是贯彻独立自主、自力更生方针，自行设计、自行研制定型，原材料、元器件全部立足国内的第一枚二代反坦克导弹，是完全具有自主知识产权的第一款中国造的红外半自动导引反坦克导弹；是第一个既装备炮兵、又装备装甲兵和陆军航空兵的反坦克导弹，是开创高新技术出口先河，在境外建设了生产线的反坦克导弹。它是出口国家最多、数量最大的导弹，它是世界上为数不多的最庞大的反坦克导弹家族，它是兵器工业第二个荣获国家科技进步特等奖的项目。红箭-8反坦克导弹谱写了红箭之歌雄壮的交响乐章。

【文化革命的烙印】

1969年3月发生的珍宝岛事件，是红箭-8的催生素，“8.23”反坦克武器科研生产指挥部于当年年底下达了研制第二代红外半自动反坦克导弹的启动令。

1969年正值文化革命的高潮时期，它自然会给新一代导弹的研制烙上了深深的痕迹。

据说是执行林彪的一号命令，研究所紧急战备搬迁，1105研究所（即原来的炮院一所，后来的203所）就在红箭-8导弹尚未启动之时，全所由沈阳紧急搬至西安三桥，在三桥尚未站稳脚跟，接着又向长安县搬迁，两年内连续两次大搬家，红箭-8导弹就在这个劳民伤财的搬迁动荡中上了马。

研究所搬家过程中，一大批第一代导弹J-201的科技人员因政审“不合格”，被拒之于新一代反坦克导弹研制的大门之外。包括总设计师王昌仁、副总设计师朱列旦，以及一批年富力强、经验较丰富而出身却“那个”的专业组长和技术骨干。就连后来接任王兴治出任红箭-8第二任总设计师的赵家铮同志也未能幸免，直到老所长曹瑛同志恢复了所长职务之后，在曹所长的力主之下，才使老赵得以回归了红箭-8导弹的研制队伍。

这次搬家对于年轻的本来力量就不强的中国反坦克导弹科研队伍是

一次严重的摧残，使红箭－8导弹刚上马就遇到了技术人才极其短缺的困难。当时，我在沈阳留守，负责为这些所谓政审不合格人员安排工作。我们背着他们的档案，下湘赣，赴上海，简直是磨破了嘴，跑细了腿，在知识无用的年代，安排技术人员的工作你不知道有多困难。此时的我内心非常惆怅，并不是为自己的辛苦，而是为国家辛辛苦苦培养起的这些导弹技术人才的流失而扼腕，为知识分子这样的下场而痛心。

文化革命给红箭－8导弹项目留下的另一大烙印是，在项目连方案都没有的时候，就加入了“704”坦克动员大会战，旨在新型坦克上装备新型反坦克导弹。为此在西安成立了以民用仪器厂为组长的会战组，研究所和西工大都是副组长，实行以工厂为主体的“科研、生产、教学”三结合，其实这种群众运动式的会战，是科研工作的最大忌讳，也是人力物力与时间的最大浪费。这个一哄而起的会战，热热闹闹为时一年，无果而终。

【引进霍特导弹的插曲】

记得20世纪70年代末有一次在官厅水库的岸边，我参观了法国“霍特”的来华表演，实弹射击完毕后，装载了霍特导弹的小羚羊直升机飞回观礼台，旋停在半空，频频向主席台与观众“点头”致意，看到他们那得意的样子，我的心情十分复杂，既羡慕人家技术的先进，又担心它撬了红箭－8导弹的饭碗。红箭－8导弹的全体研制人员也都与我有着同样的心情，忐忑不安地关注着引进工作的每一步进展。

法国人倾全力向中国推销“霍特”，这本无可厚非。然而，有些中国人的态度却使我不能理解。1978年我曾有幸参加过一次引进霍特导弹的论证会，一位参谋不但对红箭－8的缺点夸大其词，而且用词十分尖酸刻薄，狠狠地刺痛了我的自尊心。引进就引进呗，又何必要贬低自己、妄自菲薄呢？一直到直九武装直升机是上红箭－8还是引进导弹，这番争论还在延续。

然而，原炮兵副司令、炮兵科学技术研究院的第一任院长、德高望重的孔从洲同志给予了红箭－8极大的鼓励与支持。他说：“你们研制红箭－8就是在贯彻中央‘独立自主、自力更生’的正确方针。只要你们按确定的指标搞出来，哪怕有些缺点也没关系，我们炮兵就要这个弹了。”“搞科学试验哪有不失败的，没有失败，就没有成功”。老院长一席话，说得大伙热乎乎的。

其实，我国引进霍特导弹是很有诚意的，早在毛主席去世前，为了准备应付苏联可能的侵犯，外贸部与五机部于1975年就联合向中央提交了关于引进霍特导弹的报告，并得到了政治局的批准。1975年10月26日邓小平同志在转呈毛主席与政治局的报告上批示道：“我们都想引进”。在中央领导的关怀下，我国代表团赴法国进行了长时间的周密考察与广泛交流，包括法方多次来华推销与表演。但由于法方要价太高，引进之后原材料、元器件对国外的依赖性过大，而且法方还不保证在中国制造的产品质量，因此引进没有成功，否则，中国的反坦克导弹的历史将要改写，红箭-8可能真的就被扼杀在摇篮里，兵器工业的国家科技进步奖特等奖将会被抹去一个。

霍特导弹引进虽然没有成功，但也不算失败。其一，它大大激发了红箭-8研制人员的爱国热情与积极性创造性，成了加速研制的推进器。其二，通过参观访问观看表演，使我们的技术人员近距离接触了国外的先进的反坦克导弹，让他们学到了许多从情报资料中根本无法获得的东西，总设计师王兴治的考察报告足足讲了两天，技术人员个个都听得津津有味，受到了许多启发，受益匪浅。这些宝贵的点滴知识，后来都成了红箭-8技术成长的催熟剂。要不人们怎么可能从红箭-8身上看到了米兰、霍特的影子呢。

【有偿转让的突破】

三共同方针的尴尬　兵器工业的产品有两个特点，个头不大批量大，价格不高产量高。产品的工业化对于兵器工业来讲尤为重要。为了保证定型批的产品质量，为了缩短由研究所向工厂转产的周期，1977年开始，红箭-8实行厂所结合，定点的生产厂开始介入研制工作，实行共同设计、共同试制、共同试验的三共同方针。

厂所结合开始初期，研究所派人下厂技术交底、指导试制，工厂派人到研究所了解产品、参与研究设计，双方积极性都挺高，关系也比较融洽。可是一段时间之后，厂所各搞一套的苗头有所抬头，同一个目的的试验，两家分头准备，分头试验，结果分散了力量，浪费了资源，使本来就很脆弱的厂所关系日趋紧张起来，最严重的时候，工厂人员在研究所的活动范围都受到限制。

结合不好的症结 红箭－8项目中暴露的问题，是兵器工业科研、生产活动中的一个带普遍性、历史性的问题，尽管领导上年年强调科研生产结合，厂所结合，可总也解决不好。问题究竟出在哪里？这是经常盘旋在科技管理工作者脑海中的一个老大难问题。

过去，我们传统做法是，研究所的科研成果无偿向工厂转移，研究所技术人员带上图纸资料下到工厂，指导并协助工厂试制定型投产后，研究所的任务就告终结。日后该产品投产后所产生的巨大经济效益，就与研究设计单位毫不相干了。

在20世纪80年代初的中国，人们的知识产权意识还相当淡薄，一切产权（包括知识产权）归国家的观念根深蒂固。忽视创新主体智力劳动的价值，忽视创新主体应该具有的知识产权，更漠视创新主体创造的科研成果应该得到应有的经济回报。特别是在国防工业部门，普遍的认识是：国防科研项目国家投资，成果归国家所有，国有企业无偿使用属于国家的科研成果，理所当然，天经地义。技术无偿转让的结果是，技术创新主体失去了创新的积极性，研究所失去了发展的动力。造成了研究单位抵制技术转让，研究单位与生产单位之间关系紧张。

然而，在技术引进中，国人却欣然接受了入门费加产品购置费加技术服务费的报价方案，其实，入门费就是技术转让费，接受入门费就是承认技术的有偿转让。

在红箭－8的厂所结合的实践中，领导机关感到，厂所结合的核心问题，已经是个无法回避的现实。

大胆尝试 在薛耀伦副部长的主持下，解放思想，冲破桎梏，大胆地提出了科研成果有偿转让的新思路，率先在红箭－8上试点，1981年以五机部的红头文件形式确认了此项改革。由厂所签订合同，明确在红箭－8投产后，从产值中提取一定比例的利润回馈科研设计单位。

有偿技术转让合同的签订，科研设计单位如同吃了定心丸，解除了后顾之忧，积极性当即提高，责任心大大增强。生产单位也看到了缩短研制周期，产品尽快投产后的巨大经济效益，热情比较高。实践证明，尽管合同的执行中也遇到过一波三折，但总体上是成功的，的确改善了厂所关系，密切了合作，加快了进度，促成了项目的高质量高速度的定型投产，促进了技术的成套出口。

实践证明：技术的有偿转让，是调剂科研与生产单位关系的有效的经济手段，这样既密切了厂所关系，有利于调动双方的积极性，有利于合理配置资源，又有利于缩短科研周期，加速成果的商品化，也有利于科研、生产单位的技术进步和可持续发展。

【无坚不摧】

红箭－8 导弹起步的时候，条件十分简陋，老实验室没有恢复，靶场也没有。1970 年秋，我曾经参加过一次飞行试验。那是一天晚上，试验场地就是秦岭脚下太平河口的乱石滩，没有靶道，没有道路，没有仪器房。特别有意思的是，射击完毕后，需要回收导弹残骸以供分析。在漆黑的夜晚怎么回收？于是，我们几十个人一字儿排开，头顶浩淼的星空，脚踩凹凸不平的卵石，沿着射击方向，在乱石滩上拉网式前进，探测器就是我们的双脚和耳朵，脚踢残骸，耳听声响，残骸就在你的脚下，方法就是如此原始。当我们结束试验，愉快地打道回府时，东方已经露出了鱼肚色。

红箭－8 导弹上马时物质条件确实很困难，而更大的困难还在于技术，虽然此时已经有了 J－201 反坦克导弹的研制经验，但是，红外制导的反坦克导弹对他们来说却是一次更加巨大的挑战。这是因为两代导弹的制导原理完全不同，J－201 是目测制导，靠射手人为地将导弹导向目标，原理十分简单。而红箭－8 导弹则是半自动导引，射手只负责将瞄准镜对准目标，导弹就会自动向目标飞去，操作大大简便，命中率大大提高。

正是由于制导原理的巨大差异，红箭－8 导弹从部件到结构、从外观到内涵都发生了脱胎换骨的变化。白光瞄准镜换成了红外测角仪，弹上的曳光管换成了红外辐射器，导弹包装箱变成了包装兼发射筒，拉索陀螺换成了燃气陀螺，电磁式舵机换成了燃气舵机，弹上的蓄电池换成了热电池……等等，全部是过去没有涉足过的高新技术，都不能从 J－201 借用，一切都得从头来，难度之大，可想而知。

有线制导的导弹，断线故障也是一个很大的技术关键，解决的难度远远超过了前两种导弹。因为 J－201 和红箭－73 的飞行速度分别是 85 米/秒与 120 米/秒，而红箭－8 导弹的飞行速度高达 220－240 米/秒。在研制过程中累计断线故障 55 发，成了红箭－8 导弹系统的第一大故障。所以，为解决断线故障的技术攻关几乎贯穿于整个研制的全过程，直到定型试验之后的部队试验，还在进一步解决炮口断线问题。

为了解决断线，真是绞尽脑汁，煞费苦心。人们设计了模拟放线试验装置，研究导线的运动规律、导线的外部环境、受力状况等，分析断线原因，采取针对性措施，在导线包复材料、导线结构、粘接剂配方等方面多参数进行优选，经过无数次尝试、无数次失败，终于制服了这个拦路虎，保证了导弹系统 90% 可靠度的要求。

诸如此类的技术攻关还可以罗列许多，如：初始弹道扰动大，导弹发射后进入不了红外测角仪视场；红外辐射器强度和功率不够，红外信号不正常；陀螺仪抗过载能力不够，导弹无回输信号；低温射程不够；高低压原理发射导弹、膛内赋旋、膛口弹托止动、发射筒后抛技术难题……等等。

为了强化项目的管理，建立了总设计师和行政指挥两大系统，在兵科院专门成立了项目管理机构“302 办公室”，薛耀伦副部长亲自挂帅担任行政总指挥，不辞辛劳奔波于科研第一线，兵科院副总王书元任副总指挥，张忠柱同志任“302”办主任。“302 办公室”是兵科院历史上第一个为单一型号管理而设立的专业处，在组织项目的规划计划、协作配套、技术协调方面进行了卓有成效的工作，为大型项目的管理积累了宝贵的经验

为了攻克技术难关，两任总设计师王兴治和赵家铮，呕心沥血、功勋卓著。他们带领研究人员，不畏艰难，刻苦钻研，用缜密的科学方法，严谨的工作作风，一个问题一个问题地加以解决，一步一个脚印地稳步前进。1984 年底完成了设计定型试验，1985 年在漠河与海南岛分别进行了寒区、热区部队试验，1986 年 9 月召开了定型会议，1988 年 2 月国家批准设计定型，命名为 AFT08 型反坦克导弹武器系统，光荣地参加了国庆 35 周年阅兵。

参加国庆35周年阅兵的吉普载红箭－8反坦克导弹

【好大一个家族】

经过此后20多年，红箭－8反坦克导弹武器系统已经发展成一个世界上名列前茅的庞大家族。打开北方公司的出口样本，红箭－8系统产品林林总总，目不暇接。纵观这20多年的发展，主要成就概括起来有以下几个方面：

1. 武器运载平台的多样化。除了便携式的红箭－8A外，1986年轮式运载发射车随系统一起设计定型，与此同时，履带式红箭－8反坦克

吉普车车载

导弹发射车和武装直升机机载红箭－8入选40周年国庆阅兵工程，并分别于1990年8月和1996年设计定型，命名为ZDF89式反坦克导弹发射车和AFT－8Z机载红箭－8反坦克导弹武器系统。这样，红箭－8的发射平台既有便携的，也有吉普车载、轮式战车车载、履带式车载和武装直升机机载的，全了。实现了炮兵、装甲兵与陆军航空兵全覆盖，地面发射、车上发射与飞机上发射兼而有之。

武九直升机机载

2. 发射与制导系统不断更新，除有红外测角制导、模拟式控制箱的红箭－8A外，红箭－8E发射系统的控制箱实现了数字化，体积大为缩小。为了提高抗干扰性能，又发展了电视测角制导的红箭－8L，发射架结构简化，重量大为减轻，重量仅为22.5公斤，是红箭－8A的35%，现在可以实施卧姿发射，成为世界上相同射程的反坦克导弹中最轻便的步兵携行的二代反坦克导弹之一。

3. 增配了红外热像仪，实现了全天候作战，热像仪最大探测距离7公里，识别距离3公里。

4. 延伸发展了多个导弹品种，从红箭－8A、8C、8D、8E……到8S，导弹性能有了大幅度提高，射程从3000米提高到了4000米，战斗部破甲威力从180毫米/68度，先后提高到220与280毫米/68度。串联战斗部可以有效地对付披挂了反应装甲的各种坦克装甲。

5. 作战功能多样化，除了反坦克外，发展了一系列的其他用途。其中红箭－8F系攻坚弹，能有效穿透700毫米厚的钢筋水泥墙，红箭－8S系穿甲爆破战斗部，可以在穿透5层间隙靶板后实施爆炸，能攻击战船。此外，还配备了燃料空气炸药战斗部，用于杀伤地面、战壕和掩蔽物后面的生动力量。

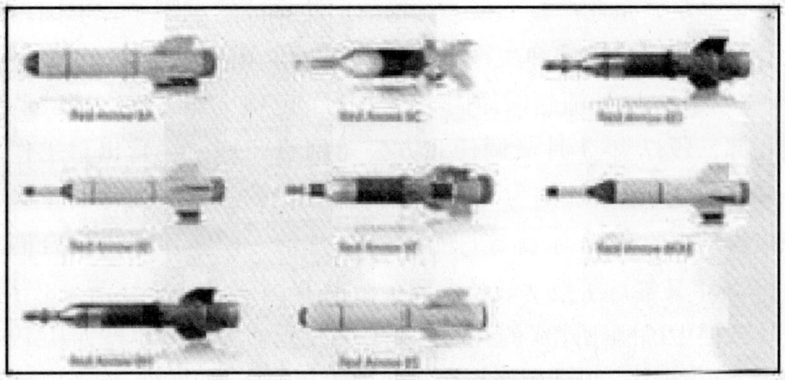

红箭－8反坦克导弹家族

6. 红箭－8还与30毫米机关炮组成了对空对地两用的炮塔，既可以打击地面的装甲车辆，又可以攻击直升飞机等低空目标。

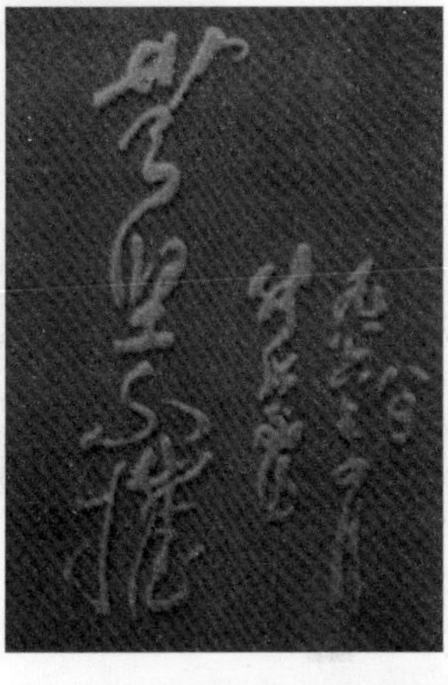

张爱萍副总理为红箭－8题写了“无坚不摧”四个赫赫大字，这是党和国家对红箭－8的最高奖赏。红箭－8以其骄人的战绩获得了数十项科技进步奖。红箭－8武器系统荣获国家科技进步特等奖，机载系统获国家科技进步二等奖，ZDF发射车获国家科技进步三等奖……。轮式运载发射车光荣参加了1984年35周年国庆阅兵，携带红箭－8导弹的直九武装直升机于国庆50周年阅兵时飞过了天安门。第一任总设计师王兴治同志光荣当选中国工程院院士。红箭－8副总设计师何平伟荣获兵器工业功勋奖。

红箭－8总设计师、工程院院士王兴治

【香飘万里，名扬海外】

20世纪80年代是兵器行业最困难的时期，国内军品订货跌到了谷底，兵工厂开工严重不足，企业严重亏损。红箭－8导弹虽然定型了，但国内订货很少，很难支撑一条导弹生产线的正常运营。出路只有一条——外贸。红箭－8导弹总设计师赵家铮同志在完成了定型工作之后，即被调到兵器工业部，1987年3月又调任北方公司副总经理，主管出口工作，从此，红箭－8的出口被列为北方公司外贸推销的重点。在他的正确领导与积极推动下，1987年就签订了第一个红箭－8导弹的出口合同。接着，1988年又签订了技术转让合同，帮助B国建设一条红箭－8导弹生产线。致使中国刚刚建成的红箭－8生产线能够满负荷生产，从1988－1990年的三年中，累计生产发射装置453套，全部出口；生产导弹5434发，96%用于出口。红箭－8的技术转让是兵器工业历史上第一个高新技术出口项目，具有里程碑性质的重大意义。

红箭－8反坦克导弹第二任总设计师
北方公司副总经理赵家铮

开始的这两个合同，看起来似乎轻而易举，其实过程颇为艰难。这个国家已经装备了美国的陶式导弹，要说服他们改装名不见经传的红箭－8阻力非常之大。红箭－8导弹的总设计师赵家铮走上了外贸第一线，亲自推销自己设计的产品，那当然独具优势。他对产品结构性能了如指掌，对技术问题头头是道，他一口流利的英语，深厚的技术功底以及他的人格魅力，着实折服了不少外国朋友，特别是他与该国上层的技术领导人建立了相当良好的互信关系，这对于打开红箭－8的外贸市场无疑起到了别人无法代替的重大作用。当然，要想说服该国的主“陶”派，光靠宣传是不够的，必须闯过与陶式导弹对比试验这一关。经过精心准备，在与陶式导弹的PK中，红箭－8获得了5发5中的骄人战绩，而陶式只5发中3。主管推销工作的张华同志回忆起试验那天，心情特别紧张。刚刚定型不久，生产批量也不大，谁有把握一定能打败久负盛名的陶式导弹？当试验成功后，她心上的石头终于落地了，几年的心血没有白费，她和在场的战友们激动得热泪盈眶，振臂高呼，成功了！我们成功了！就这样签订了第一份来之不易的合同，红箭－8的历史翻开了新的一页。

技术转让过程并非一帆风顺，时而也有波折。1995年的95－1批生产中改用了一种新的粘接剂，结果出现了粘接不牢的故障，主"陶"派因此再掀波澜，尽管问题已经查明原因，及时解决，但终归落下了话柄。直到1996年升级版的红箭－8C/E来到这个国家表演，获得了圆满成功，这才挽回了影响。参观此次试验的有军方高层领导，有导弹专家，有各大军区的首长，试验获得了参观者的一致好评。陆军参谋长说"谁还说红箭－8不行?"后来，该国负责该项目的办公室主任对张华说，"你不知道你们这次来的是多么重要，各大军区都要求装备红箭－8产品"。

赵家铮副总也参加了这次表演试验。他为了红箭－8的出口与技术转让已经不知来过这个国家多少次，这里有他好多朋友，有他的事业，有他亲自设计的产品，有他亲手栽种并精心浇灌的红箭之花，如今，这朵花已经牢牢地扎根于异国他乡，并结出了累累硕果，在这条国外的生产线上生产的红箭－8不但装备自己国家，而且出口其他国家。所有这一切，加上这次试验的成功，使他心花怒放，感概万千，他为祖国骄傲，他为中国的反坦克导弹事业自豪。然而，他没有想到，所有的人也没有想到，这竟然是他最后一次访问这个国家。就在上次来到该国时，他感到有些不适，该国的技术权威、博士、赵总的好友催他去检查，一查居然是颌面癌。这对事业如日中天的赵总，犹如晴天霹雳。博士动员他留在当地找最好的医院、最好的大夫做手术，他谢绝了博士的好意，回国做了手术。手术不久，他就亲自参加了这次关系国外生产线前途的重要试验。1998年赵总的癌症复发，再次进行手术，兵器工业总公司张俊九总经理对他十分关心，多次到医院看望，并叮嘱医院尽最大努力，不惜代价为赵总治病，尽管医院尽力了，但仍无力回天。1999年1月24

日癌症终于夺走了他的生命。

红箭－8 导弹的总设计师、海外市场开拓的功臣赵家铮同志永远地离开了我们，享年 66 岁，这是我国反坦克导弹事业的损失，也是军贸事业的损失。赵家铮同志为国防建设所做的重大贡献永远铭记在人们的心中。

赵总走了，今天我们回顾赵总为红箭－8 开辟的这条道路，那是一条成功的金光大道。用出口弥补国内需求的不足，大力支持国内军工生产。用国际市场的需求强力牵引着红箭－8 技术不断进步升级，使红箭－8 跟上了时代前进的步伐，其中有许多成功的案例。例如，在向某个国家推销红箭－8 时，对方明确提出，射程不达 4000 米免谈，于是逼着国内研制成功了射程 4000 米的红箭－8。反坦克导弹打舰船，国内从来没有过这方面的需求，而且要打透 5 层靶板，过去听都没有听说过，也是海外市场的需求把我们领进了这个领域，促成了红箭－8S 反舰战斗部的诞生。1993 年，泰国招标购买反坦克导弹，休斯公司来了，欧导公司来了，世界上最著名的公司来了 8 家。张华来到泰国，一看人家武器系统的指标，特别是重量，比我们轻了许多。张华踌躇了，她向在国内的赵总汇报了这一情况，建议放弃这次机会。赵总接受了她的意见。这不是害怕失败的退却，而是明智的后撤。张华把参加此次招标的感想向北方公司领导与王兴治所长作了汇报，希望快下决心，急起直追。王兴治所长非常支持张华的主张，于是放弃了原来的改进方案，把目标瞄准了世界最先进的水平，这才有了今天的红箭－8L。类似这样的事例不胜枚举。

为红箭－8 发展与出口作出了贡献的张华同志

研究与生产单位的紧密结合，是红箭－8成功出口的关键。工厂在改进产品性能与完善工艺技术等方面发挥了主导作用，做出了不可磨灭的贡献。如今在世界上已经有20个国家装备了红箭－8系列的导弹，出口导弹数以万计，发射装置数千套。红箭－8的足迹涉及除了北美与大洋洲以外的其他各大洲。香飘万里，美名远扬。在非洲，我们的红箭－8装上了小羚羊直升机，靶试中创造了8发8中的佳绩。在南美红箭－8打空中的气球，传为佳话。在欧洲参加局部战争，取得了毁伤多辆坦克的战绩，人称是“绿洲保护神”。在中东的一次局部战争中，用陶式导弹攻击一座碉堡没有打中，而红箭－8一发就把碉堡摧毁，被誉为“沙漠明星”。1995年3月，在阿布扎比国际防务展上，红箭－8参加了实弹打靶表演，三发三中，海湾地区国家联合报头版报道，称红箭－8为“海湾之星”。2005年在国内，一次为外宾表演红箭－8L，第一发就打掉了半个工事。外方指着碉堡残留的一个窗口，让射手从窗口打进去，导弹果然就从这里打了进去，外方惊诧不已，回国后很快签订了合同。

回顾20多年的历史，红箭－8的出口支撑着中国反坦克导弹事业的大半个江山，带动了导弹事业的技术进步，促进了导弹事业的健康而可持续发展，成就了红箭－8今天的辉煌。外贸功不可没。

外军将领检测红箭－8的毁伤效果

红箭进行曲

时代在进步，坦克在发展，我国的反坦克导弹事业也在雄伟的《解放军进行曲》的乐声中向前、向前，高歌猛进。威力更大，射程更远的红箭－9重型反坦克导弹与GT－6远程反坦克导弹相继诞生。

【红箭－9重型反坦克导弹】

1999年4月，我有幸代表中国兵器工业总公司出席了在西光厂举行的“9910工程”重型反坦克导弹发射车交装仪式，这是50周年国庆阅兵工程中，完成生产任务，交车最早的项目。我高度赞扬了所有参加研制与生产单位，通力合作，高速度高质量地完成了红箭－9反坦克导弹的科研定型与生产任务。1999年，红箭－9雄赳赳、气昂昂地通过天安门，接受了党和人民的检阅，向世人展示了我国独立自主研制的新一代反坦克导弹的风采。

我第一次接触红箭－9的实物，是1998年我到西安出差时，专程回到青华机电所这个曾经引领我走进兵工大门的母所拜访，红箭－9反坦克导弹的副总设计师陈洪印详细向我介绍了红箭－9的结构与性能。那是一台由551型6×6轮式步兵战车演变而来的550型4×4反坦克导弹专用发射车。有一个四联装的发射制导装置，发射时，由车内升起到车顶的发射位置，行军时下降到舱内。发射装置左、右两侧各挂一具定向架，每具定向架装两发筒装导弹，车内还备份八发导弹。射击后，可实施自动抛筒和再装填，提高了装填速度与火力密度。

武器站由车载观瞄控制设备和发射设备组成。包括：潜望式光学瞄准镜、热像瞄准具、电视测角装置、制导电子箱、激光发射机、车长观察镜、跟踪装置、随动装置、发控装置、升降装填装置、发射装置、液压系统。其主要功能是搜索、跟踪、瞄准目标，装填发射导弹，控制导弹飞行。

红箭－9反坦克导弹采用的是电视测角，激光传输指令的制导方式，它利用摄像头摄取目标图像并测出其与飞行导弹的角偏差，自动计算出导引指令，通过激光传输到弹上，以引导导弹飞向目标，发射导弹后，射手也像红箭－8一样，只需将瞄准线始终对准目标，导弹就会自动地飞向目标，操作方便，命中精度高，在中远距离上的命中率大于90%，近距离也大于70%。由于电视摄像工作在可见光波段，不会受红外光的干扰，克服了红外导弹易受干扰的缺点。激光传输指令方式的采用，一是工作可靠，二是没有了传输指令的导线，射程不受导线长短的限制，为增大射程创造了条件，最大射程达到5000 米。

红箭 -9 导弹口径 152 毫米，比红箭 -8 大，弹体也增长了，因此战斗部装药量大，采用了先进的串联战斗部，破甲威力高达 320 毫米/68 度，其垂直静破甲穿深达 1.2 米，比“陶 -2A”还高出 10 多毫米，是世界上威力最大的反坦克导弹之一，可以有效地击穿复合装甲、间隙装甲和反应装甲等先进装甲，是名副其实的坦克克星。

红箭 -9 反坦克导弹武器系统于 1999 年设计定型，命名为 AFT09 重型反坦克导弹，其总体性能达到世界上同类导弹的水平，2004 年荣获国家科技进步一等奖。该导弹后来又光荣参加了 60 周年国庆阅兵，颇受国内外的青睐。

后来，为了适应国际市场需要，在其基础上又开发了红箭 -9A 反坦克导弹，它与红箭 -9 比较，有以下几点改进和提高。

红箭－9反坦克导弹发射车参加60周年国庆阅兵

1. 运载车换成了“依维柯”越野车，发射装置由四联装改为单筒发射架，更加轻便灵活，给买方多了一个选择。

红科－9A导弹发射车

2. 红箭－9A最大的改进是采用了毫米波制导技术。毫米波顾名思义是工作在1－10毫米的无线电波。毫米波制导则是利用毫米波实现制导，有三种不同的制导方式：第一种是只利用毫米波传输制导指令，靠其他方法测角；第二种是主动和半主动毫米波制导，前者能自动寻的，打了不管。后者则需要用激光照射器照射目标；第三种是毫米波驾束制导。红箭－9A采用的是半主动毫米波制导。毫米波由于波长很短，具有独特的优点，相同口径可以获得更窄的波束和更高的天线增益，可获得更高的角分辨率和跟踪精度。可以抑制地杂波干扰，还可增强抗电子干扰的能力，在近距离对雾霾、烟雾、沙尘有较好的穿透能力，可以全天候工作，结构简单轻便，造价较低。广泛应用于反坦克导弹与末制导炮弹和末敏弹上，还可以结合毫米波制导与红外制导各自的优点，设计成毫米波/红外复合制导，具有良好的发展前景。

3. 红箭－9A，抛弃了制导导线，射程达到了5500米。

红箭－9A的研制成功，使我国的反坦克导弹又增加了一种先进的制导方式。

【GT－6远程反坦克导弹】

说起GT－6远程反坦克导弹，使我想起了一件事，那是1985年我在澳大利亚堪培拉的国际防务展上，第一次看到了瑞典博福斯军械公司的RBS－56式“比尔”反坦克导弹，它的空心装药下倾30度，配备触发与近炸两种引信。直接命中时，触发引信作用。在坦克上方飞过时，近炸引信作用，是世界上最早的掠飞攻击坦克顶甲板的反坦克导弹，感到特别新奇。心想，咱们何时也能研制成功这样的导弹？今天，这一技术已经在我国的GT－6上得以实现。

GT－6的主要特点：

1. 它是中国当前射程最远的反坦克导弹，其有效射程为2－8公里。

2. 它是半主动激光制导的反坦克导弹，激光照射器照射目标后，射手只管发射导弹，导弹则将自动飞向目标。

3. 激光照射方式多样：有本车照射、他车照射和步兵便携式照射。照射距离有4公里与6公里两种。

4. 它是中国第一枚能够攻击坦克顶甲的反坦克导弹。

5. 运载平台既可以是车载，也可以是直升飞机机载，还可以在地面上用三脚架发射。发射照明车车重 19 吨，时速 85 公里，载弹 8 枚。战斗状态时，发射架升高 5 米。配备 TV 与红外夜视设备，可以昼夜使用。另外还配有轻型照明车，照射距离 4 公里，以保证导弹达到最大射程 8 公里。

【世纪回眸】

回顾半个世纪来中国反坦克导弹事业所走过的道路，从无到有，由近及远，由少到多，由国内到国外，我们完全依靠自己的力量，独立自主地发展了一个反坦克导弹的大家族。我们没有引进米兰、霍特，没有引进龙式、陶式，但是我们不但大量出口反坦克导弹产品，而且输出了反坦克导弹的制造技术。虽然我们还算不上世界反坦克导弹的一流强国，但是我们已经跻身于世界先进行列。中国兵工用辛劳与智慧谱写了一曲威武雄壮的红箭之歌，这是自力更生、发奋图强，实现民族复兴中国梦的凯歌，是艰苦奋斗无私奉献老兵工精神的赞歌，是不断进取永不停息科学发展观的颂歌。放眼世界，实现反坦克导弹的强国梦，我们任重道远。“打了不管”的第三代反坦克导弹、热成像图像制导、复合多模制导等先进技术正在向我们招手，我们应该高举民族复兴的大旗，继续高唱红箭之歌，奋勇前进，让中国反坦克导弹的鲜艳红旗，永远在世界反坦克导弹的技术顶峰上高高飘扬。

（本文分 3 期刊载于 2014 年第 3、4、5 期《兵器知识》。其中关于 J－201 的故事先后刊载于 2007 年第 12 期《兵工科技》、2010 年第 33、34 期《中国兵工报》，并被收入《走出湾塘》—卢伟如的革命人生，和兵科院出版的《铸剑岁月》)。其中，关于红箭－8 的部分内容以题为“红箭－8 研制侧记”刊载与 2008 年第 8 期《兵工科技》)

四、新 152 加农炮　披荆斩棘俏夕阳

新 152 毫米加农炮（以下简称“新 152 加”）的研制任务于 1958 年 10 月由总参谋部、炮兵司令部、军械部和二机部等下达，四上三下，直到 1986 年设计定型，命名为 86 式 152 毫米加农炮，历时 27 年，它是兵器工业历史上研制周期最长的三个“长胡子项目”之一，也是中国自行研制的射程最远(30 公里)，威力最大（战斗部重 48 公斤），炮身最长（8060 毫米）的远射程大口径火炮。该炮曾经在老山前线小试过牛刀，但与 155 毫米加榴炮相比，其综合性能略逊一筹，故国内没有列装。苍天不负有心人，27 年的坚持不懈，屡败屡战，披荆斩棘的精神感动了真主，1983 年获得了一笔不小的订单，成功出口，创造了不菲的外汇。1986 年完成了国内设计定型，1988 年荣获国家科技进步一等奖。为这个长胡子项目画上了比较圆满的的句号。回顾 27 年坎坷的历程，总设计师周燕生不无感慨地写道：当初参与研制的人们，都是刚出校门的年轻人，未届而立，如今都已两鬓染霜，早生华发，已逾知天命之年。但能够看到成果获国家认可，也为扩大国际影响，创造经济效益做出了一份贡献，倍感欣慰。

为什么新 152 加的研制周期如此之长，为什么会几上几下？其中的原因很多，但以下三大技术难点久攻不下应是重要原因。

总设计师周燕生介绍新152加

令人纠结的炮重指标

一门新火炮的设计，实际上就是在火炮威力与机动性这对相互矛盾的性能之间寻求平衡与统一的过程。要求射程远，威力大，则必然弹丸重，身管长，膛压高，结果后坐力就大，炮重自然就得重。1960 年最初设计的样炮，射程达到了 32 公里，射击密集度也还可以，但是炮重重达 12 吨，无法被接受，第一轮就此告终。

1965 年炮兵司令部和五机部下达了新的指标，射程 30 公里，弹丸重 48 公斤、精度优于 59 式 130 毫米加农炮，但炮重必须降到 9 吨以下。虽然于 1967 年出了样炮，但各性能之间不能做到兼顾，结果又一次中止研究。

1969 年文革期间，在“人背马驮”突出机动性的指导思想下，要求新 152 加在其他指标不变的前提下，炮重进一步降至 8 吨以下。为了实现这个拍脑瓜确定的毫无根据的指标，只好在传统强度理论基础上实施“边缘政策”，尽量减化结构，减小尺寸，降低安全系数，结果使该方案的金属利用系数（火炮发射动能/全炮总重）高达 304，比一般火炮提高了 50%；最后，研制出的火炮总重仍超出了指标要求，射击试验中多个零部件因不堪重负、超载破损，射击稳定性极差，致使试验难以为继，方案因而被迫放弃。

经过了三轮的碰壁，迫使人们冷静地思考，重新对炮重指标进行论证，1972 年 8 月同意将炮重调整到 10 吨。1975 年和 1982 年先后试制出来两批样炮，经过弹道性能和全系统试验，针对试验中出现的问题，一次次地进行改进，最终才使火炮系统满足了各项指标要求，于 1983 年首先通过了外贸鉴定。

为了减轻炮重，新 152 加将上架和下架由铸钢件改成了钢板焊接。为了保证构件的刚度与强度，焊接件内外设计了较多筋板，结构比较复杂，焊接性不好，为此，他们采取了一系列技术措施以减少焊接过程中的变形。

为了减轻炮重，该炮采用了低冲击波压强和低噪声的炮口制退器。它是一种单室冲击式、侧向矩形窗口、笼型炮口制退器，计算效率高达 40%，有效地减少了炮膛合力的冲量，达到减少后坐动能，减轻反后座装置的负担，减小炮架受力，从而减轻炮架重量的目的。该炮口制退器在全装药零度射角射击时，瞄准手位置实测冲击破超压值 0. 16 at/cm^2（1 at = 9. 8 × 10^4 Pa），大大低于同类火炮，且冲击波噪声主频率较低，对炮手生理及心理威胁作用均低于同类火炮，获得了同行和部队的赞许。

新 152 加几上几下的历史告诉我们，炮重指标是贯穿于研制全过程的一项至关重要的指标，几次上上下下都是围绕着炮重指标的变动而引起的，片面地追求轻量化，使得新 152 加走了不少冤枉路，这里既有为缺乏经验所付出的学费，也有因指导思想偏差、瞎指挥所付出的沉重代价。

炮长转弯难

“船大难掉头，车长难转弯”，转弯半径是衡量车辆与牵引火炮机动性、通过性的又一个重要指标。转弯半径越大，火炮的通过性就越差，特别是山回路转的山区道路，其转弯半径往往都不很大。新 152 加第一轮样炮，身管 8 米多，加上大架，行军长度达 14 米，连同牵引车，总长 20 多米，好多弯路都无法通过。这也是首轮新 152 加下马的原因之一。

在第二轮中人们想到了行军状态时将炮身回转 180 度，即炮身折叠的方案，从而使行军长度降低为 9. 4 米，与后来引进的 155 毫米加榴炮不谋而合。但由于火炮总体方案达不到指标要求而被搁置。

第三轮中样炮炮重降到了 8 吨，行军长度则降为 12 米（非折叠方案），在举行的三种火炮通过性的对比行军试验中，新 152 加转弯性能最差，结果又被否定。

第四轮，不得不重新回到炮身折叠的行军结构方案上来。将炮身折叠 180 度并固定于大架上，使全炮行军长度减至 9.6 米，改善了火炮通过性能和防空隐蔽性。为解决火炮上部回转时与制式炮车车轮干涉的问题，特地选用了小直径的航空高压轮胎（1140 毫米×350 毫米）并增加胎冠花纹，这个方案取得了一举四得的效果，即：解决了炮身回转时与炮车车轮干涉的问题，增大了轮胎的负荷能力（单胎 4.5 吨），与海绵轮胎相比改善了缓冲性能，此外还提高了轮胎地面附着性能。为了解决行军时大架架尾压力过大的问题，吴成金同志根据汽车拖车转向理论，设计了独立轮转式三用前车，其优点是，一是具有较好的导向性和灵活性；二是大架打开时它分置于两侧，推动大架时起架尾滚轮作用，减轻了开架并架的劳动强度，三是射击时可作为配重压在架尾上，提高了射击稳定性。

经过长期的摸索，转弯难的难题终于获得圆满解决，在世界同类火炮中，其行军长度属于较小者。

几种火炮行军长度对比表

86 式 152 毫米加农炮	59－1 式 130 毫米加农炮	俄罗斯 M76 式 152 毫米加农炮	奥地利 GHN155 毫米加榴炮
9.6 米	10.8 米	13 米	9.7 米

焊接钢药筒的成功应用

关于新 152 加是采用药筒分装式弹药，还是药包分装式弹药，也是一个令人头疼的大难题。在国外，只有苏联的 OΦ540 型 152 毫米榴弹采用了铜药筒，法国 OE155F1 采用了可燃药筒，其他国家如美国、德国、瑞典、奥地利等多数国家的 155 毫米以上的大口径弹药全部采用药包分装式弹药。

药筒装药与药包装药相比较，因为有药筒，所以闭气比较容易，装填速度也快，但耗铜太多；而后者因为没有药筒，所以闭气比较困难，且装填速度较低，但可以大量节省战略资源——铜。而对于新152加而言，起初别无选择，因为，第一我们毫无药包装药设计方面的经验，第二我国生产的大口径炮弹全都是铜药筒，因此，铜药筒装药是唯一的选择。可是深入论证之后，问题来了，因为，该药筒长达1.232米，比我国当时生产的最长的130毫米加农炮药筒长了386毫米，现有的生产设备无论在吨位方面，还是在工作行程长度方面都很难胜任，专门为这门炮投巨资改造药筒生产线谈何容易。加之，铜药筒要耗费大量的战略资源——铜材，成本也很高。研究的结论是：铜药筒此路不通。

1965年起决定探索药包分装式弹药的技术道路。药包分装式把技术难题转移到了火炮上，关键是设计出能够可靠密闭高温高压火药气体的炮闩。探索工作首先从巴日式紧塞具螺式炮闩开始，自行研制了石棉紧塞具，虽能可靠密封，但炮闩闩体强度不够，受力损坏，在国家靶场射击时，曾经发生了炮尾断裂飞向炮位后方的重大事故，因而放弃了螺式炮闩。接着又试探楔式炮闩的可行性，为此研制了金属密封环以密闭火药气体。但经过对其结构、形状和材料选择等因素多个方案的探讨和试验，发现金属密封环烧蚀严重，寿命短，密封性能不可靠。两种炮闩方案的失败，使药包分装式方案也陷入了窘境。

正当新152加项目被装药方式这个拦路虎挡住了前进脚步而一筹莫展时，山西利民厂在大口径焊接钢药筒技术方面取得了突破性进展，先后在85毫米加农炮、85毫米坦克炮与新85毫米高射炮上成功应用，实现了以钢代铜，以焊代冲。新152加的决策者们从这里看到了一线希望，于是他们请来了利民厂总工程师刘纯郴参加总体论证，提出了在新152加上探索应用焊接钢药筒的可能性，刘总表示可以试试，但抽壳力可能会大些。于是总师们决定采用焊接钢药筒，这是一项关系到新152加前途命运的大胆决策，也是逼上梁山的决策，风险极大，因为世界上从来就没有过在这样大口径火炮上采用焊接钢药筒的先例，咱们成了第一个吃螃蟹的人。

利民厂对此决策十分赞同，全力以赴，因为，这是焊接钢药筒技术扩大应用范围迈出的最重要的一步，也是攀登世界药筒技术新高峰的尝试。在炮厂、弹厂与药筒厂密切配合与共同努力下，进展顺利，很快于1983年通过了外贸鉴定，并有了数百门炮和近20万发弹的出口意向。在设计定型试验时，曾经出现过焊接钢药筒抽壳率略低的问题，开始并未引起足够重视，因为抽壳率虽低但尚未超出指标。可是，当外商来华订货，进行考核试验时，钢质药筒抽壳困难现象再次出现。对此，客户表示，对全炮技术状况基本满意，唯此故障影响射速，不能接受，希望改进提高，3个月后再来华考核，如抽壳问题解决了，就可签订合同。

86式152毫米加农炮（牵引状态）

在此后3个月的紧张工作中，炮厂与药筒厂一起，分析射击的工作过程，查找抽壳率低的原因。从动力学角度分析，抽壳过程分预抽和抛筒两个阶段。预抽是在半自动机的作用下，首先使药筒向后位移一段距离，使炮膛与药筒之间出现间隙，从而使药筒的贴膛力消失。然后仅需不大的作用力即可将药筒抛出。在分析预抽过程时，发现火炮复进到位前，开闩的相关零件出现了严重的研伤和弹性变形，说明原设计方案的抽壳能量不足，抽壳机构零件刚强度差，预抽动作没有实现炮膛与药筒的完全分离，从而出现了抽壳困难的故障。再进一

86式152毫米加农炮（战斗状态）

步分析，为什么抽壳能量不足？那是忽略了钢和铜材弹性的巨大差异，基本上仍按铜药筒参数设计半自动机。其实，钢的弹性比铜差好多，射击后钢药筒受高膛压膨胀后的回弹能力较差，钢药筒贴壁力仍然很大，所以开闩时要求的抽壳力远远大于铜药筒，抽壳机构零件的刚强度也需要相应加强。这就是产生故障的主要原因所在。为此他们对症下药，采取了以下技术措施：①将开始抽壳阶段的炮身复进速度增加 40%，大幅增加抽壳所需能量；②修改抽筒子、闩体抽筒导槽形状及尺寸，增加强制预抽药筒力度和延续工作时间，提高抛筒速度，确保低射界射击时亦能顺利抽壳；③加强半自动机构有关联动零件的刚强度。经过改进后的抽壳机构，通过高、常、低温装药、不同仰角的射击试验，炮身复进到位时均能顺利将药筒抛出，抽壳率达到 100%，问题获得圆满解决。当年 10 月，外商如期来华考核试验，看到火炮射击试验中杜绝了抽壳故障的结果，非常满意，当即签署了订货合同。

焊接钢药筒不但成全了新 152 加的诞生，而且提高了新 152 毫米加的性能，使该炮的射速比药包式装药的 155 毫米火炮提高了一倍。新 152 加也成全了焊接钢药筒技术，促成了中国历史上体积最大、长度最长、承受膛压最高的焊接钢药筒在新 152 加上诞生。

时光荏苒，披荆斩棘俏夕阳的 152 加已经成为了历史。经过国外的实战考验，外方确认：中国的 86 式 152 毫米加农炮威力大，精度高，听指挥，性能稳定，可靠性与可维修性都比较好，是颇受欢迎的炮种之一。

五、155火炮的中国传奇

《人民兵工创建80年80件事》之65
我国首套机械化、信息化野战火炮系统出口

20多年来，在引进的155毫米牵引式加榴炮的基础上，我国独立自主地发展成为一个包括自行炮、自走炮、车载炮和海防炮在内的火炮大家族，出口多个地区和国家，是近十年来兵器工业出口的重要支柱产品。

其中，率先出口的PLZ45－155毫米自行炮武器系统，是中国兵器工业历史上最庞大最先进的机械化、信息化武器系统。火箭增程底排枣核弹使该炮成为中国射程最远（50公里）的火炮。整个系统实现了自行化，机动性大幅度提高。数字化、网络化，保证了指挥的连续性、持续性和有效性，提高了系统的生存能力。从而，使我国地炮武器系统进入了世界先进行列。2002年荣获国家科技进步一等奖。

一个在国际军火市场上名不见经传的牵引式GC45－155毫米加榴炮，引进之后的20年间，一举成为北方公司出口的支柱，成功出口科威特、沙特、阿尔及利亚、埃塞俄比亚、缅甸等多个国家。

一门牵引式加榴炮，发展成了一个包含牵引炮、自走炮、自行炮、

车载炮、岸防炮等多品种、39/45/52 倍不同口径的火炮大家族。

一门传统意义上的单门火炮，发展成了一个包括自行炮、弹药车、指挥车、侦察车、侦校雷达、气象雷达、抢救车、机械维修方舱、电子维修方舱、训练模拟器、维修模拟器在内的机械化、信息化的现代化武器系统。其中，PLZ45－155 毫米自行炮武器系统荣获了国家科技进步一等奖和兵器工业重大成果奖。

155 毫米火炮从进口到出口打开了 155 毫米火炮家族大发展的大门，创造了中国火炮史上前所未有的辉煌。

为什么兵器部要自掏腰包引进 155?

自从 17 世纪榴弹炮问世以来，经过近 400 年的发展，技术已渐趋成熟，二战之后大口径火炮技术发展相对迟缓，直到 20 世纪 70 年代，加拿大籍的火炮专家布尔博士大胆设计出了 45 倍口径的 GC－45 型 155 毫米火炮和世界上一流的远程全膛底排弹，令人耳目一新，引起了世人的关注，人称“布尔旋风”。1981 年 7 月，布尔博士来到中国推销 GC－45 型火炮，给长期抑郁于前苏联火炮设计理论中的中国火炮界吹进了一阵清新的凉风，对比我们现装备的 130 米加农炮、152 毫米加榴炮以及新研制的新 152 加，GC－45 火炮有以下一些特点：

1. 弹道性能优越，加农炮与榴弹炮的性能兼而有之，火力机动性好。其最小射程比 66 式 152 毫米加榴炮仅远了 1 公里，但最大射程却远了 12 公里，是 152 毫米加榴炮的 1.7 倍，与 130 毫米加农炮的最大射程相当（指 155 毫米底凹弹），而最大射角却高达 72°，为上述两种火炮所不及，是名副其实的加榴炮，可以一炮顶几炮用，便于简化口径系列。

2. 炮管很长，但转弯半径不大，可做到车炮同辙。原因是行军时它把身管回转折叠，固定在大架上，以减少行军长度；另外，它巧妙设计了由主副牵引杆与大架、下架构成的四连杆机构，使炮车轮与牵引车轮运动时近乎同轨。第三，它在两侧的平衡梁上各安装了两个充气轮胎的浮动式缓冲器，在恶劣路面上行军时始终有车轮着地，提高了火炮运动稳定性。

3. 重而不笨，全重比我国新 152 加重了 100 公斤（9.8 吨），但因为设计了液压操作系统，炮手的劳动强度比新152加大大减轻。如果加上自走装置，炮重虽然增到12.5吨，但在阵地上可以像驾驶汽车一样，运动自如。

4. 枣核状的远程全膛弹弹形修长，飞行阻力小，但战斗部装药量大增。45公斤的弹丸装填了8.2公斤B炸药，而我国新152加的榴弹，48公斤的战斗部才装6.4公斤TNT。威力远大于我国当时装备的制式弹药。

5. 大胆使用药包装药，取消了制造困难、战略资源消耗大的大口径药筒，解除了制约大弹生产中的一个十分严重的瓶颈。

6. 布尔的底部排气弹技术，更是20世纪炮弹增程技术的重大发明。它将GC－45的最大射程提高到了39公里，比155毫米底凹弹和130毫米加的榴弹增程30%。从而使GC－45成为世界上当时射程最远的155毫米火炮。

此外，GC－45的火炮上还有不少独特的设计和巧妙的构思，如半自动螺式炮闩和开闩凸轮板、底抛式发烟弹与照明弹的二次抛射技术也很新颖，都值得学习借鉴并可以在其他口径的炮弹上推广应用。

除了看中上述优点外，兵器部还有一下几点考虑：

第一，GC－45是布尔博士打破了美、英等西方国家对我国实施的军事技术封锁，第一批向我国开放的西方火炮技术。布尔还承诺，在合同生效后，将派出30名西方著名的火炮弹药专家来华传授西方火炮的设计理论和方法，这十分有利于拓宽我们的眼界，提高我国的火炮武器系统的设计水平。

第二，正由于该项技术尚处于成长期，不够成熟，因此报价很低。

第三，中国的火炮生产技术，只在20世纪50年代引进苏联技术时有过一次大规模的改造，此后几十年，只是复制了几个大口径炮厂和弹厂，再没有过像样的技术改造。特别是中苏关系紧张之后，位于中苏边境的齐齐哈尔的炮厂弹厂就停止了改造，设备陈旧老化，技术落后，许多设备早就折旧完毕，仍在超期服役，他们对于技术改造都是如饥似渴。然而，全国工作重心转向经济建设之后，军品技术改造转为重点改造。一般的工厂都与技改无缘，唯有国家批准的引进项目，可以得到配套的技改经费。此外西方先进的制造技术，如自动化、数字化的弹体生产线、自动化的装药生产线、炮身精锻设备、身管自紧技术等等，着实对于我们很有吸引力。

鉴于上述理由，兵器工业部下决心自掏腰包引进 GC－45。

155 毫米牵引式加榴炮为什么不列装?

布尔访华后，兵器工业部即向军委提出了引进 GC－45 技术的报告，1981 年 9 月 22 日张爱萍副秘书长批示同意继续与布尔接触谈判。于是“922 工程”就此启动。十分巧合的是，922 正是承担引进任务三个主要工厂代号的总和。

但是，当时国内对 GC－45 型 155 毫米火炮的看法并不完全一致。持不同意见者的主要理由是：一是该炮火线高较高，不适合中国士兵个子较矮的国情；二是枣核形的全膛弹射击精度不高，工艺性较差。三是该炮尚未经部队长期使用考验。因此，使用部门的态度是：不反对，不列装、不出钱。

而当时兵器部的枪炮局局长李洪昌，他曾是炮兵工程学院（南京理工大学前身）火炮教官，担任过新 85 毫米高射炮总设计师，他和中国著名的 107 毫米火箭总设计师、部科技委主任杨荫桐等，十分看中 GC－45 火炮系统蕴藏着的先进技术和新的设计理念，力主引进。他们的意见得到了兵器工业部领导的支持。

为慎重起见，兵器部并没有马上签订合同，而是于 1982 年 4 月先从奥地利 VA 公司购进了 2 门 GHN－45 火炮（GC－45 转让给奥地利生产的型号），从西班牙购进了 1100 发弹，在国家靶场按我军的技术规范对其进行了全面的考核试验，确认了该炮的先进性能。1983 年初又派出专家对 GHN－45 型 155 毫米火炮全系统主要生产单位进行了深入的实地考察。直到 1983 年 9 月，军委领导杨尚昆和张爱萍同志参观了 155 毫米火炮的操作表演，听取了唐仲文副部长的汇报，表示同意引进后，这才于 1983 年 12 月北方公司和国际空间研究公司（布尔在英国注册的合资公司）正式签订了 GHN－45 型全系统技术引进合同。这一个由兵器部自筹资金引进军事技术的合同于 1984 年 2 月获得了国务院与中央军委的正式批准。

“8910 阅兵工程”的预备队

“922 工程”工程比较庞大，内容包括：（1）引进消化 155 毫米火炮系统的技术，（2）引进生产线的关键设备，（3）建设新的生产线，（4）在自己的生产线上生产出国产化的 155 毫米火炮系统的各种产品。它不是简单的来料加工，也不是依葫芦画瓢，而是一个消化吸收与技术再创新的复杂过程。

合同签订后，紧张的工作有序地展开。首先是图纸资料的消化吸收工作量很大，该炮设计在美国，火炮生产在奥地利，弹药生产在西班牙，原材料、零部件国际化采购，采用的标准很多，除 ISA、DIN、ASTM、SAE 等国家或国际标准外，还有许多企业标准，因此，图纸的翻译和国标化、标准的转化、材料和元器件的代用等工作量都非常大。仅炮厂一家就将 1020 个标准统一为 345 个，将 239 种材料品号集中到 88 种，将 128 个螺纹规格简化为 81 种。第二，派出多批技术人员实地考察火炮厂、毛坯厂、铸锻厂、液压管件加工厂，弹厂、药厂、试验场、专用测试仪器研究所，以及相关设备制造厂，现场培训、熟悉设计、生产、工艺与质量控制等环节。第三，按照合同规定，组织了 18 个专业研讨班，由布尔博士、普林斯顿燃烧实验室内弹道专家萨莫菲尔德教授、阿伯丁靶场外弹道专家莫菲博士、伊利诺斯大学克利尔教授等 30 多位知名专家来华传授西方的设计理念、设计方法与先进技术。我国近 400 名专业人员参加了研讨，收获匪浅。这是新中国火炮行业继上世纪五十年代大规模引进苏联技术后最大的一次智力引进。

此外，设备引进与技术改造的各项工作也相继展开。

但是，在轰轰烈烈的引进背面，“922”工程存在着一个隐忧。将来生产线建成了，图纸资料消化了，需要试制数量不小的一批产品，用来验证消化后图纸资料的正确性，同时考核验收新建的生产线。可是该炮已确定不列装，那么这笔经费哪里来？生产出来的产品又由谁来接收？

在筛选“8910 工程”阅兵项目时，工厂提出了 155 毫米火炮参加国庆阅兵的申请，我们的心里很矛盾，从主观愿望来说，当然希望它能成为阅兵项目的一员，但是，国内部队不列装的装备，怎么可能参加阅兵呢？这是从来没有过的先例。怀着撞撞大运的心理，兵器部正式上报的14项方案中就有155毫米加榴炮。没有想到的是，整个方案全部获得批准。155毫米加榴炮破例成了一名阅兵工程的“预备队员”，军方订购了20门炮和一批弹药。这一重大举措既给“922工程”雪中送炭，解决了燃眉之急，也给它装上了“续航发动机”，加速了国产化进程。不曾想到的是，155毫米加榴炮不但摘掉了“预备队员”的帽子，圆满完成了“8910工程”的任务，而且完成了全系统的技术鉴定和新生产线的考核验收，建成了一流的大口径火炮生产线、数控化的弹体加工生产线和亚洲最好的装药自动化生产线，为中国大口径火炮的上水平做出了重大贡献。

参加国庆50周年阅兵的
155毫米加榴炮

尽管1989年国庆阅兵因故取消，但是，在1999年国庆阅兵式上，中国制造的155毫米加榴炮向世人展示了它的风采，为该火炮的成功出口做了一次极佳的宣展。衷心感谢国家和部队对155毫米加榴炮技术引进的强有力支持。

青出于蓝而胜于蓝

由于该产品未经大批量生产考验，技术不够成熟，图纸资料不够完整，差错较多，有的设计不符合中国的实际，尤其是布尔首创的枣核弹，许多技术问题布尔本人尚未完全解决。因此，兵器部为此次引进工作确立了“以我为主，不等不靠。科研为主，仿制为辅”的指导方针。既把引进当成学习的机会，也把它作为科研工作对待。一方面仔细消化，弄清原理，进行反设计。另一方面，要发现其中的差错，进行科学试验，改进设计，攻克技术难关。在生产工艺方面也不能照抄照搬，而是根据中国实际的生产条件重新编制生产工艺，制造工、卡、量具。所以，155 毫米火炮国产化的过程就是一个边学习、边消化、边研究，边改进、边建生产线、边试制的再开发、再创新的过程。

实践证明，“以我为主、科研为主”的方针，大大调动了中国工程技术人员的积极性，给他们创造了发挥聪明才智的机会，他们用多年积累的丰富经验，纠正了原图中的很多错误，解决了原来设计中没有解决的难题，做到了青出于蓝而胜于蓝，使整个系统产品国产化后的性能大大超过了布尔的原设计水平。

国产化过程中，底排弹存在射程达不到 39 公里等一些难题，但最大的技术难题莫过于枣核弹的射击精度问题，这一直是大家最担心的问题，也是试制过程中一直困扰人们的拦路虎。枣核弹是一种刚刚面世不久的新弹种，累计生产的数量很有限，技术成熟度不高。其弹体细长，舵片不对称分布，这对射击精度都是很不利的因素，因此布尔给出的射击精度指标以及实际射击结果，确实与使用要求有相当大的距离，难怪军方不能接受。为了解决这个关系 155 毫米火炮前途命运的难题，总师系统多次组织技术分析会，请全国知名的专家出主意，想办法。弹厂更是潜心钻研，群策群力，先后采取了减小弹炮间隙、加宽弹带尺寸、改进闭气环结构、增加后定心部等一系列技术措施进行综合治理，以期提高弹丸膛内运动稳定性、减小弹丸初始扰动和章动角，改善飞行姿态，进而提高射击精度。功夫不负有心人，经过了 53 次 398 发试验，1989 年 1 月在国家靶场通过了地面密集度鉴定试验，达到了国防科工委下达

国产化的 155 毫米加榴炮（战斗状态）

的指标要求，大大好于布尔的原设计水平。通过理论分析、风洞试验以及大量实弹射击数据的处理，南京理工大学郭锡福、赵子华教授找到了高度、湿度以及气压对底排弹减阻效率影响的规律，完善了底排弹的设计理论，制订了底排弹射程标准化的方法，并成功地编出了中国底排弹的第一个射表。

在国产化过程中还有个三个臭皮匠攻克炮闩开口涨圈的故事。涨圈是螺式炮闩密闭炮膛的重要元件，它由两个涨圈组成，总重仅650克，你可别小瞧这小玩艺儿，它太重要了，要在几千个大气压与上千度的高压高温下，起传递压力、密封气体、保护紧塞垫的作用，没有它火炮就不能射击。它的加工工艺很复杂，据外方介绍，需要数控机床和专用磨床，工序多达44道。它属易损件，每门炮都得有备件，这是他们的专利，只卖产品不转让技术，价格高达每套1200美元（当时合1万元人民币），这分明是故意卡我们的脖子。周燕生总师在工厂生产调度会上摆出了这个难题，并张榜招贤，看谁来排除155毫米火炮国产化道路上的这个拦路虎？工人出身的机修分厂陈广喜厂长把周总的话牢牢地记在心头。第二天他一早就来到车间，找来老磨工师傅韩希军和钳工出身的技师王立成，谈了自己想接这个活的想法。二位师傅很理解自己的厂长，看完图纸后当即表示支持。第三天，陈厂长就向周总拍了胸脯，接下了这个活儿。他们三位与有关人员组成了攻关小组，开始了啃硬骨头的攻坚战。首先，认真消化外方的图纸资料，严格按照图纸中的工艺进行试制，结果有一半的尺寸达不到公差要求。既然是专利，机密怎么可能在图纸中泄漏呢？三位师傅意识到这根洋拐棍是指望不了了，必须另辟蹊径，自谋出路。他们认真研究了该组件的性能和工作环境等，参照外方的工艺，土法上马，探索自己的工艺路线。他们自己设计工装、卡具、量具，自己改造机床，自己安排热处理工序，将图定的工序改掉了一多半。经过近一年的艰苦奋战，终于啃下了这块硬骨头，性能与进口货不相上下，完全满足需要，成本仅200元，是进口价的1/50，展现了中国兵工的智慧与才能，也让对方的“敲诈”落了空。除此之外，火炮方面还对17个零部件进行了改进，诸如输弹机由单气路式改为双气路式，有利于提高射速与方便操作；自行设计了双气路刹车系统，性能与可靠性均超过原定指标等。

国产化的155毫米加榴炮（行军状态）

155的出路从自行炮出口打开

国产化成功了，生产线建成了，但是牵引式的155毫米加榴炮国内不予列装。怎么才能使引进的技术发挥效益？如何使这条先进的生产线发挥作用呢？155的出路只有出口可以搏一搏。1986年155毫米自行炮被北方公司列入了兵器工业第一批外贸科研计划。1986年3月开始了论证工作。

1988年10月的南口射击场炮声隆隆，红旗飘扬，这是北京国际防务展览会在这里进行实弹射击表演。为了参加这次展览而加班加点赶制出的155毫米自行加榴炮也在这里首次亮相并一炮打响。在参观试验的众多外宾中，就有科威特国防部的官员，试验给他们留下了良好的印象。1990年8月原计划要在科威特进行155毫米自行炮射击表演，然而就在火炮到达科威特前两天，8月2日伊拉克不宣而战，攻占了科威特，试验计划被迫取消，满载希望的海轮无功而返。

1991年海湾战争刚刚结束，冒着硝烟，冒着危险，我们的推销人员只身来到科威特，闯进国防部，试图接上原来的关系。可是经过战争的浩劫，时过境迁，国防部人员发生了很大变化，而变化最大的还是势态的变化。战争结束后，美英等国以救世主自居，不但大量向科威特倾销武器，而且竭力阻挠中国武器进入科威特市场。美国的M109、英国的AS90、法国的GCT以及南非的G6纷纷登场，又是表演，又是广告。各国政府有的在幕后指挥，有的在前台助阵。特别是美国，总统打电话，国务卿写信，露骨地进行干涉。

针对这一情况，北方公司在兵器工业总公司的领导下，一方面抓紧系统研制，一方面加强促销，先后派出 9 个代表团访问科威特，邀请 8 个科威特代表团访华，4 次为科威特组织武器表演，从而使我们在技术方面略为取得了一点优势。另一方面，我国政府也给予了强有力的支持，在外交层面上与美英为首的西方国家展开了针锋相对的斗争。李鹏总理和迟浩田副主席致信科威特国家领导人，钱其琛、邹家华等领导也出面督促。中央还果断决定将 155 毫米自行炮项目纳入中科两国军事合作谅解备忘录，并决定由国家军贸办牵头，统一协调有关事宜，一个口径、一个渠道，一致对外。

在中央正确领导下，经过了整整 9 年努力，终于于 1997 年底与科威特签订了第一份出口 155 毫米自行火炮武器系统的合同。这份虎口夺来的合同是多么的来之不易！分量又是何等之重！

九年一单和十年九单

签约难，履约更是充满了艰辛与挑战。该系统不仅庞大，而且新装备特多。11 项装备中，有 10 项都没有定型，有的只是 1 台样车，有的连样车还没有，有的正在论证，有的则论证还未开始。这么多新装备需要设计试制，需要技术攻关和设计定型试验，自行炮的生产线需要技术改造，停产 8 年的弹药生产线需要复产，2000 年初第一批产品就需要交付。两年内就要完成这份大合同，难度实在太大了。为了完成这项承载着国家领导人殷切希望的光荣任务，兵器工业总公司党组把它与 50 周年阅兵工程并列为两大政治任务，在全系统进行了广泛深入的动员，与承担任务的单位一一签订了军令状。参加该项目的单位以及广大工程技术人员、干部和工人，发扬老兵工祖国荣誉、国家利益高于一切的爱国主义精神，发扬天不怕地不怕的大无畏革命英雄主义精神，发扬勇于开拓、敢于攀登的创新进取精神，发扬艰苦奋斗、无私奉献的献身精神以及相互支援、团结协作的集体主义精神，战胜了一个个困难，攻克了一道道技术难关，按时完成了合同，走出了一条超常规发展的路子，创造了兵器工业历史上的一项奇迹。

PLZ45 履带自行 155 毫米加榴炮武器系统

熟话说，万事开头难。拿到出口的第一单我们共花费了 9 年时间。然而，自从 2000 年出口科威特的第一单圆满交付之后，155 毫米火炮的出口形势就像井喷一样，订单接踵而来，在新世纪的第一个 10 年里又收获了 9 个订单。科威特后来又续签了两大订单，接着其邻国沙特和北非的阿尔及利亚也先后订购了 PLZ－45 型 155 毫米自行炮武器系统。此外，155 毫米自走跑、岸防炮也进入了阿尔及利亚和埃塞俄比亚的市场。随后，155 毫米火炮重返亚洲，车载炮在东南亚缅甸也取得了一席之地……155 毫米 火炮家族如今已经成为兵器工业军品出口的重要支柱。国内没有列装的 155 毫米加榴炮成了国际市场的香饽饽，誉满亚非。

中国特色的科学发展之路

从 1984 年引进 GHN45 型 155 毫米牵引炮开始，至今也不过 30 年，尽管牵引式 155 毫米加榴炮在中国并没有装备部队，但是，作为一粒种子，在中国的土壤里，生根发芽，开花结果，如今外贸型的 155 毫米已长成为一颗枝繁叶茂的参天大树，创造了一个又一个奇迹。与此同时，它的孪生兄弟——国内装备的 155 毫米自行加榴炮也已在中国生根，PLZ05 式 155 毫米自行加榴炮参加了 2009 年的国庆阅兵。这是中西合璧的又一杰作，它既接受了 155 毫米的口径，又采纳了 GC－45 的许多先进技术与设计理念，并结合中国实际，加入了中国元素的自主创新。它坚持采用圆柱型弹丸，密集度大为提高。它采用了中国独创的焊接钢药筒，提高了火炮射速。从而呈现了外贸型与国内装备型比翼齐飞的壮观局面，使我国的155毫米火炮技术实现了历史性跨越。

参加国庆60周年阅兵的PLZ05型155毫米自行加榴炮

今天，中国已经形成了世界最大的155毫米火炮的大家族，既有自行炮、车载炮、海防炮，也有自走炮，既有39倍口径、也有45倍口径，还有52倍口径，既有枣核弹，也有圆柱弹，既装备国内，又打进了世界军火市场，现在中国是世界上155毫米火炮品种最多的国家。中国还把火箭增程技术成功地移植到了全膛弹上，将底排弹的射程提高到了53公里，成为当今世界上射程最远的155毫米炮之一。中国又在155毫米火炮上开发了激光制导炮射导弹，使中国成为弹药品种最全的国家之一。特别要指出的是，中国将传统的火炮进行了信息化、自行化与网络化的技术升级，率先建成了以155毫米火炮为核心的C^4ISR武器系统，令火炮的功能与效能发生了革命性的变化，使中国的155毫米火炮技术跃进了世界先进行列。这一切成果都源自于GC－45的引进，所以，“922工程”是兵器工业历史上国防效益、技术效益和经济效益最高的技术引进工程，它的重大意义在于：

引进、消化、开发创新、再出口，155走的是一条独具中国特色的发展国防科技工业的阳光大道。

充分利用国内国外两种资源、两个市场，155走的是和平时期建设强大国防科技工业的成功之路，是最有效的“动态保军”。

它投入少，产出高，几千万美元的投入，产生了几十亿美元的产出，155走的是一条集约化的、高效的、可持续发展的金光大道。

AH1 155 毫米自走式加榴炮（45 倍口径）

AH2 155 毫米自走式加榴炮（52 倍口径）

AH4 155 毫米轻型加榴炮（39 倍口径）

SH1 轮式自行155毫米加榴炮（52倍口径）

155的成功引进，是打破西方技术封锁的胜利。155的成功出口，同样是打破西方国家对世界军火市场垄断的胜利。155的外贸成功，尤其是PLZ－45型的研制成功，带动了国内火炮及相关技术领域信息化技术的发展，它为发展高新技术产品出口、为大型复杂系统的组织管理积累了宝贵的经验，155全方位、立体式的技术服务，也为军贸工作由单一的产品贸易向产品与服务贸易相结合提供了有益的借鉴。这些都将对我国军贸工作的发展产生积极而深远的影响。

这就是中国155火炮的传奇。

（刊载于2012年第20期《兵工科技》、
2013年6月19日《北方内部通讯》）

六、信息化火炮畅想曲

天壤之别的体验

笔者1964年曾经在长春某炮兵师122毫米榴炮连当过兵。21世纪初又多次参加过155毫米自行炮武器系统的实弹射击训练，时隔30多年的两种体验真是天壤之别。

过去122毫米榴弹炮进入炮阵地后，连长率侦察、计算和通信人员，在能够通视目标的地点设置观察所，负责侦察目标，决定射击开始诸元，下达射击命令，观察射击效果，测定炸点偏差和修正射击等；炮阵地由副连长负责指挥，为各炮赋予射向，根据观察所的命令，指挥各炮计算单炮修正量，二炮手装订射击诸元并进行瞄准，其他炮手负责装填炮弹和击发。最辛苦的是指挥排的有线兵，徒步放线收线数千米，最忙活的是测地手定位定向，最紧张的是计算兵和二炮手，忙于计算和装订射击诸元，最笨重的活是推炮进出阵地、开架并架和装填炮弹，尤其是在冻土地上刨助锄坑真累人。人说火炮是战争之神，可是，这个神当起来真不容易、多辛苦呀。

2000年起，我跟随PLZ45－155毫米自行炮在科威特参加过近10次实弹射击演习和训练，那是完全不同的别样感受。炮兵营出发，几十辆大平板车装载着各种履带车辆，一字长蛇，威武壮观。到达阵地附近，各项武器装备迅速自行展开，有序地进入阵地。测地分队不见了，图板作业不见了，开架并架不见了，炮不用推了，助锄坑不用刨了，阵地上再也听不到大呼小叫的命令声与应答声了，观察所里再也听不到王成那样大声疾呼“向我开炮”了。连长坐镇侦察车、副连长坐镇指挥车指挥，他们的计算机屏幕上显示了此次射击任务的战场势态图，阵地各炮位置、目标、遮蔽物等一目了然。上报数据、发布数据、下达命令，一切均在计算机键盘上进行。我在侦察车、侦校雷达与指挥车上看到的是，指挥员的手指在键盘上跳舞，红色的指示灯在不断地闪烁，滴滴答答的应答声不绝于耳。对于30多年前曾经在炮连当过兵的我，那简直就是一种特别的享受。

为什么两种火炮的射击会有如此之大的差别?

信息化火炮的特点

出口科威特的PLZ45－155毫米自行炮武器系统（以下简称“155系统”），已经不像122毫米榴弹炮那样，仅仅几门火炮了，而是一个包括自行炮、弹药车、指挥车、侦察车、侦校雷达和气象雷达组成的庞大的武器系统，它是中国数字化炮兵的先驱，是中国炮兵机械化、信息化“两化”武器系统的雏形。其主要特点如下：

1. 自行化

155系统是一个全自行化的武器系统。全营的各种装备全面实现了机械化、摩托化。做到了行军不用腿，大炮不用推。机动性能与越野性能都有了大幅度的提高。

2. 自动化

155系统是个自动化程度很高的系统。在火炮系统中广泛采用了液压系统、电气系统以及电液系统。尤其是数字计算机的广泛采用，又将武器的自动化水平推进到了一个崭新的阶段。

155火炮，除了收放助锄、弹药装填、车体调平等少数作业尚需人工之外，从火炮占领阵地，定位、定向、计算射击诸元，到火炮操瞄全部实现了自动化，装填弹药也实现了半自动化。

155 系统不但单炮（和单机）实现了自动化，更重要的是全营系统的射击指挥全程实现了自动化，从而使这个古老的武器发生了脱胎换骨的革命性变化。

3. 网络化

155 系统建立了一个由有线通信和无线通信相结合以无线为主的通信体系，形成了一个数传和话传双工的节点众多的通信网络，这个网络包括四个子网：侦察网（营连侦察车、营指挥车和侦校雷达）、指挥网（营指挥车、营侦察车、连指挥车、气象雷达）、射击网（连指挥车、连侦察车、自行炮、弹药车）和话务网。正是由于这个计算机通讯网络的建立，才使 155 系统火炮真正变成了中国第一个名副其实的野战炮兵的 C^4ISR 系统，才使这个武器系统的功能和效能都产生了巨大的倍增效应。

4. 数码化

155 系统是一个几乎件件装备都有数字化的武器系统。

就拿自行炮来说吧，计算机几乎遍及全车。炮口有数字化的测速雷达，炮身上方有数字化的惯性导航仪；车顶上的全球定位系统 GPS，车内的火控计算机、药温测量仪、炮弹半自动装填装置和诸多通信设备全都是数字化的，火炮配备的炮射导弹和电子时间引信更不必说了。一门火炮由火控计算机自动控制了十余部大大小小自动化设备和装置，这是以前没有的。

不仅火炮配备有计算机，系统中所有战斗装备个个都配有计算机。弹药车有自动取弹输弹计算机，侦察车、指挥车有操作员计算机、指挥员计算机和差分定位计算机，气象雷达操作控制和数据处理都用计算机，侦察校射

雷达弹道解算、信息处理、操作控制也都用计算机，连维修车上的故障诊断和零备件管理都使用了计算机，另外模拟训练器也相当程度地实现了数字化。

计算机的几大功能，包括数值计算、数据处理、实时控制、辅助决策和辅助管理等都在155系统中得到了较好的发挥，虽然还不能说淋漓尽致，但已经足以使155发生了巨大的变化。

5. 弹药精确化

155系统弹药精确化的工作还刚刚起步，在第一批出口之后，已为其配套研制了炮射导弹，随着将来智能弹药的发展，末敏弹、末端制导炮弹等都会在155系统中源源不断地得到应用。

信息化火炮的神奇功能

机械化、信息化代表了当今世界武器装备的发展方向。正是因为155自行炮武器系统具有这“两化”的特点，所以它也具有其他火炮系统所不具备的一些优越性、先进性。概括起来六句话，机动性强，自动化水平高，指挥灵活，作战方式多样，作战效能倍增，生存能力增强。

1. 良好的机动性

所有武器装备全部实现了自行化，越野性能大大增强，运动速度大幅提高，单体最大运动时速达55公里，结队行军时速在40公里左右。履带底盘和越野汽车底盘，使装备的越野机动性大幅提高。加装了全球卫星定位系统和自动导航仪的火炮，如虎添翼，既可以在已知地域纵横驰骋，以最佳路线最短时间运动到预定目标，即使在没有军用地图的未知地域，它也不会迷失方向，只要知道敌方目标的座标，同样可以作战，这些都是现有牵引火炮无法比拟的优点。

2. 多种多样的作战方式

信息化的单炮，具有了定位定向和弹道解算两大基本功能，使每门炮都具备了单独作战能力。可别小瞧这一改变，正是它使信息化的火炮发生了革命性的变革。

（1）曾经的繁杂的测地作业，图板作业和厚厚的纸质射表全都免了。定位定向、弹道计算都由计算机自动完成，速度快，精度高。

（2）有了独立作战能力的火炮，首先对阵地的要求大大放宽，可以在相当大的范围内分散配置，从而使炮阵地的概念大大淡化，因此，今后炮位侦察雷达想要侦察炮阵地也将会越来越难。此外，这样的火炮还可以在原先计划好的几个阵地间快速转移，机动作战。从而炮阵地遭到报复性打击的可能将显著降低，火炮的生存力必将大大提高。

指挥车

侦察车

（3）由于单炮具有了独立作战能力，就可以方便地组织几门火炮进行组合射击。既可以指挥多门火炮对多个目标同时射击，也可以进行多弹种（不同装药号）的混合射击。既可以对方形、圆形、三角形等面目标射击，也可以对任意方向的线目标进行射击，非常灵活方便。155 指挥系统还创造了一种新的齐炸发射法，系统可以根据统一的落弹时间和各炮不同的炮目距离，计算出各炮不同的发射时刻，各炮发射有先有后，但是所有炮弹却能够在同一时刻着地爆炸，大大提高了对目标的毁伤效果。

3. 脱胎换骨的射击指挥

（1）由于指挥系统的网络化和数字化，从而，极大地丰富了作战指挥样式，除了通常的按级指挥外，155 系统多出了四种指挥样式：

① 越级指挥，营指挥车可以越过连指挥车（或经过连指挥车中转），直接指挥各连的火炮，从而大大强化了营级指挥员在射击指挥中的作用和统一指挥全营作战的能力。

侦校雷达

② 接替指挥，由下级指挥车接替上级指挥车实施指挥，如营的副指挥车接替营指挥车指挥，或连指

挥车接替营指挥车指挥。

③ 替代指挥，由某连的指挥车替代他连的指挥车指挥火炮射击。

④ 委托指挥，侦察车在被授权的情况下，可以直接指挥火炮射击，而不经过连指挥车。

因此，全营只要有一台指挥车或侦察车存在，就可以有效地实施对任一个连或全营火炮的射击指挥。在对抗激烈、情况瞬息万变的现代战场，这就有利于灵活选择指挥样式，保障指挥的连续性、持续性和有效性，同时可以大大提高火炮武器系统抗节点瘫痪的能力，并相应地提高了系统的生存力。

（2）可以实现指挥流程的自动化最佳化。今天的炮阵地一片肃静。从初始化开始，定位定向、气象准备、弹药及火炮条件准备、目标准备、设置并发送射击区、选择打击目标、制定射击计划、决定射击开始诸元、试射、炸偏修正、效力射、转移射，直到整理射击成果的整个射击全过程，全都是指挥员在计算机键盘上完成，一句话不用说，而其他设备就能自动地执行，从而实现了自动化的射击指挥和静默指挥，这样既可以集中全军最优秀炮兵指挥员的丰富实践经验来优化射击流程，又便于指挥员聪明才智的充分发挥；既便于指挥程式的规范化，又便于指挥员意图的贯彻落实；可以真正实现指挥的统一和统一的指挥。

（3）系统充分发挥了计算机强大的图形功能，设计了战场实时态势图、组网图、导航图、火力分配图和转移图，指挥员可以在战场实时态势图上了解敌我态势，包括：战斗队形、射击区、安全区、友军、遮蔽顶、目标、炸点等，还可以在图上直接生成目标、炸点、选择射击目标、自动或人工进行火力分配等，从而把大量抽象的数据直观形象地提供给指挥员，使指挥员能快速理顺数据关系，及时做出决策。

总之，这样的指挥系统，图标引导，直观形象，操作简便，过程流畅，工作可靠，容易掌握。所以，指挥员指挥这样的系统既轻松自如，又得心应手。信息化的火炮所发生的变化，绝不仅仅这些，随着人们实践的不断深入，信息化系统的功能必将进一步得到开发，它的优越性必将会更加显著，这是毫无疑义的。

综上所述，PLZ45－155 自行炮武器系统是中国野战压制兵器第一个比较完整的 C^4ISR 系统。尽管目前它还不很完善，但它毕竟在炮兵数字化与机械化信息化道路上迈出了十分重要的一步，出现了许多过去想都不敢想的神奇功能。随着技术战术的发展与实际使用经验的积累，信息化的火炮一定还会开发出更多、更神奇的功能。让我们张开想象的翅膀，尽情地畅想吧！

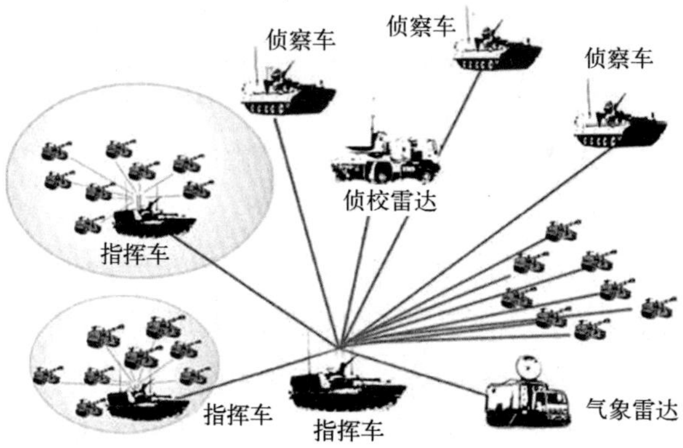

PLZ45－155 自行炮武器系统配置图

（刊载于 2007 年第 7 期《兵器知识》，
原名为“感受两化的武器系统”）

七、中国野战火箭的强国之路

《人民兵工创建80年80件事》之16

钟林领导研制新中国第一代反坦克火箭

钟林是中国现代火箭的开拓者。早年加入中国共产党，在美国学习回国后进入国民政府兵工厂，从事现代火箭的研究。朝鲜战争爆发后，时任重工业部副部长的钟林亲自领导724等厂，组成了现代火箭研制小组。于1951年3月仿制成功中国第一代反坦克火箭武器—90毫米反坦克火箭弹及发射装置，投入战场仅一个多月就击毁美军坦克282辆。

火药是中国古代的四大发明之一，它为火箭的发明提供了能源，这是中华民族的骄傲。中国又是火箭的故乡，早在公元970年（宋太祖开宝三年）冯继生就用黑火药制成了世界上第一枚火箭，在中国，将火箭用于军事至少不迟于12世纪。“一窝蜂”、“震天雷炮”“神火飞鸦”……曾经书写了中国火箭历史的辉煌。13世纪火药与火箭才传至西方，并在西方获得了很快的发展。二战中苏联的BM－13火箭炮“喀秋莎”以其猛烈密集的火力使德军闻风丧胆。然而，解放前的旧中国却毫无制造火箭的能力。解放后，中国的野战火箭在一张白纸上从零开始，从自行研制起步，兼学并蓄，在学习国外先进技术的基础上，洋为中用，踩着巨人的肩膀，自我创新，超越世人，实现了赶苏超美的夙愿，实现了中国几代火箭研制工作者的中国梦，登上了世界野战火箭的技术高峰，不但增强了我国陆军远程打击的能力，而且在国际军火市场上占有了一席之地。如今的中国已经是一个名副其实的火箭强国。

钟林与中国的“喀秋莎”

钟林，湖南人，1926年加入中国共产党，“9.18”事变后，经组织同意，受国民党兵工总署派遣赴美国麻省理工学院学习兵械制造技术。回国后，先后在汉阳兵工厂、辰溪兵工厂和五十兵工厂成都分厂工作。1946年钟林利用其公开身份及在兵工署的地下党的关系，搞到了美军的一些资料和60毫米与102毫米火箭弹样品各一发。钟林同志利用自己是分厂领导的方便条件，带领由地下党和可靠的进步工人、技术员组成的一班人马，在敌人的眼皮下秘密地试制起来。他们冒着生命危险，成功地将火箭弹解剖，由孙东明负责分析火药成分，其他同志一个零件一个零件地测绘，利用夜班人少时仿制。钟林同志以其渊博的专业知识及地下工作经验，发挥他的才能和智慧，废寝忘食，反复钻研，克服了不少困难，解决了试制过程中曾出现过的火箭尾管炸裂、尾翼掉落等技术问题。试制了近一年，1946年12月30日在成都郊外，成功地发射了几枚火箭弹。102毫米火箭弹的有效射程达到了4000米，命中精度比较理想；反坦克的60毫米火箭弹威力也令人满意，都达到了美制火箭弹的水平。

全面内战爆发后，钟林接到中央调他回解放区的命令。他巧妙地处理好成都分厂的善后，安排好参加火箭弹工作的其他同志，根据中共上海局的部署，1947年初，钟林偕同杨仁祥扮作商人到达汉口，准备从湖北麻城经游击区进入解放区。不料派来汉口迎接钟林的一名同志被捕，另一名同志赶忙通知钟林转移。这样钟林与杨仁祥立刻转赴上海。钟林把在成都制造火箭弹的全部图纸及其他多年收集的兵工资料藏在皮箱夹层里，装上小孩尿布，全家与杨仁祥、孙东明一起取道天津来到北平。在北平市委书记刘仁的亲自安排下，钟林终于到达了目的地石家庄，历时一年之久。钟林到石家庄后，曾经写信给同乡毛泽东同志，毛泽东在信上批道："老同志回家了，要好好接待。"1948 年 9 月初，钟林见到了毛泽东同志，向毛泽东同志汇报了蒋管区兵工厂情况及试制火箭弹的情况。华北企业部兵工局成立后，1948 年钟林组建了中国第一个火箭技术室。1949 年 3 月，钟林、杨仁祥等人利用从成都带回的火箭弹资料，在河北省井陉煤矿复制火箭弹成功。新中国成立后的第三天，在解放军后勤司令部部长杨立三同志主持下，在卢沟桥附近进行了射击汇报表演试验，朱德、刘伯承、贺龙、聂荣臻等中央军委领导同志和苏联专家到场参观。试验很成功，受到了军委首长的赞扬。贺龙同志高兴地说："我们土八路照样制成了火箭弹。"苏联专家也翘起大拇指说："恭喜你，中国也有了喀秋莎"。

朝鲜战争爆发后，火箭弹的研制工作转到了东北机械制造厂，钟林同志时任重工业部副部长，在他的亲自领导下，孙明山、吴叔羊、杨仁祥等同志继续研制。1950 年底，他们用湿法制成的火箭发射药研制成功了单喷管活动尾翼涡轮式野战火箭炮，即 427 式 102 毫米火箭炮（A3），射程 5000 米，随即便生产了近 3 万发，这就是新中国自行研制的第一代野战火箭。接着他们又研制成功 488 式 102 毫米火箭炮，射程 8000 米，和平厂同时研制了 6 管排炮。1952 年生产了 240 门及几千发火箭弹，送到朝鲜前线，在上甘岭战役中发挥了作用，受到了好评。后来，东北机械制造厂还试制成功了与苏联"喀秋莎"火箭炮通用的 132 毫米火箭弹。因此，钟林同志被人们尊称为"中国喀秋莎之父"。

大跃进中诞生的火箭双雄

第一个五年计划期间，我国引进了许多苏联的兵器技术，顺利完成了陆军武器装备制式化。然而，在引进的上百项技术中，高炮、地炮、坦克炮、航空炮与舰炮都有，唯独没有火箭炮，估计是由于在当时火箭炮属于秘密武器，苏联不肯转让生产技术，只出售给中国 72 门"喀秋莎"。所以，中国野战火箭没有像其他陆军武器那

样走仿制、改进、创新的道路，逼着我们走上了自主研发的道路。在“向科学进军”口号的鼓舞下，在“大跃进”的1958年，年轻的科研工作者与领导部门一起，选择了一个既有别于“华约”又有别于“北约”，真正属于中国自己的口径序列，它们是：H－211型107毫米、H－212型130毫米、H－221型180毫米、H－241型273毫米和H－291型100公里制导火箭。除100公里制导火箭无果而终外，其他项目都先后完成了设计定型。为我国野战火箭事业的发展、为保卫国防、为军品出口都做出了积极贡献。

【美名远扬的107毫米火箭炮】

107毫米火箭炮是中国野战火箭炮系列中的小弟弟，它是具有完全知识产权的第一批中国自行设计制造的武器之一，它淋漓尽致地诠释了“人背马驮”的思想精髓，是颇具中国特色的经典产品。

它在国内名不经传，也没有获得过什么很高的大奖，但是，墙内开花墙外香，它曾经大量出口过很多国家，创收了不菲的外汇。它在世界上“战功卓著”、美名远扬。据说1972年越南解放军奇袭并重创美军边和机场，立功者是它；据说2005年袭击停泊在约旦亚喀巴港的美军大型军舰的火箭也是它。虽然这些消息未从官方得到证实，可是人们却能经常从电视新闻中时不时见到它的身影，（包括2011年的利比亚战争），也可以从网站上读到不少国外军事评论家对它的褒奖与赞誉。2000年出国访问，在某个国家的炮兵司令部门前，我居然看到了它像中国镇宅的石狮子一样伫立在炮兵司令部的大门旁，令我分外惊喜。

107毫米火箭炮先后开发过4种型号：即63式、63－1式、81式吉普车车载和85式单管火箭炮。

107毫米火箭炮并没有什么特别尖端的新技术，它最大的特色就在于其特有的机动性、实用性和准确的市场定位。

该炮火力猛烈，12枚齐射只需7－9秒，射程8公里。

该炮小巧玲珑，机动性好，全重385公斤（行军全重611公斤），可以由吉普车车载或牵引、可以空投或骡马挽拽，也可以分解成几大部件，人背马驮，很适合于戈壁、山地、丛林和水网地区作战。

该炮的设计很人性化，大多数部件不需要工具就能快速分解结合，拆开后的单个部件重量不超过 30 公斤，一发火箭弹也仅有 18.8 公斤，都在单兵可以承受的范围之内。该炮各部件的特点是：上不过颈，便于抬头；下不过臀，便于跨步；宽不过肩，便于通过；重心贴身，防止扭腰。

该炮操作简便，可以用单管、双管、四管、八管等多种方式进行简易射击，发射时可以将田埂、土坎、堑壕、胸墙等作为平台，用简易瞄准具和两根导线、3－5 节干电池即可实施。评论家称赞“这种炮天生就是为游击战而存在的”。

该火箭炮的设计师是昆仑机械厂的吉松英，火箭弹设计师是华山机械厂的杨荫桐（后来任兵器工业部科技委主任、兵科院院长）。

【中国履带自行第一箭—130 毫米火箭】

63 式与 82 式 130 毫米火箭炮

63 式 130 毫米野战火箭炮于 1958 年上马后，方案先后 8 次变更，1961 年在国家靶场进行了定型试验，随后于 1963 年去西藏部队试验，证明该炮火力猛烈突然，动作可靠，机动灵活。1963 年 7 月国家批准定型。该炮底盘是 NJ230 越野汽车，定向器管数 19 管，射程 10 公里，与 63 式 107 毫米火箭炮一样都是旋转稳定的涡轮式火箭弹，杀爆弹弹重 33 公斤。为了提高越野性能，后来将底盘改为 EQ240 型 6×6 越野汽车底盘，改称 63－1 式 130 毫米火箭炮。除定向器内可以携带一组弹之外，车上还增加了一组备份弹。

82 式 130 毫米火箭炮，则在 63－1 式的基础上，将定向器增加至 30

管，5 分钟内可以发射 60 发火箭弹，火力密度大幅提高。定向器改为旋压薄壁管，减轻了重量。回转盘由立轴式改为无立轴滚道式，转动更为平稳。高低机由蜗杆式改为齿弧式。整体性能又上了新台阶。

70 式覆带自行 130 毫米火箭炮与 85 式履带自行 130 毫米火箭炮

为了填补装甲兵部队支援火力的空白，1970 年 2 月下达了 130 毫米履带自行火箭炮的研制任务，它采用改进的 A531 装甲输送车底盘，将 63－1 式的火力系统搬了上去，定向器管仍为 19 管，射击时液压升降装置将定向器提升 500 毫米，一次升降时间 30 秒，行军战斗状态转换时间 2 分钟。1970 年 11 月常规兵器工业领导小组批准设计定型，改装了一批交部队试用，成为中国第一个履带自行的火箭炮，使装甲部队有了能伴随坦克部队作战的压制兵器。由于首批产品在试用中暴露出不少问题，后来又进行了两轮改进，重新设计定型。1977 年 10 月正式批准定型，命名为 70 式 130 毫米自行火箭炮。

82 式轮式自行 130 毫米火箭炮定型之后，为了外贸需要，1984 年就开始了 30 管履带式 130 毫米火箭炮的研发工作，1988 年得到外方确认，同年完成了外贸定型工作。命名为 85 式 30 管履带自行 130 毫米火箭炮。该炮底盘为 531H，

130 毫米火箭弹的弹种也不断增加，钢珠弹、杀爆燃烧弹相继定型，最大射程 15 公里的远程弹也已顺利完成。

130 毫米火箭炮虽然没有 107 毫米火箭炮那样扬名海外，但是，在中越自卫反击战中大显神威，立下过赫赫战功。

枝繁叶茂的 122 火箭

1972 年，我国获得了苏联 BM－21 野战火箭的样品与资料，该武器的最大特点是用增加发射器管数来弥补无控火箭精度差的不足，是世界

上管数最多的野战火箭炮。我国仿制成功后命名为81式122毫米火箭炮。它管数多，射程远，很快成为我军的主要装备。最近，杨荫桐院长跟我讲了一段关于它的故事。得到了样品与资料后，五机部立即安排试制生产并建设生产线，但是，由于资料不完整，试制工作并不顺利，射击过程中经常出现中途掉弹现象，而原因查不出来。生产线已经建成，等米下锅，部里很着急。后来，转到科研局按科研程序进行技术攻关。李玉堂副部长亲自点将，要杨荫桐挂帅。最后，经过一年多的艰苦工作，终于找出了原因，火箭发动机隔热涂料不过关，发动机被烧穿，从而引起发动机爆炸而掉弹。科研局立即责成非金属材料所攻克隔热涂料技术关键，才使122毫米火箭炮得以通过了设计定型试验。此后，我国的火箭设计队伍在这个武器平台上，充分利用自己积累的丰富知识与技术，做足了文章，将该武器发展到了极致。

先说火箭炮现在就有6－7种型号：

① 81式122毫米火箭炮与BM－21基本相同，只是汽车底盘换成了国产的，增加了驾驶室内的自动操瞄系统。

② PHZ89式122毫米履带自行火箭炮，该炮与81式相比有以下几个特点：一是将轮式底盘更换成履带式的自行火炮中型通用底盘，提高了越野性能。二是该炮除定向器中装填了一组弹外，又增加一组40发备份弹，实行自动装填，3分钟可以将40发弹一次装填到位，提高了装填速度，无需弹药车补充可完成两次齐射，加大了火力密度，充分发挥了火箭炮火力突然性强的特点，同时也减轻了战士们的劳动强度。三是实现了自动操瞄，自动装定射击诸元，自动进行倾斜修正和功能检测，并能与射击指挥系统连接，缩短了火力反应时间，提高了火炮的野战生存能力。（关于它的研发过程，已在《没有阅兵的阅兵工程8910》中做过介绍）

81式122毫米轮式自行火箭炮与PHZ89式122毫米履带自行火箭炮

③ 90A/90B 式 122 毫米轮式自行火箭武器系统，是将 PHZ89 式的上述成果移植到了北方奔驰 6×6 载重汽车底盘上，为供出口而研制成功的两种型号。同时以该火箭炮为核心，组成了一个野战火箭炮武器系统，它是一个由火箭炮、指挥车、侦察车、无人侦察机、气象雷达以及维修车等组成的现代化的战术 C^4ISR 系统，这也是中国野战火箭中第一个信息化的 C^4ISR 系统。从而使 122 毫米火箭炮的性能发生了革命性的变革。

④ 88 式单管 122 毫米火箭炮。

⑤ 84 式火箭布雷车，底盘 EQ240 越野汽车，发射管 24 管，每发弹可装反坦克地雷 8 枚，或装反步兵地雷 128 枚。布雷距离 3500－7000 米。一次齐射布雷面积 400×650 米。

⑥ SR5 多功能发射平台，既可以发射 122 毫米火箭弹，其发射管数为 20＋20。也可以发射 220 毫米火箭弹，其发射管数为 6＋6。定向器既是发射器，又是包装运输箱，可以实行整体吊装，大大缩短了装填时间，减轻了战士的劳动强度，最大射程分别达到 50 公里和 70 公里。

90B 式 122 毫米轮式自行火箭炮

再说说 122 毫米火箭弹在近 30 年中的发展，更是令人咋舌。首先是最大射程一提再提，由原来的 20 公里先提高到了 32.7 公里，后来更不可思议地提高到了 40 公里和 50 公里，增程了 1 倍与 1.5 倍。第二，战斗部增加了杀伤爆破燃烧弹、钢珠杀爆弹（含 3400－7400 粒约 1 克重的钢珠）、子母弹（内容 39－49 颗子弹）、布雷弹等，功能大大拓展，威力显著提高。第三，配备了 GPS/惯性制导的火箭弹，射击精度大幅度改善。北方公司现在可以提供出口的射程 30 公里以上的 122 毫米火箭弹种就有 8 种之多。

如今，122 毫米野战火箭炮在中国已经发展成为一个庞大的家族，不但是国内装备的骨干兵器，而且是出口产品的重要支柱。与世界同级别的最优秀的野战火箭炮相比，我国的 122 毫米火箭炮毫不逊色。

能发射 122 毫米与 220 毫米火箭弹的 SR5 多功能火箭发射平台

大器晚成的 273 毫米火箭

代号为 H－241 的 273 毫米火箭炮是我国早期野战火箭系列中口径最大、射程最远（40 公里）、研制周期最长（24 年）的一种，它几起几落，风风雨雨，历尽艰辛，有着极为曲折坎坷而丰富的历程，最后终于定型，虽然国内没有大量装备，却出口了几个国家。

【不得已的第一次定型】

研制大口径、远射程的野战火箭，既缺乏参照物，又缺乏设计理论和人才，更没有研制的实际经验，困难重重。经过两年的摸索，1961 年 5 月在炮兵研究院召开了第一次方案审查会，1962 年，军委正式下达了 40 公里火箭武器系统的设计任务。华安厂研制火箭弹，和平厂研制火箭炮，东北机械制造厂、炮院一所与西安三所都是主要协作单位。

1965 年 4 月开始进行定型试验，试验根据刘少奇主席的指示和国防工办战备增产会议的决定，由国防科委唐延杰副主任主持，试验完成后，唐副主任在试验现场召开了会议，认为基本达到了战术技术指标，可以小批量生产装备部队，有些问题可以留待试生产中加以解决，有些问题则留待二代研制中解决。9 月份又进行了补充试验，张爱萍副总长、刘鼎副部长参加了试验，确认遗留的主要问题基本解决，后来试装了两个营，填补了我军装备体制中的一个空白，我国自行研制的第一个射程最远的履带式火箭炮就这样诞生了。但该野战火箭炮先天不足，主要是精度很差，特别是横向散布太大。此次定型实在是不得已而为之，是沿海局势及周边局势紧张的需要。因为射程远，所以得到了国家领导人的特别关注。我记得还有这么个故事，记不清是刘少奇主席还是张爱萍副总长曾经有过这样一段话，大意是：40 公里火箭炮精度虽然差点，但我们有了它，敌人就不敢接近我们，打不着，吓他一跳也不错嘛。这既是对研制远程火箭阶段性成果的肯定，更是对远程火箭发展寄予的厚望，它鼓舞着人们继续努力，尽快地拿出更加先进的远程火箭装备部队。

40 公里火箭炮的射击精度实在是不理想，纵向密集度为百十分之一，比迫击炮还低，而横向密集度仅仅几十分之一，比迫击炮差很多，与加农炮相差两个数量级。因此，这是无控火箭的一个致命弱点。

为了提高散布精度，弹厂先后探索过多种尾翼结构方案。1962 年研制初期的第一个方案是采用弧形折叠尾翼，在弹体飞离定向器后，尾翼自动展开，以稳定弹体的飞行姿态。为此，火箭炮设计成管式定向器结构。但由于尾翼打开机构动作不可靠而被放弃。

1964 年，弹厂提出了十字形直尾翼的第二方案，尾翼可在弹体上自由旋转。为此，发射架改为笼式导轨结构。启动后弹体即在导轨上旋转并作直线滑行，而直尾翼由于可在弹体上自由转动并为导轨所限只作直线滑行，直至弹体飞离。此方案经试验后效果亦不理想，因弹体在飞行过程中，由于弹体受热变形，尾翼在弹体上旋转状态随意性大，也影响弹体的稳定飞行。几年的摸索，多轮的试验，散布精度仍不理想，虽于 1965 年勉强定型。但在部队试用时，还是因射击精度太差，不太受欢迎。其间，军方曾一度提出“舍射程，保精度”的意见，将射程指标由 40 公里降为 30 公里，希望由此能够提高散布精度。为此，弹厂曾借鉴国外技术，在战斗部上增设阻力环的改进措施，但经试验证明，效果亦不理想。以后正值“文化大革命”，研制工作随之搁浅。

【声东击西的"边管弹道交叉"】

1974年，国家重新下达射程仍为40公里的研制任务时，弹厂在弹体设计上再次提出新的改进方案，一是在弹体发动机前端设计了带斜喷管的旋转发动机，赋予弹体一定转速。二是四片十字形直尾翼设计了10度30分的斜置角，并以滚珠装于主发动机体上，可以自由转动，旨在利用尾翼稳定加旋转稳定以提高射击精度。为此，火箭炮结构相应设计为笼型内导轨式，即：在钢管焊接成的笼型定向器床（亦称桁架）结构内，设置上下两条导轨，在火箭弹点火启动后，作为其向前旋转滑行运动的导向约束。经过多轮发射试验，此方案获得初步成功。

为保证散布精度，火箭炮的主要设计任务一是选择合理的管弹间隙，即火箭弹定心部外径与定向器导引面之间配合间隙，保证弹体在定向器内滑行的平稳性；二是减少弹体离轨时的初始扰动，特别是减少弹体离轨前定向器的弹性振动对弹体姿态的影响，炮厂为此曾经下过一番工夫。从理论上讲，发射架是一个弹性体，发射时的振动是不可避免的，只有掌握它的振动规律，并充分利用这个规律，才能把振动对射击精度的影响降到最低。于是他们经过多次试验，测取了发射架振动的大量数据，分析出了振幅、频率及衰减周期等重要数据，然后，在设计上采取有针对性的措施。根据其衰减时间为T≈2秒的特性，把每发弹的发射间隔时间优选为2. 5秒。为了降低定向器床的振幅，提高了它的设计刚度。为了减少定向器床的整体侧向摆动，将高低机支点由一个增为两点的技术措施；为了提高车体发射时的刚度，最后优选出在车体后方设两套千斤顶的刚性支撑方式。

1978年，改进型的设置旋转发动机、活动直尾翼的火箭弹与笼内导轨式的火箭炮结合，经过多次摸底试验，性能基本稳定；在发射时获取的数据基础上，军方确定了密集度指标：横向公算偏差1/83，纵向公算偏差1/134，并同意进入设计定型程序。1981年1月，产品进入国家靶场开始定型试验。但此时意外发生了，在做高、中、低温发射时，横向密集度低温为1/83.8，常温为1/51.2，高温却只有1/33.7，横向散布距离竟达3965米，由于严重超标，定型试验被迫中止，并要求改进设计后再做打算。重大挫折当头，出现了严重的意见分歧，有人提出为提高架体稳定性，将4发弹水平并列布置改为上下各两发以减少迎面阻力的建议，另一种意见则是着力于找出问题产生的真实根源，再考虑对策。于是大家冷静下来，围绕异常现象所显示出的高温发射为何大幅降低散布精度这个问题，进行认真细致的观察分析。在高速摄影机拍下的照片上，居然发现了两个边管射出的弹体在主动段飞行时轨迹互相交叉，而两发弹的落点位置相应左右分开，发射架左侧的弹落点在弹着区的右侧，反之亦然，这就是所谓的边管弹道交叉现象。

为什么会产生这种前所未有的奇怪现象？在分析测得的定向器床振动曲线时发现，边管弹射击时定向器床出现左右方向的弹性振动。进一步深入分析得知，这是由于旋转发动机侧向喷出的燃气流对定向器床内侧作用的结果。例如，对定向器床摆动曲线分析时看到，最左边的发射管发射时定向器床在燃气流作用下向右转动，0.2秒时最大振幅达10－20毫米，然后向左回弹，而在约0.25秒时弹体第三定心部正好飞离导轨。由此可以推断，左管射弹首先跟着定向器床右转而指向右方，当第三定心部离轨时，弹尾又受到定向器向左回弹而向左拨动，最终则导致最左边发射管的射弹较大幅度地偏离射向飞向右方。反之亦然。找到了问题的真正原因，采取对策如下：①定向器床改笼式为箱式结构，用矩形箱体密封各发导轨，隔离了旋转发动机燃气流对定向器床的作用。②为减少定向器床迎面受压面积，改变高低平衡机的支撑方式，将两点支撑减为一点，压缩其迎面宽度与面积。③加强炮架旋转体的锁紧装置，增加其抗回转刚度。经改进后，1982年组织对比发射试验，由于分析正确，措施得当，在近百发弹发射中，边管弹道交叉现象绝迹，测得的定向器床振动规律改变，振幅下降，密集度有了明显提高，满足战技指标要求，通过了摸底试验的考核。这次经验告诉我们，影响射击精度的初始扰动不仅来自发射架的纵向振动，发动机燃气流作用下的横向摆动也是重要因素，两者均须认真对待。这个规律的发现，对以后火箭武器系统的发展具有指导作用，是十分可贵的。

【坚持就是胜利】

历经24年的风风雨雨，起起落落，我国自行研制的当时射程最远的火箭炮，终于于1983年被国家批准设计定型，命名为83式273毫米履带自行火箭炮（含83式273毫米火箭弹吊运车），并投入小批生产，装备部队。尽管现在它已被300毫米远程火箭炮所取代，但是对于我国野战火箭研制队伍所付出的劳动和已取得的成绩，历史还是给予了充分的肯定。1986年83式273毫米火箭炮（含弹药）荣获国家科学技术进步一等奖，同年，光荣入选准备40周年阅兵的“8910”工程，并圆满地完成了任务。在纪念人民兵工60周年的表彰大会上该火箭炮又获“8910”工程最佳质量奖。火箭弹的设计者高长友荣获兵器工业劳动模范光荣称号并荣立二等功。

在长达24年的研制过程中，培养造就了一大批火箭专业的技术人才，涌现出了一批科技精英。吕进杰、王嘉胜等是火箭炮的第一批设计群体，他们对专业的钻研几乎到了痴迷程度。在后期弹厂的郑胜吾、高长友，炮厂的林正选、李学纲等人，为了解决密集度问题，呕心沥血，刻苦钻研，精心试验、精心分析，持之以恒，为83式的定型奉献了青春与智慧，做出了突出贡献。

为了攻克火箭炮的射击密集度这一技术难关，国内许多单位和学者都做出了积极贡献。原炮院一所组织了有火箭炮、火箭弹、弹道气动力、战斗部、引信、材料、靶场测试等多专业人员参与40公里火箭的研制，赴弹厂的队伍最庞大，由郭有才同志带队（后来曾任203、204所所长），最多时达到50人。老三所也由李执带队派出了10名技术人员下厂。他们与工厂一起，同甘共苦，刻苦钻研，密切协作，为40公里火箭炮的研制作出了积极贡献。原华东工学院副院长李仲麟（苏联炮兵工程学院火箭专业的留学生）为研制者们作过火箭炮技术专题报告，使大家对苏联有关理论特别是火箭炮设计方面的知识有了完整的了解，他所带回的BM－14、BM－24火箭炮图纸曾是结构设计的主要参考。国家试验基地的宋沛基和华东工学院的贺北斗等专家针对散布精度分析做了较深入的理论探讨，撰写出多篇论文。这些工作的深度和广度均超越了苏联资料的水平，很多成果直接地指导了研制工作，并填补了我国大口径无控火箭武器系统设计理论方面的空白。此外，国家试验基地、北京工业学院、华东工学院等单位，结合试验中出现的种种现象，开展了一系列的试验分析与理论探讨。如：对弹炮精度指标分配的研究；定向器振频、振幅和衰减过程的测试分析；初始扰动对弹体影响的分析研究；火箭弹主动段飞行轨迹的分析研究；火箭炮总体结构对射击精度的影响等课题，工厂技术人员也根据研制实践和研究分析撰写了技术报告。

研制工作离不开部队与主管机关的支持与指导。部队领导十分关心重视大口径火箭系统的开发，国防部长张爱萍，副总参谋长张震寰均亲临试验现场，参加射击试验，热情鼓励科研人员奋力攻关。参加试用的炮十师指战员对全系统提出了有益建议。五机部机械科学研究院（兵器科学研究院前身）余凯院长多次参加研讨会、方案论证会，和技术人员面对面地研讨攻关方案，鼓励大家探索多种途径和技术手段解决问题，攀登高峰。机械院的主管工程师王铨，年近 60 岁，经常在工厂蹲点，深入实际及时处理问题。后来，兵科院、枪炮局与弹药局的领导与主管工程师们也对该项目给予了很大支持，积极出谋划策、协调各方面的关系，为项目的成功做出了积极努力。

【走出国门，更上一层楼】

我国自行研制的 273 毫米野战火箭炮，不仅推进了我国火箭技术的发展，也为扩大军品外贸做出了积极贡献。

在 83 式 273 毫米野战火箭炮的基础上，这支研究队伍又与北方公司密切合作，先后开发了 WM－80 与 WM－120 型两种外贸型的野战火箭武器系统。

WM－80 型 273 毫米野战火箭炮与 83 式相比最大的改进提高有以下四方面：

1. 射程提高 1 倍，达 80 公里。

2. 发射管数量由 4 个增加到 8 个，发射架由两组发射运输箱构成，它既是发射箱又是包装运输箱，每箱装 4 发火箭弹，可以整体吊装。12 门火箭炮齐射，杀伤面积可覆盖 418 个足球场。

3. 底盘改用泰安 TA580 型重型特种汽车底盘，另配一台 WM－80DY 运输装弹车。

4. 该武器系统已经不单纯是火箭炮武器了，而是一个由火箭炮、指挥车、气象雷达、校射雷达与侦察器材组成的射击指挥控制通讯系统，每门炮都具有自动、半自动和手动调炮功能、定位定向功能、诸元解算功能、单发和连发功能，仅需 2 人操作。整个系统可以在指挥车的统一指挥下完成更多的作战任务，系统效能倍增。

该系统于 1995 年完成外贸技术鉴定，现已出口多个国家。

WM－120 型则在 80 型的基础上又上了一层楼，除了可发射 80 公里火箭弹之外，还可以发射简易控制火箭弹，其射程远达 120 公里。在国际军火市场上颇受青睐。

晨曦中待发的273毫米火箭炮

WM80 式 273 毫米火箭炮射击

实现超越的 300 毫米远程火箭

美国和俄罗斯是世界上野战火箭技术最发达的国家，在俄罗斯的“旋风”300 毫米火箭炮问世之前，美国的 M270 型 227 毫米多管火箭炮曾经称霸于世。但是，“旋风”无论在射程、管数、和威力方面都远远超过了 M270，成为世界公认最先进的野战火箭。其射程 70 公里，比 M270 远 25 - 30 公里；发射管 12 管，M270 仅 8 管；战斗部重量 380 公斤，比 M270 重 120 多公斤。“旋风”由于采用了角稳定系统、距离修正系统等项简易控制技术，解决了制约野战火箭发展的瓶颈，火箭弹射击精度显著提高。因此，“旋风”火箭的性能遥遥领先于美国的 M270，这是不争的事实。

20 世纪 90 年代后半叶，我国与俄罗斯联合开发“旋风”，但仅仅进行了两个阶段，即前期的总体方案的论证和样机的草图工程设计阶段，而后续工作全部由我国独立完成。经过 10 个春秋的努力，2004 年 12 月 24 日，性能相当于“旋风”的 PHL - 03 型 300 毫米火箭系统设计定型获得批准。该武器系统在射程、射击精度、威力等主要战术技术指标方面达到了“旋风”的水平，而且一些重要性能超过了“旋风”。

远程火箭研制团队，没有止步于上述有限的超越，领导机关适时地提出了向更高的目标冲击的指令。2002 年 5 月，正式下达了研制增程火箭弹的任务，将最大射程提高 1 倍左右，前提是保持原 70 公里火箭弹的弹径、弹长不变，使用与 PHL－03 型相同的地面设备，机械、电器接口完全一致，这样的约束条件确实是十分苛刻的，但从使用上讲又是合理的，因为它可以提高武器平台的通用性，有效减少部队装备型谱，提高武器系统的综合作战能力。

PHL－03 式 300 毫米远程火箭炮

"旋风"的增程工作，俄国不是不曾探索过，费了九牛二虎之力，最大射程才达到了 90 公里，增程率 29%，他们还断言该火箭炮的极限射程最大为 120 公里。而我们的目标则是突破俄罗斯预言的极限，增程率达到 100% 左右，这真是个十分大胆的目标，是向野战火箭技术的世界最高峰的冲击。为了实现超越俄美的夙愿，他们几进几出靶场，尝尽了传统的增程技术的苦头。他们大胆创新，突破了传统技术的藩篱，终于闯出了一条增程的新路径。2008 年远程火箭的增程系统完成了设计定型。想当初，为了 40 公斤的射程，我们苦斗了 20 多年，如今，从 70 公里跃升到 130 公里，仅仅花了 6 年时间，真是难以想象的奇迹。科技成果鉴定会上，专家的评价是："该武器系统是世界上目前同类武器装备中发射管数、射程、威力、精度、火力覆盖范围、数字化程度等综合性能最好的远程多管火箭炮武器装备，其总体技术和综合作战效能达到同类武器装备国际领先水平。"中国几代野战火箭研制工作者为之奋斗的超越其他国家的梦想终于实现了，我们已经站上了世界野战火箭技术的最前列。

300毫米野战火箭系统实现的超越，归纳起来主要有以下几点：

1. 创造了新的增程技术途径，完成了俄罗斯人没有实现的目标，最大射程大大超越了俄罗斯与美国的同类产品。

2. 自动化水平超过了“旋风”，它实现了自动操瞄、自动定位定向以及火箭弹飞行参数的装订和自动检测，每门炮都具有独立作战的能力。

3. 它构成了一个射击、控制、指挥、通信集合在一起的信息化的战术 C^4ISR 系统，其数字化水平、快速反应能力以及作战效能等综合性能均已大大超过了“旋风”。

4. 该系统配置的末敏弹性能世界领先。

5. 由于该系统的制造技术俄罗斯没有转让，我们自行开发的制造技术某些方面也超过了俄方。如大口径、长细比大、双螺旋导槽薄壁金属定向管的工艺性也优于“旋风”。

供出口的AR1型B管300毫米远程火箭炮

中国的“远火”火了

打开中国北方工业公司2012年版的出口样品手册，野战火箭型号之多，水平之高令我十分惊讶。90B122毫米多管火箭系统、WM－120

型 273 毫米多管火箭系统、AR1 型与 AR2 型 300 毫米多管制导火箭系统、AR3 型 370/300 毫米制导火箭系统、SR5 多管火箭发射系统……林林种种，火箭炮口径有 122、220、273、300、370 毫米等多种，火箭弹品种繁多得更是令人眼花缭乱，杀爆弹、杀爆燃烧弹、钢珠弹、子母弹、制导弹、布雷弹、云爆弹、训练弹……应有尽有，多达 11 种。火箭弹的射程有 15、18、20、32.5、40、50、70、80、130、220 公里不等，火力覆盖面很广。

WS－2D 多管远程火箭炮

刚拿到该新产品样本时，颇有些令我陌生，猛一看到 AR3 型 370 毫米/300 毫米 多管制导火箭炮和 SR5 型 122 毫米/220 毫米多管火箭炮，离开科研战线很久的我弄不明白 370/300 与 122/220 是什么意思。仔细一看，原来是同一个武器平台可以发射两种不同口径的火箭弹。有了这样的设计理念，加上运输包装箱与发射定向器的统一，定向器可以实施整体吊装，在这些平台上，发射其他国家的野战火箭的可能性绝不再是梦想。

在中国除了兵器工业以外，航天工业的远程火箭也异军突起，他们发挥运载火箭的技术优势，由远及近，也加入了多管远程火箭科研生产的行列。他们开发了两个系列，其中，A100 系列与国产 PHL－03 型 300 毫米 远程火箭炮相当，火箭弹弹径也是 300 毫米，弹重 840 公斤，射程 40－100 公里，发射管数量比 PHL－03 减少了两根，10 根，已经成功出口。另一个系列是卫士系列，包括 WS－1、WS－1B 与 WS－2，是中国口径最大，射程最远的多管火箭炮，口径 400 毫米，最大射程 400

公斤上下，6 联装储运发射箱，轮式运载车，战斗部也多种多样。

我不知道世界上还有哪个国家能生产这么多品种的火箭？中国已经名副其实地成为生产火箭武器的世界兵工厂。

强国之路就在脚下

回顾中国野战火箭半个世纪的发展，从一张白纸开始创业，先自学成才，后来不失时机地引进国外的先进技术，消化吸收再创新，实现了赶超，登上了世界野战火箭技术的高峰，成为当今世界的野战火箭技术的大国强国，成就辉煌。中国野战火箭走的是一条求真务实的中国式的科学发展道路，它的特点是：

第一，坚决贯彻自力更生的方针，自己能干的，坚决自己干。一开始在没有外援的情况下，我们就决定走自己的路，选择了即不同于苏联，也不同于西方，完全是中国自己的口径序列，即 107、130、180、273 毫米火箭序列，这是中国第一个自己的口径序列，也许它不很完善，但是有了它，工作就有了方向。历史证明这是非常正确的选择，而且这些项目都搞成了，虽然水平不一定高，但解决了部队的有无问题，而且，通过这些项目的研制，培养了队伍，积累了经验和教训，提高了设计水平，大大增强了我们自主发展的自信心。我国自主开发的 107、130 毫米火箭战术技术指标比较符合中国的国情，能在大跃进时期抵制狂热与浮躁，不追求不切实际的高指标，脚踏实地、步步为营，稳步前进，从而取得了成功，非常难能可贵。

第二，贯彻独立自主、自力更生的方针并不排斥借鉴国外的先进技术，恰恰相反，而是应该善于学习一切先进技术为我所用，只要是适合我国的，对增强部队战斗力有利的，对兵器技术发展有利的，就不失时机地引进。中国的野战火箭并没有拘泥于已经形成的自己的口径序列。而是与时俱进，从实际出发适时调整，该修改的修改，该放弃的果断放弃。当引进俄罗斯的 122 毫米与 300 毫米火箭有了机会时，就毅然决然地放弃了原来的 180 毫米与 273 毫米火箭，形成了中外融合的 107、130、122、300 毫米的口径新序列。

第三，对于引进的新技术，必须坚持“一学、二改、三创”的方针，这是自力更生方针在引进工作中的具体体现。180 与 273 毫米火箭并没有白干，正因为在这些项目上下了一番苦功夫，做过了一番功课，所以引进的技术在中国才有了蓬勃发展的肥沃土壤，才能使引进的 122 毫米与 300 毫米火箭的技术，很快变成了我们自己的东西，才有了后来自主创新的基础。

第四，要成为野战火箭技术的大国强国，自主创新是根本。远程火箭增程的实践告诉我们，趴在巨人的肩上成不了巨人，只有站在巨人肩上才能比巨人高。实现超越，必须敢于走前人没有走过的路，敢于挑战前人没有走通的路，不但要能人之所能，更要能人之不能。

第五，我国野战火箭发展得如此红红火火，外贸工作的贡献功不可没。是外贸使 107 毫米火箭名扬海外，是外贸率先把 C^4ISR 的信息化现代化系统移植到了野战火箭领域，是外贸为 273 毫米火箭在海外找到了用武之地，是外贸大大拓宽了野战火箭的发展空间，它是兵器工业迈入战术导弹领域的敲门砖。实践证明，只有充分利用好国内外两个市场与两种资源，实现国内科研与外贸科研互相借鉴、互相促进的良性互动，才能使野战火箭技术的蛋糕越做越大，越做越强，这也是中国野战火箭发展道路的又一大特色。

八、双 35 高炮引进背后的故事

【记者】：20 世纪 70 年代末至 80 年代末，是中国与西方的蜜月期。西方国家在对华军售上比较宽松。我军及相关部委抓紧时机，引进了一批先进的武器装备和生产线，对提高我军的装备水平有了较大的促进。蔡寅生老先生当年就曾参加了这样的工作，下面就让我们聆听蔡老的回忆吧……

1987 年 12 月初，我随双管 35 毫米高射炮（以下简称“双 35 高炮”）技术引进代表团来到了地处北欧、山川秀美、人杰地灵的瑞士。波光粼粼的日内瓦湖与白雪皑皑的阿尔卑斯山，给我留下了深刻印象。这是我第一次访问瑞士，第一次涉足军品进口业务，一切都很新鲜。经过周密的考察、艰苦的谈判，在圣诞节前正式签约。为此，总参装备部曹刚川副部长与国家机械委唐仲文副主任专程赶到了瑞士。

瑞士人热情好客，康特拉夫斯公司特地为我们中国代表团举办了圣诞晚会，使我们在异国他乡度过了一个欢快而温馨的平安夜。

代表团的成员来自方方面面，有总参、总后的军官，有来自炮、弹、引信、雷达、指挥仪等厂所的技术人员和领导，还有机关工作人员，十几个部门，几十个单位，大家欢聚一堂，频频举杯，庆祝引进谈判成功。临别前大家都在圣诞树前合影留念。曹刚川、唐仲文同志也与我们一起共度平安夜。

军民共建双 35

早在 20 世纪 70 年代末，日本一位退役的炮兵专家来华访问。他热情介绍了世界各国高炮发展情况，而对瑞士双 35 高炮及防空卫士他情有独钟，从而引起了兵器工业部领导和业内人士的重视。之后，北方公司与瑞士之间你来我往，频繁接触，并在我国进行了双 35 高炮和防空卫士火控系统的实弹射击表演，取得了良好的效果，给我国火炮专家和炮兵部队留下了很好的印象。双 35 高炮的引进，得到了总参装备部的大力支持。为了促成该项技术的引进，减轻兵器部经济方面的负担，装备部同意与兵器部军民共建，联合引进双 35 高炮。军方负责购买硬件，即高炮、弹药、雷达、指挥仪及训练器材并在部队试装。兵器工业部只负责购买设计制造技术和生产用的关键设备及相关的原材料。这种军方和工业部门联合引进武器装备的方案，很快获得批准。引进后经过 10 多年的努力，国产化的双 35 高炮系统才得以定型，并于 1999 年国庆节参加了 50 周年阅兵。后来，又以此为基础，研制成功了双管 35 毫米自行高炮。

国产双管 35 毫米自行高炮

双 35 高炮无论在当时还是现在，都称得上是世界一流的低空防空武器系统。具有“三高一快”的特点。

1. 初速高。与世界各国口径相近的高炮比，双 35 高炮的初速是最高的。该炮实现高初速的主要措施是：采用加大装药量且经过钝感工艺处理的发射药。这种特殊发射药可提高平均膛压，但又不致使最大膛压和温度过高，这样有利于提高身管的寿命和强度。

2. 射速高。双35高炮的理论射速为550±60发/分（单管），这与世界上其他口径相近的高炮相比是最快的。

3. 双35高炮反应速度快。牵引型双35高炮采用液压驱动自动调平装置。该炮由行军状态转为战斗状态的时间不大于1.5分钟。

4. 射击精度高。双35高炮单管单发1000米射距立靶射击密集度为：高低和方向散布不大于0.5密位。双管连发200米和1000米立靶密集度为：高低和方向散布不大于1密位（密位是角度的单位，即360度=6000密位（俄制）；又360度=6400密位（法制）我国采用俄制）。

双35高炮还有独特的炮口测速装置，可实时测出弹丸的初速。火炮每发射4发（单管）即可求出平均初速值。通过火控计算机可以适时修正由于弹丸初速变化引起的射击偏差。有了该装置，即使由于季节变化，地理位置和气温等环境的影响及身管磨损而使初速度变化时，火炮的射击精度也能得到保证。

难得的学习机会

我与双35高炮的缘分也就源于此次瑞士之行，虽然时间不长，但给我的印象很深。它使我长了不少见识，学到了不少东西，至今回想起来，仍感到获益不浅。虽然我在商务组没有多少事可做，但我也没有在美丽的瑞士虚度时光。我还是念念不忘我所熟悉的科技事业，抓住这难得的机会努力学习，学习双35高炮系统的知识，学习瑞士先进的东西。

首先，我利用刚到瑞士的空闲时间，通读了双35高炮系统合同的英文文本，学习了合同文本的结构，了解了武器系统的全面知识，提高了英语阅读水平。与此同时，我还发现了合同文本中的一些差错。当我们向瑞方提出时，绝大部分意见都被他们采纳。

参观也是很好的学习，每次参观我从不放弃，而且的确从瑞士人那里学到了许多。瑞士人对技术的精益求精，对工作的认真负责，待人接物的文明礼貌都给我留下了很好的印象。这使我明白了为什么一个资源匮乏的弹丸小国能够自立于世界民族之林，保持强劲的发展势头。下面仅举几个小小的例子。

厄利空公司是双 35 高炮与弹药的生产厂，这是个世界知名的机床公司，它的伞齿轮加工机床闻名于世。在双 35 高炮弹体生产线上我看到的生产文明化的程度使我惊讶。工序间转送弹体的器具设计得那样精制合理，每个塑料周转箱中放置着冲有若干圆孔的隔板，加工后的弹体立于其中，完全没有磕碰的可能。机加工完成后，每个弹体外表还要套上一个塑料保护套。联想到我在国内参观一个猎枪生产工厂，看到的情况反差实在太大了。一些表面质量要求很高的工件，无论是烤漆后的枪托，还是电镀或发蓝后的金属件，统统散装在一些竹制的箩筐中，其表面质量可想而知。

国产双 35 高炮参加 50 周年阅兵

另外一个小例子也使我十分感慨。在康特拉夫斯公司的振动试验台上正在做一个电子箱的振动试验。工作人员介绍说，试验的目的，一是测出它的自振频率，二是进行振动破坏试验，找出结构上的薄弱环节，以便进行加固。一个部件的工作做得如此精细，与我们科研工作中的“画、加、打”（画图、加工、打炮，这是一种粗放的工作模式）形成了极为鲜明的对照。

在康特拉夫斯公司我们参观了他们的档案资料室。这是一个现代化的档案室，自动化水平相当高。每张图纸都被缩微在一张 35 毫米胶片上，每张胶片制成一个个开窗卡片并编上代码储存起来，可以用计算机检索，可以在阅读机上阅读，也可以还原成所需的图纸，曝光、放大、冲洗以及图纸的折叠装订都由机器自动完成。一般地说，公司的档案室是不对外开放的，而康特拉夫斯公司让我们参观了，其实是另有目的的。按合同规定，瑞方应向我们提供若干套图纸。可是印制图纸工作量很大，运输费用也很高，不但成本高，且移交时清点核对都很费时，瑞士人是很精明的，他们不想提供纸质图纸资料，而想送我们一套缩微胶片及相关设备。兵科院负责双35高炮引进的谭有江同志找我商量。对于我部引进项目的图纸资料管理问题我早有看法。过去，国家花钱引进技术，引进的资料则由引进单位接收和保管，从而变成了单位所有，不能实现资源共享，影响了引进技术更充分地发挥作用。因此我早就有改变此种管理办法的念头。其次，这一套先进的档案管理办法与当时还比较先进的设备对我也很有吸引力。于是就决定同意瑞方的建议，缩微胶片与设备统统由兵器工业档案馆接收，然后由他们复制发放给有关单位，既提高了档案管理的现代化水平，又克服了单位垄断技术的弊病。这次小小的改革应该说收到了一举两得的效果。

回国之后，由于工作的变动，我为双35高炮做的工作就很少了。仅在1989年，我在机电部军工司工作期间，策划机械、电子工业分别为双35高炮召开了两个配套会议，为其国产化出了一点力。然而没有想到的是，14年后，在双35高炮申请部级科技进步奖的评审时，居然又能为双35高炮获奖助上了一臂之力。那是2001年6月，我应聘参加国防科工委组织的科研成果评审会，评选部级科技奖，我是评审成员之一，分在炮组，主审外贸155。双35高炮也在我们这个组评审，主审另有其人。但在评审过程中有人提出了一个疑问：既然双35高炮是引进的技术，并非自行研制，还评什么技术进步奖？而申报资料并没有正面回答这个问题。202所参加评审的同志对此也没有充分的思想准备，很难能解释清楚这个问题。于是，我回顾了引进过程，准备了一个提纲，作了简要发言，以见证人的身份把双35高炮的引进过程作了简单介绍，特别指出了双35高炮项目引进方式的特殊性，它是生产许可证转让，不是康特拉夫斯公司与厄利空公司所持有的生产技术全部转让，但市场采购的配套产品的制造技术、火炸药与火工品以及较先进的KU波段雷达等都不在转让范围，都需要我们自行研制。此外，生产许可证转让也不是全套生产线的引进，而是只引进部分关键设备，因此，它不是简单的“照猫画虎”，生产工艺

双35高炮指挥控制系统

需要根据我们的生产设备条件进行改进，生产线需要自行补充许多设备与工装，所以，尽管是技术引进，但要在中国制造出合格的国产化双35高炮系统，还有大量的创造性的科研工作需要进行。经我如此解释后，双35高炮顺利地通过了小组评审，获得了国家科技进步二等奖。

意外的收获

1987年的瑞士之行，除了双35高炮引进谈判成功之外，还有一些计划外的收获，可算是“无心插柳柳成荫”吧。

“威美思”是瑞士的一家火炸药公司，为双35高炮配套发射药和炸药，坐落在青山环抱之中，风景秀美。经康特拉夫斯公司介绍，我们参观了这个小而全的火炸药厂。虽然所有发射药与炸药都不转让，但接待公司还是很热情。在参观与介绍中，一个新产品引起了我的特别兴趣。他们介绍，该公司发明了一种叫零梯度发射药制造技术。什么叫零梯度？指的是他们生产的这种发射药的温度系数接近于零，也就是说，无论药温是50℃，还是－40℃，发射药的各种性能，特别是燃烧性能变化不大。温度高了膛压也不高，温度低了初速也不低。这正是火炮内弹道设计者所梦寐以求的事，特别对于坦克炮好处太大了。因为普通发射药，低温膛压低，初速也低，为了保证足够的穿甲威力，就必须提高低温膛压，而必然的后果就是高温膛压更高，势必要提高炮管强度，增加炮重，从而机动性降低。要在这些相互矛盾的参数中寻求平衡是件相当困难的工作。如果有了零梯度发射药，难题就迎刃而解：一方面内弹道设计可以大大简化，另一方面，对于现有火炮来讲，同样的火炮强度，等于提高了初速，提高了威力。反之，同初速同威力条件下，火炮可以减轻重量，意义之大，可想而知。

开始我将信将疑，因此则故意说高温高膛压高初速，低温低膛压低初速天经地义，怎么可能高低常温膛压都一样呢？对方一再解释，最后拿出了样本，一本采用了零梯度发射药的105毫米坦克炮穿甲弹的样本，我不得不信了。当我追问凭什么能把温度系数做得如此之低时，他们却守口如瓶。

回到国内，正赶上兵器工业部在北京召开1988年预研工作会议，在会上我介绍了瑞士之行的心得体会，重点介绍了零梯度发射药这项新技术，介绍的后果大大出乎我之所料。会后化工处杨红梅处长告诉我，南京理工大学早就提出过此课题的申请，但迟迟立不了项，那时对它的可行性心中无数。经我一介绍，说明这道命题的解客观上是存在的，从而打消了疑虑，立项问题迎刃而解。

在王泽山教授的领导下，南京理工大学的教授们与辽宁向东化工厂一起，不负众望，经过了几年的努力，一举攻下了这一难题，获得成功。装药技术及“低温度系数（零梯度）发射药制造工艺”项目，荣获1996年度国家发明奖的最高奖项一等奖，这是兵器工业历史上唯一的一个一等发明奖。后来批量投入生产并出口国外，王泽山同志也光荣当选中国工程院院士。

后来兵器工业集团公司化工部科研处杨红梅处长见到我还念念不忘此事，感谢我为他们提供了一条十分重要的信息，促成了一项高新技术的诞生。

2011年为纪念人民兵工创建80周年，国防科工局组织了兵工史上80件大事的评选，结果这么重要的一件大事被遗漏了，为此，我专门写了一篇博文《被遗漏的一等发明奖》，表示了我的遗憾。

丢了西瓜捡芝麻

在谈判期间，代表团还与瑞士探讨了其他技术引进事宜。唐仲文副主任到达瑞士之后，中间商安排了参观瑞士某坦克厂。北方公司当时正与该厂商谈引进他们的120毫米紧凑型坦克炮项目。

我对于引进西方坦克炮非常赞同，因为它是北约通用的坦克炮，技术战术性能先进。而当时国内正在研制的坦克炮，虽然口径完全一样，但内膛结构不同，弹药都不通用，外贸前途不大。而瑞士120毫米坦克炮的引进，可以为兵器工业的外贸出口增加一个很有竞争力的新品种，还可以借鉴西方先进技术，提高我国的技术水平。在此之前，北约105毫米 坦克炮的成功引进与成功外贸已经完全证实了这一点。

厂方的接待很热情，在第一天晚上的宴会上，我与坦克厂一位工程师进行了交谈。从他的口中得知，紧凑型坦克炮尚未定型，计划第二年春季作鉴定试验，瑞士国防军尚未决定装备，其他国家也还没有订购意向。

第二天上午，坦克厂向我们作技术介绍。我最关心的问题是紧凑型与制式炮究竟有什么不同？究竟紧凑在什么地方？主人介绍说，他们的主要措施是将炮管的外径由310毫米减薄到260毫米。这时我立即追问，炮管减薄后强度如何保证？炮管热容量降低后，炮管的烧蚀问题又怎么解决？他们这才透露采用了德国新研制的高强度炮钢和新的镀铬技术。中间商雷夫汉嗅觉真的很敏锐，休息时马上找我，说这家电镀厂就在苏黎士附近，美国造纸厂的大辊子就是在这里协作电镀的，想不想参观一下？我再次为瑞士人的精明所折服，能在蛛丝马迹中捕抓商机。

通过对坦克厂的参观访问，在我脑海中形成了几点印象：一是该型产品的技术是先进的，但还没有经过试验验证，也无第二家准备引进，风险太大；二是如果引进，没有电镀、高强度炮钢两项技术，紧凑型技术只能是纸上谈兵；三是引进的顺序应是电镀技术优先，因为它是军民两用技术，该型产品可以使用，国内其他火炮也可使用，民品同样可以使用；再次是高强度炮钢，可以提高我国高膛压炮的技术水平。我把这些想法向唐仲文副主任作了汇报，并建议他参观电镀厂，唐副主任采纳了这个建议，专程参观了苏黎士电镀厂，并开启了电镀技术的引进谈判。后来，由于种种原因，紧凑型坦克炮引进受阻，而半路“杀”出来的电镀技术却引进成功。20世纪90年代我到国内某炮厂出差时，专门参观了这条电镀生产线。厂里的同志告诉我，引进的电镀技术已经在生产中发挥了积极的作用。这个故事看似丢了西瓜，捡了芝麻。实际上这个西瓜丢得太对了，因为紧凑型的120毫米坦克炮最后也没有见到装备部队的报道。

【记者】：“他山之石，可以攻玉”，“自力更生为主，力争外援为辅”，历来是我国在军、民用技术发展方面的既定方针。听了蔡老的一番侃侃而谈，记者不由得感叹。改革开放以来，每年都有数量颇大的考察引进活动，但有多少能像蔡老他们的瑞士之行这样成功呢？但愿有关同志能看一下蔡老的成功考察，别把国家的宝贵外汇都送给航空公司和老外的宾馆饭店！

【国营127厂原厂长兼总工程师周燕生研究员为本文的采访提供了很大帮助，在此致谢！】

刊于2012年11期《兵器知识》口述历史：记者林儒生采访记录

九、大口径焊接钢药筒　真正的中国独创

《人民兵工创建80年80件事》之62

兵器工业的三次临战动员和我国首次工业动员演练

20世纪60年代，兵器工业先后三次进行兵器动员生产。第一次从1962年开始到1964年末，共在18个省市的55个动员厂，建设了57条动员生产线，可以生产14类、34种产品，主要是手榴弹和82毫米迫击炮弹等轻武器；第二次从1965年至1968年，为支援越南抗美斗争，又在15个省、市、自治区，以高射武器为主建成了43条动员生产线。第三次是1969年珍宝岛自卫反击战后，部署了以坦克和反坦克武器为中心的动员大会战。

1999年10月31日，在计委和国家经济动员办的组织下，兵器工业成功地完成了我国首次工业动员演练。

通过三次动员实施和动员演练有效地锻炼了兵器工业平战转换能力。

强军梦是中国梦的重要组成。现代化的武器装备则是强军的必要条件。只有中国由武器装备的制造大国变成了制造强国，强军梦与中国梦才能得以实现。所谓制造强国，就是有许多中国创造的武器装备出现于

世界舞台。下面我将介绍的大口径焊接钢药筒就是地道的中国创造。

从中越边境自卫反击战说起

1979年中越边境自卫反击战打响了，兵器工业立即投入了紧急战备生产，全力支援前线。一个月的反击战，以中国人民解放军的胜利而告终。

然而，在这一个月中，最紧张的就是大口径弹药的生产。特别是130毫米、152毫米口径的炮弹。由于库存有限，打到后来，大口径弹药成了紧缺资源。打一发130毫米或152毫米炮弹都得报“前指”批准。为此，国防工办经常开会，布置与检查大口径炮弹的紧急生产任务，我跟随来金烈部长多次出席这类会议。时任工办主任的洪学智将军坐镇海运仓总参招待所，他最关心的就是大弹，立下了军令状，要求兵器工业部限时完成大弹生产任务，支援前方。

其实，战争就是拼消耗、拼资源，而消耗最大的就是弹药，历次战争弹药能否充足供应都是战争胜负的关键。二战末期的1944年苏、美、德三国共生产炮弹近9亿发，可见消耗之大。造成了铜材极其短缺，弹药供应十分紧张。

大弹动员的瓶颈

和平时期，军工动员工作的主要任务，一是建立健全动员工作的法制建设；二是建设动员工作的队伍；三是组织与武器装备生产有关的战略资源的调查，摸清家底；四是制订动员预案，进行动员演练。1988－1990年，我在机电部军工司负责动员工作。曾经试着编制了一个动员预案，产品选的就是大口径炮弹。动员地点就选在重工业比较发达的辽沈地区。总装厂选在兵器工业的大弹厂，而弹体、引信、底火等配套产品分别安排在沈阳、鞍山等地的民用工厂，一切顺利，唯有引伸药筒找不到合适的工厂，成了预案工作的令人头疼的拦路虎，致使预案无法深入下去。

药筒制造的难点

药筒是一个长径比较大的容器，枪弹壳与炮弹壳出现后，一直都是用铜材引伸工艺制造的，它的生产工艺大致是这样：铜熔炼后制成铜饼、冲盂、经过若干次引伸、热处理与表面处理、最后一次引伸前进行打凹，最后一次引伸后进行齐口、压底和收口，使药筒毛坯口部尺寸达到规定的要求，收口前先进行口部退火与表面处理，收口后还要第二次口部退火，消除残余应力，最后机加出成品，有的还要进行表面钝化处理。其中每引伸一次，就要加热一次，退火一次，酸洗一次，药筒越长，引伸次数越多。

引伸铜药筒的生产有以下几大难点：

1. 需要消耗大量优质铜材，而铜材是稀缺的战略资源。我国铜产量较低，依靠大量进口。供应紧张时，为了保证军工生产，国家颁布了部分民品禁用铜材的规定，就这样兵工厂有时还是停工待料。为此，弹药供应上采取了一筒配三弹的措施，即一个药筒要重复使用三次。抗美援朝期间，工厂就曾经增加了一项任务，将使用过的药筒回收进行修整后再次装药发往部队。

大弹厂的水压机群

2. 生产工序很多，周期很长。前前后后几十道工序。

3. 需要复杂的大型设备。熔铜需要熔铜炉，冲盂需要千吨级压力机，引伸需要400吨水压机、酸洗池、加热炉，压底需要4000吨精压机或5000吨级水压机，还有相应的高压气站和水泵房等，药筒口径越大，需要的设备吨位越高，相应的工具模具消耗也越大。建设药筒厂投资很大、周期很长。

4. 耗能大，排放量大。熔铜需要耗电，引伸、压底、打凹都需要加热，而退火、酸洗、表面处理等工序也大量地耗能耗汽。口径越大，引伸的次数越多，耗能耗汽越大，相应的废水废气排放也越多。

正是上述特点，严重制约了引伸铜药筒尤其是大口径药筒产能的扩大。

取代铜材的探索

金属药筒问世已经150年历史，长期是铜药筒的天下。面对资源的匮乏，20世纪50、60年前就开始了寻找代用材料取代铜药筒的探索。我国也加入了这一行列。其途径可分为两类，非金属药筒与引伸钢药筒。

非金属药筒又有三种途径，即可燃药筒、可消失药筒与塑料药筒，三者不同之处是，可燃药筒是由含能材料做成，发射时筒体参与燃烧做功。可消失药筒发射时完全汽化而消失，但不能增加炮口动能。带金属筒底的称半可燃与半可消失药筒，没有金属筒底的则称为全可燃与全可消失药筒。至于塑料药筒，只是用塑料取代了铜材，功能与金属药筒无大差别。

引伸钢（个别为铝）药筒是用深冲钢取代铜材，生产工艺与引伸铜药筒大同小异，由于钢的延展性比铜差，所以工艺更加复杂、引伸设备的吨位更高。除此之外，还有一种办法就是取消药筒，改用药包式装药。但是，药包式装药大大影响装填与发射速度，降低了火炮威力，所以只在155毫米以上口径炮弹采用。此外，还有过无壳弹药的探索，但未见成功的报道。

经过几十年的大浪淘沙，可燃与可消失等非金属药筒，虽也有个别成功，但是都没有得到广泛采用。我国20世纪70、80年代曾有几个工厂进行过探索，可燃药筒与可消失药筒都有过定型产品，但大都作为技术储备，只有少数半可燃药筒在坦克炮上得到了应用。唯有以钢代铜的工作取得了重大进展，枪弹壳早已被覆铜钢弹壳与深冲圆钢弹壳所取代，在中小口径炮弹上引伸钢药筒也基本上取代了铜药筒。但大口径的引伸钢药筒技术没有完全过关。即使已经过关的，除了节约了铜材之外，引伸工艺存在的固有缺陷并没有得以克服，相反制造难度却有所增加。况且，引伸用的钢材也是一种特种钢，生产能力也有一定限制。因此，目前还有一些炮上继续使用铜药筒。

中国登顶世界高峰

早在20世纪40年代，美国就率先研究焊接钢药筒，并在105毫米等无坐力炮弹上研制成功。法国与苏联也试探过焊接钢药筒，但是，他们都没有在高膛压的后膛炮上获得成功。美国冶金师H·迈库斯在总结了这一段历史时说："根据现有的资料来看，药筒焊接工艺是既不适用，也没有发展前途"。他接着说：实际上因为钢的深引伸技术得到圆满的解决，使得人们也就不再坚持继续这方面的研究工作了。[引自《钢药筒》邓嵩生译] 这说明，他们不是不想搞，而是没搞成。引伸钢药筒技术的成熟只不过是他们放弃焊接药筒的借口。

在中国，从1952年开始，也先后搞成了75毫米与105毫米无坐力炮的焊接钢药筒。1961年6月，国家计委国防局主持召开的弹药技术动员准备会议上，就提出了用钢质材料代替铜材，用卷制法生产钢质药筒即焊接药筒的提议。1966年五机部在王立副部长的领导下，开始探索在后膛炮上采用焊接钢药筒的路子，并在5个药筒厂安排了5种不同品种焊接钢药筒的研制，五机部的文件中明确指出："发展焊接钢药筒是一项具有十分重要的经济意义和战略意义的工作"。1966年4月第一发手工焊接的85毫米加农炮钢药筒在利民厂打响，1970年通过国家鉴定，中国乃至世界上第一个后膛炮所用的焊接钢药筒宣告诞生，1978年12月世界上第一条焊接钢药筒生产线建成。1991年第一条军民两用的焊接药筒动员线建成。半个世纪以来，我国先后研制了85毫米加农炮、85毫米坦克炮、72式85毫米高炮、100毫米高射炮、100毫米坦克炮、122毫米榴弹炮、76毫米舰炮、100毫米舰炮、100毫米炮射导弹、100

毫米坦克炮炮射导弹、152 毫米加榴炮、新 152 毫米加农炮以及国产 155 毫米自行加榴炮的焊接钢药筒。口径从 76 毫米 – 155 毫米，覆盖了加农炮、榴弹炮、坦克炮、高射炮、舰炮用弹。2013 年又在国外建成了一条焊接药筒生产线。

新 152 毫米加农炮是中国自行设计的射程最远的火炮，三下四上研制周期长达 27 年，其中难题之一就是这个中国最长、容积最大、膛压最高的药筒难产，引伸工艺生产出的铜药筒达不到技术要求，而药包装药也遇上了困难。后来采用了焊接钢药筒取得了成功，新 152 毫米加农炮于 1983 年外贸设计定型、大批量出口。1986 年国内设计定型，荣获国家科技进步一等奖。焊接钢药筒在 152 毫米加农炮上的应用，使世界上最长的（961 毫米）焊接钢药筒得以诞生。有了新 152 加焊接药筒的成功，当国产 PLZ05 型 155 毫米自行加榴炮研制时，便放弃了引进 155 毫米加榴炮药包装药的成熟技术，而用上了焊接钢药筒，使自行炮实现了任意角装填和抛壳自动化，缩短了装填时间，大大提高了战斗射速，并改写了世界上 155 毫米以上口径火炮不使用药筒的历史。该药筒膛压高达 450 兆帕（铜球测压），属世界焊接钢药筒的最高水平。此外该厂又为引进法国的 100 毫米舰炮和引进俄罗斯的 76 毫米舰炮，用焊接钢药筒取代了原来的引伸钢药筒……。从而利民厂也成为世界上设计生产药筒品种最多，产能最大的焊接钢药筒。

大口径焊接钢药筒是土生土长的中国创造，具有完全的自主知识产权。至今，世界上能够设计与制造焊接钢药筒的国家只此一家别无分店。它表明中国已经登上了世界药筒技术的最高峰。这是中国人对世界药筒制造技术发展所做出的重大贡献。

焊接钢药筒的优点

焊接钢药筒的突出优点是：

1. 材料使用大路货的普通中低碳钢，不但取代了铜材，而且取代了深冲钢，成本更低廉，一般钢厂都能生产。

2. 焊接钢药筒的生产工艺简单，药筒由两个部件组成：筒底与筒身。筒底只需模锻后进行机加和热处理。筒身制造过程是：板材下料卷焊成筒，切成标准筒长，再与筒底环焊、机加即成，最后进行表面处理和包装，工艺线路与生产周期大大缩短，功效大大提高。

3. 焊接钢药筒需要的设备是3吨模锻锤、正火炉、剪板机、直缝焊机与环逢焊机、中频加热设备、普通车床等，无特殊重大设备。工艺设备投资和厂房面积仅为引伸工艺的几分之一，且建设周期很短。此外，焊接技术又是民用企业大量采用的技术，战时动员起来相当方便。

4. 低耗能、低排放、低成本。它的电耗、煤耗、油耗、汽耗、工模具消耗都比引伸工艺大大降低。人力也相应减少很多，因此成本大大降低。

5. 焊接钢药筒生产线柔性强，既适合大批量生产，又适合多品种小批量生产，既能生产军品，又能生产民品。是典型的军民深度融合，真正的寓军于民。

综上所述，焊接钢药筒是一种资源节约型、能源低耗型、低碳环保型、军民融合型的绿色技术。容易实施平战转换，迅速地形成新的生产能力，具有重大的战略意义。

总结几十年的生产与使用实践，焊接钢药筒与引伸药筒包括引伸铜药筒和引伸钢药筒相比，在使用方面概括起来有以下几个明显的优点：

1. 焊接药筒的壁厚只决定于钢板的厚度公差，与模具磨损无关，因此，药室容积公差小，内弹道性能一致性强于引伸药筒。

2. 焊接钢药筒没有引伸药筒引伸时产生的那么多残余应力，不会有应力自裂现象。

3. 焊接钢药筒分成两截后，增加了设计退壳性能的可调节因素，更容易实现引伸药筒难以做到的强度分区，加上采取中频感应热处理后，可以做到正间隙退壳，从而使原来法定的不退壳率≤5%的指标大大突破，有望实现不退壳率为零的目标。因此，焊接钢药筒的退壳性能明显强于引伸药筒，可以提高火炮的持续作战能力。

4. 防腐包装性能符合军标要求。他们曾经将一批储存在土窑洞长达20年，已经废弃的新85毫米高射炮的药筒，进行了一次射击试验，这批药筒外包装木笼已经破损、药筒的包装纸也已腐烂，但其射击结果出人意料，百分之百发火，发发顺利退壳，且无一发在储存中出现开裂。后来他们采用了新的防腐措施，储存15年后药筒外观完好无损。

由此可见，焊接钢药筒不但在制造与成本方面有明显的优势，而且使用性能也大有提高。

在焊机上直焊筒体

药筒动员中心的建立

当大弹动员预案工作遇到了难题无法深入时，才想起了焊接钢药筒。我们与弹药局的同事们一起到利民机械厂（以下简称“利民厂”）调研，如获至宝，为发现了焊接钢药筒技术，找到了解决药筒动员的途径而兴奋不已。1989年，机电部军工司专门组织了一次焊接钢药筒技术汇报会，邀请计委、国防科工委、总参、总后、海军、炮兵、装甲兵、兵器工业总公司等有关单位参加，计委国防司曹世新司长、陈德弟副司长，中国兵器工业总公司张俊九副总经理亲临会议。

会上，利民厂刘纯郴总工程师（焊接钢药筒的总设计师）和王保东副厂长详细介绍了焊接钢药筒在舰炮、坦克炮、高炮、加农炮、加榴炮上使用的成果，特别介绍了85毫米高炮钢药筒榴弹洞库储存20年后射击试验100%发火的结果。使人们大开眼界，对焊接钢药筒的诸多疑虑得以解除，与会者一致认为：焊接钢药筒可以替代引伸钢药筒和铜药筒。曹司长当场表态，列入下一年度的国家动员计划，拨款1500万元，建设一条军民通用的焊接钢药筒动员试制线。为解决大口径炮弹战时动员找到了一条新路。第二年，利民厂的焊接药筒生产线开始建设，这条军民结合的生产线，既能生产焊接钢药筒，又能生产摩托车消音器。生产线的建成，不但使新技术转化成了实际的生产力，取得了很好的经济效益和国防效益，而且使焊接药筒技术进一步完善和发展，迈上了新台阶。

1998 年 12 月经国家批准，利民厂成立了我国第一个国家工业动员示范中心即焊接钢药筒动员中心。兵器工业总公司的领导王德臣、曹德生，计委国防司领导曹世新与陈德弟等出席了动员中心成立大会。1999 年 10 月 31 日，国家计委和国家经济动员办公室在该动员中心完成了中国首次工业动员演练。

动员中心成立大会合影，前排左 4 王德臣、左 6 曹世新、左 8 曹德生、左 5 陈德弟、左 1 马大为

焊接药筒技术的墙外开花

在我国与俄罗斯合作开发 300 毫米远程火箭“旋风”的过程中，俄方不转让火箭炮武器系统的制造技术，使长 7 米、粗约 300 毫米、带两根螺旋导向槽的发射管（即定向器）的制造成了远火项目的一大难题，

国内有关钢管厂和炮厂为此花了不少试制费，技术总不过关。刘纯郴同志曾经参加过一次火箭炮系统方案审查会，看到了发射管的实物，了解了它的参数。看出了其中的门道，他明白了其中的技术关键在于薄壁管件的焊接与保证高质量焊缝的中频回火技术、焊缝的辊压技术、螺旋槽的成型技术、成品管的校直技术以及异型管的校圆技术。焊接药筒实际上也就是类似的薄壁焊接管件，老刘他们已经在长期研制过程中积累了丰富经验，对完成火箭炮发射管任务充满了信心。利民厂再次跨界出击，主动请缨，他们先试制出了一节发射管样品，背着它找到兵科院负责该项目的马大为副院长，此事感动了马院长，给了试制费，他们就成功地制造出了性能优于俄罗斯的发射管毛坯，既解决了远程火箭炮的燃眉之急，也拓宽了焊接技术的应用范围，同时还为利民厂开辟了另一条谋生之路。有了“远火”发射管的成功经验，他们又承揽了航天工业的A100远程火箭项目发射管组的总体任务，成套地为他们提供了火箭发射管组件。他们发明创造的导向槽成型技术、焊接异型管的校圆校直技术等，获得了发明专利，技术领先于世界。利民厂为我国远程火箭武器的发展和出口再立新功。这是药筒焊接技术在墙外绽开出的一朵绚丽的红花。为火箭炮发射管制造开辟了一条更加经济的道路。

A100远程火箭炮发射管总成

利民厂金蝉脱壳的奥秘

说了半天利民厂与焊接药筒，人们不禁要问，利民厂究竟原来是干什么的厂子？为什么世界上没有搞成的焊接钢药筒，唯有他们搞成了而且搞得如此红红火火？他们成功的秘笈何在？

300 毫米远程火箭炮发射管坯件

其实利民厂并不是药筒生产厂，而是一个不生产药筒的炮弹与火箭弹的总装厂，相当于从一个炮弹火箭弹厂分离出来的总装车间。这种两个利益中心的专业化分工，是一个极不稳定的经济结构。总装厂靠着他人的技术吃饭，本身的工业增加值不多，这正是利民厂生存发展的危机所在。尽管当初五机部安排的焊接药筒5个研制点中并没有利民厂，但是，他们在四清工作队领导、太原地区总代表胥金城的建议下，1966年自筹资金搞起了焊接药筒，并参加了为王立副部长表演的打靶试验，得到了王部长的首肯，终于成了焊接药筒研制队伍中的“5+1”。可谁也没有想到，他们竟后来居上，成了焊接药筒的老大。当他们率先研制成功85毫米加农炮焊接药筒时，王立副部长感叹地说：药筒厂没有搞成，总装厂却搞成了，很奇怪。后来的实践证明，该厂的这一决策十分正确及时，果然，在军品能力调整时，他们的总装任务被全部撤销，如果利民厂当初没有占领焊接药筒这块阵地的话，那么，他们今天在军品领域里也许就无立足之地了。危机意识、为生存而战，动力无比，这就是利民厂成功的第一秘笈。

第二个秘笈是在他们有一支特别能战斗的科技队伍，这支队伍热爱兵工，热爱药筒专业，视厂如命，把一生无私地奉献给药筒事业。在这个队伍中有像刘纯郴这样的学术带头人和复合型人才。他们既懂得药筒又熟悉焊接和金相热处理，既会动脑又能动手，既会设计产品，又会设计工艺设备和工装。焊接药筒是一项多学科、综合性的应用技术，没有这样的复合型人才，很难取得如此重大的成就。

第三，他们敢于走前人没有走过的路，敢闯禁区，敢于挑战别人认为不可能的事。他们既有严谨的科学态度，又有科学的工作方法。他们善于总结经验教训，把经验上升为理论。刻苦钻研出了一整套新的与引伸药筒不一样的设计原理与方法，摸索出了一套行之有效的制造工艺。他们创建了药筒的力学模型、建立了退壳性能判据和重要参数的计算公式，在设计阶段他们就能预估射击后退壳时炮膛与药筒之间的间隙。为了建立一个公式，刘纯郴自学计算机、自编程序，计算机昼夜不停地处理数据，足足花了一年多时间。这套设计方法的建立，使药筒设计从过去的“画加打”，主要凭经验设计、靠打炮验证的自然王国，慢慢上升到主要靠理论指导、靠设计计算，加上抽壳力测定器（他们自己发明的）测试，辅以打炮验证的自由王国阶段。设计成功率大大提高、弹药消耗大大减少。如果说过去药筒是打炮打出来的话，那么现在可以说主要是设计出来的。这套设计理论与方法，深化了人们对药筒设计的认识，把世界的药筒设计理论推上了新水平。

在制造技术方面他们也有突破，突破了低碳钢不能进行热处理强化、管型焊件不能热处理的框框，他们的中频快速、连续加热、连续冷却、淬火自回火、回火屈氏体强化新工艺，能够把低碳钢焊件处理到抗拉强度1400兆帕、伸长率8%以上的高水平。

在这套设计方法与制造工艺的指导下，他们厂基本上每年能定型一种焊接药筒，且多数是一次成功。1987年，当兄弟厂外贸生产的D30－122毫米榴弹炮引伸钢药筒退壳性能出现问题时，他们勇挑重担，主动请缨，实现了“六当年”的奇迹，即当年设计研制、当年工厂鉴定、当年设计定型、当年生产技术准备、当年生产定型和当年批量生产3万发外贸产品。其中所有试验均一次成功（含产品要求复装射击两次不裂退壳）。这不但证明了他们的设计方法的科学性与可行性，同时也充分体现出焊接药筒设计周期短、研制周期短、生产技术准备快、生产效率高的突出优点，这样的高速度高效率令引伸药筒望尘莫及。“六当年”也成了古今中外药筒发展史上永远的经典。

如今的利民厂已经完全撤销了炮弹、火箭弹的总装任务，摇身一变为全国品种最多、产量最大的药筒厂，成为世界上唯一的焊接药筒厂，成为火箭炮发射管以及集发射、包装、运输为一体的箱式发射架的生产基地。一个很可能从保军名单中除名的企业，如今变成了保军的重点企业，全国为数不多的军民融合型的工业动员示范中心。

是药筒焊接技术改写了利民厂的历史，改变了利民厂的命运，成就了利民厂的辉煌。

是药筒焊接技术改写了世界药筒发展的历史，使中国登上了该项技术的世界顶峰，这是中国兵工对于世界弹药发展做出的重大贡献。

刘纯郴（中）史步青（左）与A100火箭炮合影

人们的殷切期盼

铜药筒在枪炮弹药的发展史上曾经做出过巨大贡献，功不可没。但是，也消耗了大量不可再生的稀缺资源。在产业转型、淘汰落后产能大潮汹涌澎湃的今天，在药筒领域里淘汰高耗能、高耗汽、高排放的落后的引伸工艺，应该提上日程了，把铜药筒请进历史博物馆也应该是时候了，让资源友好、环境友好的“绿色”药筒—焊接钢药筒全面取代大口径铜药筒和引伸钢药筒的时机也已经基本成熟。完成这项最后冲刺的历史任务，非中国莫属。

为了实现强军梦，为了落实军民融合的方针，为了准备打仗，做好战时药筒生产能力的储备，为了让中国独创的世界领先的高新技术继续发扬光大，把焊接钢药筒及其相关的焊接技术做大做强，应该是一项重要的战略选项。

在博物馆里见吧铜药筒！我们期盼着这一天早日到来。

载于《兵器知识》2015年第2期

第 三 章

铁 马 奔 腾

一、第一辆中型坦克诞生记

《人民兵工创建80年80件事》之26

我国制式化国产化装备亮相于国庆10周年阅兵

1959年国庆10周年阅兵，是建国以来最具历史意义的一次阅兵。参加阅兵的装备不仅有步枪、机枪、冲锋枪，迫击炮等轻型装备，而且一批重型装备59式中型坦克、59式100毫米高射炮、59式130毫米和152毫米加农炮等也悉数亮相。这次阅兵展示了建国10年国防建设尤其是兵工建设取得的辉煌成就，宣告了陆军制式化、国产化任务圆满完成，表明我军装备水平与世界先进水平的差距已大大缩短。

坦克号称陆战之王，它集火力、防护、机动于一体，像一座活动的碉堡，在战场上叱咤风云，势不可当。它是机械化陆军和现代战争不可或缺的主战装备，是国家军力强弱的重要标志之一。然而，解放前的旧中国没有坦克工业，不能制造坦克。共和国的坦克工业在一张白纸上开始了新的征程。

1950年9月，装甲兵接受了北京长辛店铁路南厂制配厂，建立了新中国第一个装甲车辆修理厂。1950年底，东北人民政府将吉林省第一机械厂与暖气材料厂合并，改成坦克修理厂。1951年7月经重工业部批准组建了哈尔滨坦克修理厂，并合并了三棵树铁路工厂。这三个厂主要修理苏式 T-34 坦克和发动机，后来经过技术改造，才逐步增加了坦克和发动机另部件的制造能力。这就是建国初期我国坦克行业的全部家当。

1952 年 5 月在重工业部汽车工业筹备组内设立了第一处，它就是坦克工业的第一个管理机构。1952 年 8 月，二机部成立后，设立了第六局，主管坦克工业。

新厂拔地而起

在苏联援助中国建设的 156 项工程中，兵工厂占有 21 个，坦克厂、炮厂和坦克发动机厂就是其中的三个大型的现代化兵工厂。

坦克厂、炮厂与发动机厂的生产设施，全部由苏联国家第一设计院负责设计，约占总设计工作量的 70%。苏方负责提供厂房设计，提供关键设备，提供产品图纸与生产工艺，并负责施工监督，指导设备安装调试与试制生产。为此，苏方派出了 62 名专家来华，同时又接收我国管理干部、技术人员和技术工人到苏联坦克厂对口培训，还帮助哈尔滨军事工程学院和北京工业学院建起了中国的车辆工程系，培养造就了一大批高级技术人才，后来都成了我国坦克行业的栋梁之才。因此，坦克、炮厂及发动机厂以及两个大学的坦克专业是中苏两国人民友谊的象征，两国人民智慧与辛劳的结晶。

上述三个厂分别于 1954 年 4 月至 9 月破土动工。1957 年 11 月，国家下达了建厂进度提前的决定，要求在 1959 年试制第一批国产中型坦克参加国庆 10 周年阅兵。为此，基建速度明显加快，发动机厂率先于 1958 年 12 月建成，炮厂于 1959 年基本建成，坦克厂也于 1960 年 6 月建成投产。在短短的三四年内建成了三座大型现代化工厂，速度快、质量高。

在建厂过程中，得到了党和国家领导人的热情关怀，周恩来、朱德、林伯渠、彭德怀、贺龙、罗荣桓、聂荣臻等中央领导先后到厂视察。地方政府抽调得力干部参加工厂建设，全国有关单位在人力物力等方面给予大力支持，在坦克工业系统内，老厂支援新厂蔚然成风，成套输送干部、技术人员和工人 1100 多名。因此，三个厂的高速建成也是全国大协作的产物。

这三颗塞外明珠多年来一直是兵器工业的中流砥柱，地位举足轻重。他们不但担负着研制生产中型坦克和火炮的任务，而且为其他工厂提供大型铸件锻件。中国所有中型坦克与主战坦克全都出自该坦克厂，包括69、79、80、85、96、99式。还有8×8轮式战车和重型卡车等，他们为我国坦克车辆事业和武器装备的发展做出了重大贡献。

坦克总装车间

柴油机缸体生产线

59式坦克的身世

抗美援朝战争期间，我国从苏联进口了一批T-34坦克。安装了85毫米坦克炮的T34/85坦克，是二次世界大战中苏联人最引以为豪的中型坦克，它火力强大、机动性能良好、坚固耐用，曾经给德军制造了“T-34危机”。

苏联援建的坦克厂原来也是按T-34设计的，后来改成了T-54，最后提供图纸时又改成了更为先进的T-54A，该型坦克在伏罗希洛夫坦克厂也只是刚刚投入了小批量生产。

T-54是从T-44发展而来，而T-44又是从T-34改进而来。T-54与T-34相比，最主要的改进是火炮口径由85毫米提高到了100毫米，威力大大提高。二是发动机由368千瓦提高到382千瓦，机动性显著增强。20世纪50年代中期出现的T-54A，重要的改进是火炮增加了高低向稳定器和动力驱动装置，且首次采用了抽烟装置。它与同年代装备的美国M48坦克相比，其车型低矮，100毫米坦克炮威力大于M48的90毫米火炮，其总体性能属世界前列，仅苏联、捷克、波兰三国T-54/55系列坦克的累计生产达5万辆，中国、罗马尼亚和南斯拉夫等国生产的还不在其中，因此，它是二次世界大战后，世界上产量最高、装备国家最多的坦克，曾装备50多个国家。

根据T-54A的产品图纸和工艺技术条件，我国生产的坦克被命名为59式中型坦克，战斗全重36吨，乘员4人，车载火力较强。主要武器是1门100毫米线膛炮，使用的弹种有：穿甲弹、破甲弹和榴弹。弹药基数为34发。火炮的最大射程为16000米，直射距离，使用穿甲弹时为1070米，使用破甲弹时为1000米。车体首上装甲厚100毫米，车体侧装甲厚80毫米，铸造炮塔前部装甲厚200毫米。它那矮小的外形，可以减少中弹面，加之炮塔具有良好的流线型，易产生跳弹，这样的防护能力，在当时的众多坦克中算是较强的。59式坦克曾经大量生产，是20世纪60、70年代我军的主战装备。

59式坦克的底盘也是中国国产基型底盘中最早且很重要的一代基型底盘，在此底盘上，先后发展出59-1、59-2、59-2A以及多种59改中型坦克和指挥坦克，并相继发展了扫雷坦克、64 式重型牵引车、64 式中型坦克牵引车、73 式中型坦克抢救牵引车等。59 系列的坦克及其变型车辆也是我国历史上产量最多的车族，先后出口过许多国家。

1958 年 8 月 1 日，第一台国产 B2 柴油机出世

10 周年阅兵的任务十分光荣，这是中国兵工人梦寐以求的共同心愿，但是，基建尚未完工，一边基建，一边试制新型坦克，对于中国坦克工业来讲，确是一次严峻的挑战。

发动机是坦克的心脏。制造坦克，发动机先行。

59 式中型坦克采用 B2－54A 发动机，B2 系列发动机是苏联 20 世纪 40－70 年代，从 T－34 到 T－72 中型坦克采用的唯一动力。在坦克动力装置汽油机占统治地位的时代，B2 独树一帜，开创了坦克动力的柴油机时代，柴油机与汽油机相比，热效率高，燃油消耗率低，安全性好，可靠性高。后来，西方国家也不得不效法苏联，逐步用柴油机取代了汽油机。再后来，虽然又遭遇过燃气轮机的挑战，但也没有撼动柴油机的统治地位，至今世界上坦克动力仍然由柴油机挑大梁。

B2 系列发动机之所以能统治苏军装备几十年，能在世界坦克动力领域独领风骚几十年，使它不但是苏联而且是世界上产量最高、装备国家最多的发动机，还有一个重要原因，那就是它始终严格遵循着武器设计的几大基本准则：性能优越、结构简单、操作简便、可靠性高和便于大量生产。B2 发动机虽然现在已经不再是最先进的发动机了，但是它开创了坦克动力的新时代，对坦克车辆发展的贡献功不可没，我认为应该授予 B2 系列发动机以“功勋发动机”的光荣称号。

我国 59 式坦克使用的发动机为 12150L 高速柴油机，4 冲程、12 缸、水冷，缸径 150 毫米，功率 382 千瓦。在此基础上，先后开发了几十种不同型号的机种，功率覆盖范围 300 千瓦－537 千瓦，是我国中型坦克、轻型坦克、水陆坦克、多种自行火炮、火炮牵引车、抢救牵引车、军用推土机的动力，同时还是登陆艇、巡逻艇、缉私艇、消防艇、气垫船的动力。它为我国国防建设与经济建设做出了重大贡献。

1958 年 1 月，基建尚未完工的发动机厂，开始了 B2－54A 中型坦克

发动机试制工作。车间成立了试制委员会，工段成立了试制小组，各级均制定了零备件试制进度计划。

1月27日，首批零件投入试制。

3月中旬，关键件——曲轴试制成功。

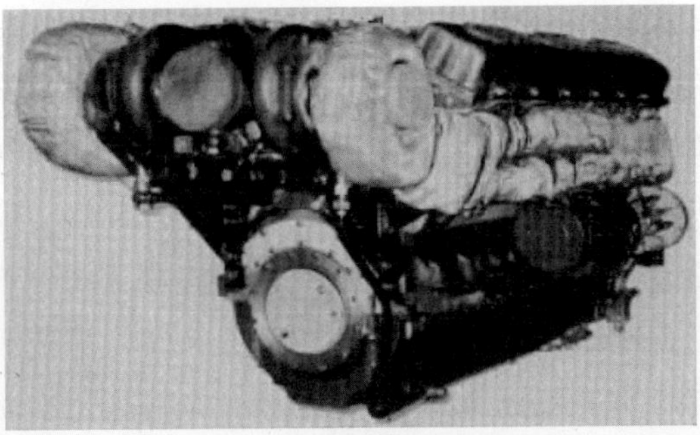

4月，喷油泵外体等12件毛坯铸造成功，接着，伞齿轮、喷油泵凸轮轴、副连杆、连杆盖等关键件试制成功。

5月初，工厂发出“大战五六七，八一把礼献”的号召，全厂发动，大搞技术革新，提出合理化建议15000条，解决关键技术问题330多个。改变活塞加工方法，合并工序，大大提高了生产效率。油泵芯子改在磨头上磨棱，效率提高30倍。还在苏联专家指导下试制成功12种高精度标准齿轮，改装了514插齿机，保证了零部件的试制。

5月15日，喷油泵总成试制成功。

5月下旬，500多项零备件投入试制。

6月底，全部零部件试制完成。

7月3日，总装完毕。

7月26日完成了250摩托小时的保险期试验，经分解鉴定，完全符合技术条件要求。

1958年8月1日建军节，中国制造的第一台B2—54A中型坦克发动机诞生。

1959年6月，30多台阅兵用发动机运抵坦克厂。

1958年12月25日，第一台中型坦克诞生

1958年初32辆阅兵坦克的任务下达坦克厂。当时，重要厂房土建

基本结束，但管道尚未完工，不少项目还未收尾，20 个主要车间部分或全部投产的只有一半，辅助车间也有不少没有投产，此外，工装不全，原材料缺项较多，技术工人少，年轻工人多，多数没有制造坦克的经验，困难很大。提前试制坦克是一次严峻考验，也是攀登坦克制造高峰的突击。为了确保坦克试制任务按计划完成，工厂详细研究了保证措施。参加试制的那段日子，许多人把行李搬到车间，并在苏联专家指导下昼夜苦战。调度指向哪里，大家就干到哪里，没有任何等待与推诿。铸造模型生产的任务量超过木工车间设计能力的 6 倍，他们提出“苦战 40 天，红军能夺下腊子口，我们就能突破第一关”的口号，苦干巧干，保证了模型供应。冲压车间任务重，技术要求高，工艺装置又不全。他们自己动手制造简易工装近千套，利用废铁皮制造土样板 147 种，保证了产品质量，提高了生产效率。

1958 年 9 月试制坦克的战斗拉开了序幕。9 月 15 日坦克厂党委召开扩大会，确定了“以主产品为中心，全面准备，全面检查，集中力量，突出重点，在完成 14 大部件试制任务的基础上，保证生产 3 台主产品”的生产方针。

9 月 20 日，召开誓师动员大会，领导分片包干，深入基层。全厂掀起了以技术革新为中心的劳动竞赛。

10 月中旬开始总装。总装分两步走，第一步，在国产 14 大部件尚未完成试制的情况下，先用部分苏联制造的部件进行试装，以便打通总装工艺流程。总装车间克服了设备不全的困难，采用交叉作业的办法，经过半个月的努力，终于在 11 月 5 日，装出了第一台采用了苏联 14 大部件的“中苏友谊车”，该车共安装自制件 1558 项，外协件 450 项。经 50 公里出厂试车，性能符合技术要求，军代表和苏联专家均表示满意。

在试装“中苏友谊车”的同时，14 大部件的试制也已全面铺开，包括：炮塔、车体、变速箱、行星转向机、主动轮、负重轮、诱导轮、平衡肘、液压缓冲器、油散热器、水散热器、加温锅、炮塔转向机和高射机枪枪架等，于 12 月中旬试制成功。

在 14 大部件中试制炮塔最困难，它块头大，形状特殊，结构复杂，而且是装甲钢的铸钢件，工艺要求很高，当时坦克厂的炼钢、铸钢车间尚未完全建成，不具备试制条件，也缺乏试制炮塔的经验，为了确保试制成功，决定组织试制小组，利用上钢三厂的条件与经验，先在上海试制炮塔。坦克厂试制人员在上钢三厂的大力支持下，克服困难，严格按照苏联的合理工艺，亲自操作，终于试制成功。共浇铸了6个炮塔，连同工装运回坦克厂，全部热处理后，射击性能全部合格。1959年4月坦克厂的平炉炼出了第一炉钢，接着完成了所有炮塔的浇铸，顺利闯过了炮塔试制关。

1958年12月18日，总装的第二步开始，总装包括上述自制14大部件的全国产化的坦克。经过一周的紧张奋战，于12月25日，我国国产第一台T—54A中型坦克诞生。1958年12月30日，一机厂党委以全厂职工名义给毛泽东主席发了报捷电："明年10月1日——国庆10周年的伟大时刻，将以成批的最新型的国产坦克和重型牵引车经过天安门，接受您的检阅。"

国产坦克亮相天安门

1959年二季度，坦克厂开展了劳动竞赛，机加车间、冲压车间的零部件源源不断地送到总装车间，领导干部亲自坐阵，军代表守候在车间，科研人员夜以继日紧张工作，并与工人一道安装调试，研究解决技术问题。工人们更是废寝忘食，加紧生产。为了保证毛坯供应，没有烤芯就自己动手建土的代用，没有锻模就用自由锻代替，以临时焦炭炉代替煤气加热炉。总装进行的两个月中，参战人员日夜苦干，吃住都在工厂。为出车，总装工人一丝不苟忘我工作。1959年5月26日，在总装车间隆重举行了向国庆献礼坦克移交仪式。1959年8月22日32辆阅兵坦克全部完成。

为了确保受阅部队正常训练和坦克无故障通过天安门，派出了技术保障队伍，赴北京天坛公园装甲兵受阅部队训练场。8、9月正是北京最炎热的季节。技术服务队同受阅部队吃住在一起，白天部队驾驶坦克进行训练，晚上技保人员爬进坦克检查维护保养。炎热的气温与发动机散发的热量加在一起，使驾驶室内温度高达40℃左右。为了照明，还得点三四盏瓦数很高的灯泡，这更使里面像个烤箱。对技保人员来说，最艰巨的任务是装稳定器维护保养。没有工作台那样的辅助设备，全得靠手

1959 年国庆阅兵的 59 式中型坦克

工摆弄操作。3、4 个人挤在烫人且憋闷的战斗室内，小心翼翼地搬动着重达 20 – 30 公斤的零部件，车体烤、电灯烤、呼吸困难，光着脊背干活还汗如雨下，满身是蚊子咬的包，但他们谁也不叫苦，争先恐后抢着干，目的只有一个：确保坦克顺利通过天安门。

1959 年国庆，国产的 59 式中型坦克与众多的国产化制式装备一起，雄赳赳气昂昂地驶过天安门，光荣地接受了党和人民的检阅，震惊了全世界。它向世界宣告，中国不能制造坦克、不能制造重型武器装备的历史一去不复返了，新中国坦克工业的历史从此翻到了新的一章。中国人为此而骄傲，兵工人为此而自豪。

（原文刊载于 2013 年第 2 期《兵工科技》，现略有改动）

参考文献：张丽虹：《一机集团——新中国第一辆坦克的诞生地》
发布时间：2014 – 03 – 21 来源：www. norincogroup. com. cn

二、铁骑三千下西洋

——69－II 中型坦克出口纪实

《人民兵工创建80年80件事》之39

兵器工业出口最多的69－II 中型坦克

1981 年北方公司签订了 69－II 中型坦克的出口合同，3 年左右累计出口 2860 辆，是兵器工业历史上出口数量最多的坦克。根据市场需求，在 69 式坦克的基础上进行了 20 多项重大技术改进，在一年半里完成了五六种车型的设计改进，并形成了月产 100 台的能力。69－II 研制周期短，定型快、投产快，创坦克工业的历史新纪录。

1986 年 69－II 中型坦克荣获国家科技进步特等奖。

1981 年 5 月北方公司签订了一项坦克车辆的出口合同，其中包括 2860 辆 69－II 中型坦克和 286 辆抢救牵引车，3 年时间完成。坦克中包括 69－II 、69－II A 战斗坦克以及 69－II B、69－II C、69－II C1 指挥坦克等多种型号，这是兵器工业坦克车辆历史上出口数量最多的一单合同。69 式坦克是怎么回事？69－II 坦克又是怎么回事？这么庞大的一个合同又是怎么完成的？

69式坦克大家族

59式中型坦克试制成功了、62式轻型坦克、63式水陆坦克、63式装甲输送车也相继定型并装备部队后，初步解决了装甲兵部队主要战斗车辆的有无问题，大大增强了装甲兵部队和工业部门自主开发新型坦克车辆的信心，下一个目标理所当然地指向了新一代主战坦克。

1963年装甲兵科研院开始了论证，1965年正式下达了新型中型坦克的研制任务，代号121。1966、1968年先后研制出两辆样车并进行了试验。1969年珍宝岛事件中缴获了一台苏式T－62坦克后，立即进行了测绘分析，并从中选取了11项部件用到了121坦克上。1970年再研制出了3辆样车，试验结果基本达到了战术技术指标，于是决定小批量生产。但由于有一些新部件的技术不够成熟而被迫停产。1971年五机部重新审查了方案，毅然决定舍去那些尚不成熟的部件，适当降低指标，简化方案，从而顺利通过了定型试验。于1974年3月经国务院、中央军委军工产品定型委员会批准设计定型，命名为69式中型坦克。它就是我国自主研发的第一代中型坦克。

69式坦克外形与59式大体相似，都是铸造炮塔、轧制装甲钢焊接车体，两侧都有五个钢质大负重轮。许多部件沿用59式，具有良好的继承性。69式坦克与59式相比，主要特点如下：

1. 发动机选用改进的12150L－7型高速水冷柴油机，四冲程、V形12缸，该发动机采用了ω燃烧室、发电机液力偶合器，功率提高到427千瓦，比59式坦克提高11.8%。

2. 用100毫米滑膛炮取代了100毫米线膛炮，弹药基数由34发提高到44发。配用脱壳穿甲弹，直射距离1736米，1000米穿甲深度100毫米/60度，比59式的穿甲弹威力（120毫米/30度）有较大幅度的提高。破甲弹与59式坦克炮通用。

3. 火控系统安装了双向稳定器和激光测距机，炮长与车长夜视装置采用主动红外，性能有较大提高。

此外，整车的工艺性也有较大改进。

后来，由于该型坦克安装的100毫米滑膛坦克炮从装甲兵的口径序列中取消，故而69式中型坦克没有装备部队，但是，我国自主开发的第一代69式坦克的底盘，却成了一个重要的基型，衍生出了一个庞大车族。

为了应国际市场要求，换装100毫米线膛坦克炮后，派生出69－Ⅱ、69－Ⅱ A主战坦克，以及69－Ⅱ B、69－Ⅱ C、69－Ⅱ C1指挥坦克供出口。换装105毫米线膛坦克炮后，衍生出69－Ⅱ MP、69－Ⅱ MA中型坦克和69－Ⅱ MB指挥坦克出口。

虽然69式中型坦克没有生产与装备部队，但是换装105毫米线膛炮的69－Ⅱ M曾经生产了一批装备国内，此后，安装105毫米坦克炮和“三七”工程的火控系统的79式中型坦克（曾称69－3），参加了35周年国庆阅兵，并批量装备部队。

除此之外，以69式为底盘的其他车辆还有PGZ89式双37毫米自行高炮、653中型坦克抢救牵引车和装甲输油车。

69式中型坦克

读者会问，如此众多的车型弄得眼花缭乱，怎么才能加以区别呢？

告诉大家一个简便的识别方法，通过坦克炮的抽烟装置，就可以大体上识别何种坦克。

抽烟装置在炮口的是100毫米线膛炮，那就是59式或69－Ⅱ坦克。抽烟装置离炮口距离较大的则是100毫米滑膛炮，那就是69式坦克，抽烟装置在身管中部靠后的则是105毫米坦克炮，那就是69－Ⅱ M或79式坦克。此外，105毫米坦克炮的炮管外面还多了一个热护套，因此炮管略显粗些。

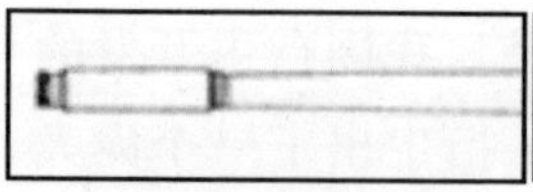

100毫米线膛坦克炮

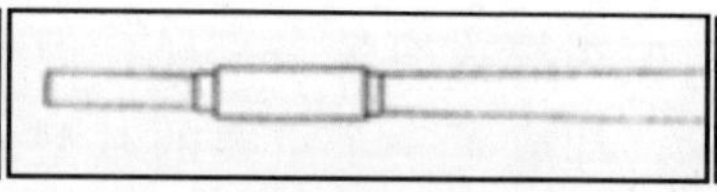

100毫米滑膛坦克炮

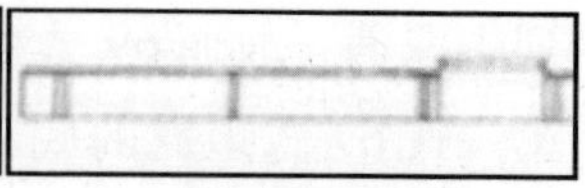

105毫米坦克炮

69－Ⅱ坦克简介

69－Ⅱ出口合同，是一个数量很大，品种很多，改进项目很多的合同，即使在分批交付的过程中，改进项目还在不断加码。综合起来，在十几个方面有重大改进，改进项目多达百余项。

1. 将100毫米滑膛炮换成100毫米线膛坦克炮，弹药基数44发保持不变。

2. 新安装了自动简易装表火控系统，能完成测距和自动装定表尺，与稳定器联动时可以自动赋予火炮射角，缩短了反应时间，提高了首发命中概率。

3. 发动机改为12150L－7BW，改进喷油泵驱动连接盘，供油量提前角可调。润滑系统增加了离心式精滤器。

4. 发动机冷却系统提高了风扇转速，采用固定式机油散热器，增加上下曲轴箱水套，改进风道，减少通道阻力。

5. 转向机和主离合器增加了摩擦片。

6. 侧减速器传动比改为6.705。

7. 转向操纵系统采用液压助力装置。

8. 安装了自动灭火系统。

9. 增加了热烟幕施放装置。

10. 安装了橡胶侧屏蔽裙板，增加了摩托小时计、机油失压报警器、新的坦克电台以及车内通话器等。

69－ⅡA又在此基础上增加了简易三防装置、主离合器液压助力装置和带方位指示器的炮塔方向机，改进了空气压缩机充气系统。

在后期交付的69－ⅡA上又采用了激光测距与瞄准合一的测距瞄准镜和烟幕弹发射器。

总之，经过三次大改进，69－Ⅱ坦克的火控系统性能与防护能力都较 69 式有较大提高，坦克的动力系统性能也有所提高，因此 69 – II 坦克的总体性能有了很大提高。

首战必胜

面对着改革开放以来最大的一个坦克出口合同，一个风险极大的合同，接还是不接，五机部党组进行了认真的研究，最后决定：为了国家荣誉，为了国防建设，也为了兵器工业自身的发展，决心迎着困难上，倾全部之力，拿下这个大合同。

69 – II 出口合同的第一个战役，就是签订合同的当年首批交付 100 辆，完成时间仅仅 240 天，既要完成包括换装坦克炮，换装自动装表简易火控系统等在内的 12 项重大技术改进，又要生产 100 辆。设计工作量非常大，技术难度也不小，这对兵器工业坦克科技队伍来讲是一次很大的考验。此外，还要进行生产线的调整、工艺准备、工装制造、试制试验与发运，这不仅对生产工厂而且对坦克工业的组织管理能力和出口业务的运作能力也是严峻的挑战。

这首批 100 辆虽然只占整个合同的 1/30，但关系重大，决定着这项合同的命运。因此，只能成功，不能失败。

合同签订之后，五机部高度重视，张珍部长亲自挂帅，坦克局王本林局长牵头，机关各局同心协力，决心打响坦克出口第一炮。

合同草签后的第 9 天，就召开了专题会议部署出口任务。任命聂玉峰为总设计师，建立了质量保证体系。为了把好出口产品质量关，五机部与总参装甲兵联合下达了《关于外贸坦克装甲车辆实行军检的通知》，聘请军代表负责产品检验。5 月下旬，张部长和王局长以及内蒙国防工办苏主任下厂检查出口工作安排情况。

国务院国防工办对该项合同给予了很大支持，5 月 27 日就召开会议，协调落实协作配套问题。为了扩大生产能力，保证该合同如期履约，五机部还将零部件进行了扩散生产。

承担任务的所有单位，无论总装厂、配套厂，都把此项任务当作头等大事来抓。全力以赴，精心组织，克服种种困难，千方百计地完成任务。

总装厂任务最艰巨，他们集中技术力量，采用现代化管理方法，实施设计改进、工装制造和批量生产交叉作业，强调总体设计必须一次成功。李立青厂长、刘作会总工程师亲临第一线，组织攻关与协调。

在各协作配套单位的共同努力下，终于在1981年12月19日按时完成了首批交付，实现了首战必胜的目标，迈出了可喜的第一步。

69－II主战坦克总设计师聂玉峰（左二）

为月产100辆而战

3年3000辆，这可是一项大大超过工厂设计能力的艰巨任务。改革开放前的20年间，59式坦克的最高年产也只有600多辆。而对于刚刚处于试制阶段，尚未形成生产能力的69式坦克，却要在3年里生产出比最高年产量还要高出60%－70%的坦克，困难可想而知。

不但如此，外方在后续的订单中又不断提出了十多项技术改进和5、6种改进车型的要求，工作量非常之大。仅总装厂新设计的工艺装置就有3500多项，新制造的工装多达7000余套，总工作量为核算能力的1.9倍。

为了完成这项史无前例的大合同，坦克厂提出了“创坦克设计高水平”、“创工艺准备高速度高质量”的战斗口号，开展了工艺技术准备大会战。在试制和生产阶段，采用计划网络管理技术，层层落实任务。全厂成立了现场指挥部，建立了总师会、调度会、技术系统例会等一系列的会议制度，保证指挥昼夜不断线。职工实行“大倒班，连轴转”加班加点抢时间，保进度。先后成立了 49 个技术攻关小组，解决了大量的技术难题。为了制订指挥坦克通讯频率表，攻关组打破常规，仅用不到半年时间，完成了 3 年的工作量。一年半里 69－II 系列 6 种车型的改进设计、生产线的扩能改造和工艺工装的准备全部按时完成。

承担配套任务的火炮厂、发动机厂、火控厂等所有协作单位，也都把该项出口当成头等大事，全力以赴，克服困难，绝不拖总装厂后腿。有的甚至调整原来的生产计划，宁可牺牲产值，也得保证外贸任务的完成。航空液压件厂承接了 69－II 项目新的液压部件的生产任务，拿到图纸后立即组织试制，总工程师连续两天两夜在试制车间指挥技术攻关，3 个月就拿出了合格产品，全面完成了配套任务。

前 100 辆坦克安装的是简易火控系统，其激光测距机体积较大，且安装在炮塔外面的防盾上，防护性能较差。外方提出，在后续交付的 69－II A 坦克上将激光测距机小型化后挪进炮塔，与炮长瞄准镜合为一体，构成激光测距瞄准镜（简称测瞄镜），测程由 3 公里提高到 5 公里，并要求不改变坦克的原来结构和尺寸，在原来的炮长瞄准镜位置可以直接安装测瞄镜，这在苏联 T 系列坦克上是史无前例的，任务十分艰巨。五机部五局立即组织会战，为了保险起见，1983 年组织了两套班子，各自独立研制，择优录用。两组工厂与研究所全力奋战，夜以继日，7 月份都按时拿出了样机，实弹射击结果，基本达到要求，也暴露出了一点问题。两组人马又马不停蹄地改进，11 月再次对比试验，两家都达到了设计要求。最后决定以其中的一个方案为基础再次优化改进，1984 年 8 月完成了设计定型。不但满足了 69－II A 的出口需要，提高了坦克火控系统的性能，而且为我国大量现役坦克的改造提供了先进实用的测瞄镜。

在各方面的共同努力下，终于如期完成了这个坦克出口的最大合同，满载中国制造坦克的巨轮，沿着郑和下西洋的海上丝绸之路，源源不断地驶向西方。创造了坦克工业历史上研制周期短、定型快、投产快的历史新纪录。既为国家争得了荣誉，为兵器工业争得了信誉，同时创造了可观的经济效益。

第一个特等奖

2011 年是 69 – II 外贸合同签约 30 周年，由于保密的原因，30 年来兵器工业战线的多数人并不知道这一重大事件，唯有曾经为其奋斗过的人们永远难忘那热火朝天、惊心动魄的历史画面。但是，历史不会忘记，祖国也没有忘记。在纪念人民兵工创建 80 周年活动中，这一重大历史事件名列于《人民兵工创建 80 年 80 件事》之 39 项，载入了共和国兵工史册，公告于天下。

69 – II 中型坦克跨越障碍

这项改革开放以来第一个最大军品出口合同的完成，在国际军火市场上引起了很大反响，证明了中国国防工业的实力，提高了北方公司在国际上的信誉，经过 30 多年建设的中国坦克工业，已经具有了相当的技术水平和不可小视的制造能力，能够在世界军火市场上有所作为。

一个国内并未装备也未批量生产的坦克，居然在如此短的时间里成功地完成了如此大量的出口，这是一次军工动员的实战演练，它考验了中国兵工平战转换的应变能力。

在国内军品订货大幅度下降的那个年代，兵器工业处于“保军转民”的困难时期，由于这个合同，中国的坦克工业不但没有萎缩，反而大大地扩大了生产能力，提高了技术水平，这是人们梦寐以求的“动态保军”。这个合同的实践证明，这是和平时期发展国防事业最经济的最有效的道路之一。

这份风险极大的出口合同，一个根本不具备完成条件的合同，结果却出人意料地顺利完成了，它考验与锻炼了中国兵工队伍，检验了中国兵器工业组织领导与管理能力。这是中国兵工向祖国交上的一份合格的答卷，历史证明具有光荣传统的中国兵工，是一支攻无不克、战无不胜、特别能战斗的队伍。

鉴于69－II 出口的辉煌业绩，1986 年，国家授予69－II 外贸坦克国家科技进步奖的最高奖特等奖，这是兵器行业第一个国家级的科技进步特等奖。这样的特等奖，在兵工行业，至今也只有两个。如此崇高的荣誉，69－II 主战坦克当之无愧。光荣属于为它奉献了血汗和智慧的中国兵工，属于支持69－II 出口的所有单位和人们。

（刊载于2012 年2 月20 日《中国兵工报》与2013 年第11 期《兵工科技》）

三、谁是中国的第二代主战坦克

中国的59式和69式中型坦克论其性能应该同属于第一代主战坦克，但由于69式是中国自行研制的，所以往往把它称作第一代主战坦克。然而中国的第二代主战坦克是谁？几句话说不明白，待我慢慢道来。

122型二代坦克的两起两落

1967年，在69式中型坦克研制即将完成时，坦克厂与60研究所就开始着手二代坦克的论证。珍宝岛事件发生后，加速了二代坦克的研制进度。1970年“218”会议后，包括二代坦克在内的二代车辆大会战即“二四会战”拉开序幕。当时给二代坦克（代号122）下达的指标是：

1. 120毫米滑膛炮，加装4枚反坦克导弹。

2. 发动机功率448－588千瓦。

3. 传动系统有两个方案，“三液方案”即液力变速箱、液压操纵、液气悬挂。“三机方案”是指机械变速箱、机械助力操纵、扭杆悬挂。

会战组经过半年的全力奋战，1970年9月第一台“三液”底盘样车出世，由于液压技术不过关，跑起来一条线，停下来一大片，三漏现象严重以及其他一些问题，样车只在北京南口进行了汇报表演。

1970年11月在“二四会战”召开的六种新型车辆定型车任务落实会议上，决定立足于“三机方案”与“三液方案”并举研制二代主战坦克，1971年7月1日定型，向建党50周年献礼。1971年1月就完成了两台样车的组装，并进行了3000公里的试车，但整车与部件都存在不少技术问题，随着“四人帮”的倒台，“二四会战”的停止，第一轮二代坦克的会战也宣告结束。

打到“四人帮”后，1978年4月122型二代坦克再次启动，以“豹2”为目标，开始了全新一代坦克的研制，1981年先后搞出了1226与1226F2两种样车，分别选用8V165（735千瓦）与12V150发动机、综合液力传动、筒式复合悬挂、双销耳挂胶履带、三合一火控系统以及复合装甲等新技术。仍然由于技术不过关，试验中出现不少故障，再一次被迫中止。

从69改到二代

1979年在研制二代坦克的同时，坦克厂以69式底盘为基础，设计了一台样车即69改。该车立足于当时国内比较成熟或经过努力能够实现的技术，采用引进的105毫米坦克炮，光点注入式简易火控，537千瓦的增压柴油机、复合装甲与屏蔽装甲以及“三防”、灭火抑爆、潜渡和抛射式烟幕装置，总体性能比69式有了大幅度提高，但技术风险比起原来的122型二代坦克大大降低。

两台初样车经过上万公里的试验，性能基本达到设计指标，受到部队的欢迎。1980年国防科工委召开了“69式坦克改进型战术技术指标论证会”，确定了该车的指标，并改名为80式。

“二四会战”时代122型二代坦克指标过高，三年五载难以实现，再叫“二代坦克”已经名不副实了。而80式坦克肯定会先于其定型，如何摆好这两种坦克的位置？这个棘手的问题被张爱萍副秘书长迎刃而解，他指出，80式应该作为二代主战坦克，重点加速发展，原来的122型二代坦克改为三代坦克进行部件攻关。张爱萍的这一决定，既没有否定122型研究工作的成绩，也没有损害技术人员的积极性，却顺利地完成了二代坦克的易名，展示了张爱萍同志超人的智慧与高超的领导艺术。

80式主战坦克历经10年，共试制样车12辆，累计试车里程10万公里，经过了严格的考验，于1988年2月4日，批准设计定型，命名为ZTZ80式坦克。

这是中国第一台具有潜渡功能并安装了可披挂复合装甲的坦克，是中国第一台能实现静止间对活动目标射击的坦克，是中国第一台装有废气涡轮增压发动机的坦克，其功率提高到了537千瓦。虽然该车没有投产装备部队，但是却在这个底盘上衍生出一系列坦克，包括88式、88B、80－II、85－II、85－II A、85－II AP和96式等，在二代坦克史上写下了光辉的的一页。

ZTZ式主战坦克

“8910”的阅兵坦克——88式

1986年“8910”阅兵工程上马，正处于定型试验阶段的80式坦克理所当然地成为首选。但装甲兵对80式坦克提出了两条重大改进要求，一是将光点注入式火控系统更换成“三七工程”引进的火控系统，二是将铸造炮塔改为焊接炮塔。经过各方面仔细研究与协商，鉴于周期太短，焊接炮塔工作量太大未被采纳，只采纳了换装“三七工程”火控的意见。代号为80－1式坦克。

原来的80式坦克在定型试验中出现了两个问题，一是变速箱断轴，二是平衡肘裂纹。

ZTZ88 式主战坦克

在“8910”工程的快车道上，80 式圆满地解决了这两大技术难题。80－1 坦克则迅速改进设计，迅速试制出样车，进行了 1500 公里的试车，性能达到了战术技术指标，1988 年 2 月 4 日与 80 式一起批准设计定型，命名为 ZTZ88 式坦克。

88 式坦克的主要改进是，为适应新火控系统的要求，战斗室做了局部调整，总体也略有变化，用潜望式激光测距扰动式简易火控系统取代了光点注入式火控系统，采用了三合一（激光测距、瞄准、微光夜视仪）炮长瞄准镜，微光夜视采用了二代像增强器，火控系统的性能有了较大提高。以计算机为中心的各种传感器，使坦克具有了较完善的自检能力。自动灭火抑爆装置可以满足二次抑爆、四次灭火的要求。

由于国庆 40 周年阅兵计划被取消，88 式也就没有能实现阅兵的愿望，但是，将火控系统升级为下反式稳像火控系统后的 88B 坦克于 1996 年设计定型，该系统的瞄准镜独立稳定，自动化程度高，是国内装备的坦克中率先实现昼夜间都能在行进间对活动目标射击的坦克，命中率显著提高。很荣幸，88B 坦克终于在国庆 50 周年时亮相于天安门广场，终于实现了二代坦克研制者们梦寐以求的夙愿。

ZTZ88B 式主战坦克参加国庆 50 周年阅兵

85－II AP 出口转内销与 96 式的诞生

1990 年 5 月中国与巴基斯坦签订了一揽子合同，85－II AP 就是其中的重要一项。合同要求该坦克性能不低于 T－72，1991 年底就要交付 50 辆，参加该国 3 月 23 日的国庆阅兵。这是一个风险特别大的合同，不仅周期短、时间紧，而且技术方面存在诸多问题。首先，T－72 是 125 毫米滑膛炮，虽然我们刚刚试制出样机，但试验中暴露出的许多技术问题和可靠性问题还未获得解决。125 毫米坦克炮的后坐力大到 80 多吨，炮塔结构必须有很大改变。其次，稳像式火控系统仅仅出过样机，做过表演，尚未装车考核，后续的工作量还很大。第三，安装自动装弹机后，车体尺寸与防护以及供电平衡等方面都带来一系列问题。因此，这是对二代坦克设计制造者们的一次严峻的考验。

在兵器工业总公司的领导下，在北方公司的支持下，以坦克厂为主的团队，努力奋战，于 1991 年 5 月完成了第一台样车，巴方来华验收，提出了 50 多项改进意见，突击改进后，于 6 月发往巴基斯坦进行了为时 3 个多月的高温、沙漠、沼泽地区的使用适应性试验，行驶 2000 多公里，射弹 90 发，巴方对试验结果表示满意，于是正式签订了 200 辆的合同。在短短的一年里取得了如此重大的成绩，实属不易。

1992 年交付巴方首批 18 辆 85－II AP 坦克，由于周期太短，科研试制试验与生产严重交叉，样机试验不够充分，也没有经过试制批的工艺考验，致使质量难以有效控制，结果在使用中出现许多质量问题。3 月 23 日，85 – II AP 准备参加巴基斯坦阅兵式，就在这天凌晨，发生了惊心动魄的一幕，一台车的动力舱突然冒起白烟，我维修人员连夜冒雨查明原因，系电线短路，造成电瓶放电过度，释放的气体爆炸，立即抢修，准备参加即将开始的阅兵。多亏当天大雨不止，阅兵式被迫取消。但是这批车的质量问题给巴方留下了不好的印象。85 – II AP 在巴基斯坦的问题引起了国内高度重视，军委领导给予了严厉的批评，在质量检查组的指导下，工厂认真进行了质量整顿，使生产走上了正规。并向巴方派出了强有力的技术服务队伍，负责解决已服役坦克中的问题，使这批车的状态逐步稳定下来。从而挽回了影响，得到了巴方的认可，后来巴方又追加了 50 台订货。

85 – II AP 其实是一台颇有创意的好坦克，它出身于 80 式坦克，性能却大大超过了 80 式，火炮是 125 毫米滑膛炮，威力大。装有自动装弹机，乘员减少一人，装填速度大幅度提高。装甲兵所希望的焊接式炮塔也在其上实现。稳像式的火控系统使其具有昼夜都能实现动对动射击的功能，自动化程度与首发命中率显著提高。广泛应用了固定式与挂装式复合装甲以及栅栏式屏蔽，防护性能也相应提高。三防装置、自动灭火抑爆装置、烟幕弹发射器、热烟幕施放装置、抛射式榴霰弹发射装置一应俱全。实际上已经是一台崭新的坦克了。它最大的成功在于，把三代坦克的火力与火控系统巧妙地移植到了二代坦克底盘上，使其成为世界上二代坦克中性能最优的超二代坦克，而其成本却大大低于三代坦克。

国防科工委了解了85－II AP坦克整个发展情况，对此发生了浓厚的兴趣，感到它比88式和88B坦克性能高出一大截，可以作为三代坦克出炉前的过渡装备，于是1995年召开了88C坦克工作会议，决定以85－II AP为基础，稍加改进就可以装备国内部队。经过3年的努力，于1998年设计定型，命名为ZTZ96式坦克，与ZTZ88B坦克一起参加了国庆50周年阅兵，并大批量生产装备部队，成了我军骨干装备之一。也成就了兵器工业历史上“出口转内销”的又一段佳话。

参加1999年国庆阅兵的ZTZ96式主战坦克

31年悟出的道理

从1967年到1998年，中国的二代主战坦克经历了31个春秋，它诞生在文化革命的动乱年代，成长在改革开放的春天里。既经受过严冬的霜打，又滋润着春天的雨露阳光。它的阅历最丰富，传奇最精彩。是新中国主战坦克发展史的一个缩影。

曾经在大跃进中比较冷静务实的装甲车辆系统，在文革中居然一马当先。一个“二四会战”不够，又加一个“704会战”。6种新型车辆还不满足，非得来个“非常 6 + 1”，再搞一个新的动员坦克。重蹈大跃进的覆辙，大会战、高指标、高速度，瞎指挥、瞎折腾，偏离了科学发展的轨道，造成了严重的损失。第一轮的二代坦克就是这个错误指导思想的牺牲品。

1978 年之后，接受了文革的教训，主战坦克重新回到了正确的发展轨道。立足中国实际，接受了第一个二代“临渴掘井”的教训，只有打牢基础，整车才能上水平。开始重视部件与基础技术研究，取得了一批重大成果，如高膛压火炮、脱壳穿甲弹、炮管自紧、复合装甲、间隙装甲、反应装甲、光点注入式火控系统、稳像式火控系统、柴油机废气涡轮增压技术等等。与此同时，积极引进世界的最新技术，如 105 毫米坦克炮、125 毫米坦克炮、“三七工程”火控技术等，使我们的技术基础逐渐地雄厚起来。在整车方面也遵循循序渐进的原则，先从 69 式坦克改进入手，运用到手的或相对成熟的部件与技术，一步一个脚印，一步一个台阶。在此后的 20 年中，国内国外两条战线捷报频传，收获了 80 式、88 式、85 – II AP 和 96 式四种新型号，形成了国内装备科研与外贸科研互相借鉴、互相促进、比翼齐飞的良性互动局面，从而把二代坦克推向了新的高峰，85 – II AP 和 96 式两种坦克实际上已经超出了二代的范畴，达到了准三代的水平，它们的成功也为三代坦克的成功积累了经验、储备了技术，培养了人才，功不可没。

今天来看，究竟谁是中国的二代坦克已经不重要了，二代坦克所经历的曲折而崎岖的 31 年传奇历史，再次证明了尊重科学、尊重人才，遵循客观规律，才能科学地可持续发展。这是科研工作以唯一正确的发展道路。

（刊载于 2015 年第 6 期《兵工科技》题为“二代坦克背后的故事”）

四、63 式水陆坦克横渡琼州海峡

《人民兵工创建 80 年 80 件事》之 31
我国第一代水陆坦克横渡琼州海峡

1966 年 4 月 6 日，我国自行研制的第一代水陆坦克——63 式水陆坦克从海南岛的秀英港下水，航行 38 公里，成功横渡琼州海峡。这一坦克突破了“火炮后坐不能大于车重”的框框，安装了 85 毫米坦克炮，其火力在当时的水陆坦克中处于领先地位。同时设计了新型的水上推进系统，水上速度居世界前列。

1966 年 4 月 6 日，我国自行研制的第一代 63 式水陆坦克从海南岛的秀英港下水，浮渡航行 38 公里，成功横渡了琼州海峡，这既是中国兵器工业历史上的一件大事，也是中国乃至世界装甲战车史上的一大壮举。

水陆坦克 让天堑变通途

江河湖海是人类文明的发源地，但在军事上，它们既是天然屏障，又是天然障碍：防守者据此天险，可以阻挡敌人的前进；进攻者则视其为水障碍，必须加以克服才能夺取胜利。

20 世纪初，世界上第一辆坦克在英国问世，随后各国竞相发展，无论质量、数量都迅速提高，但是在陆地上横冲直撞、叱咤风云的坦克，面对江河湖海它们却望水兴叹，无能为力。让坦克具有强渡江河湖海的能力，成为各国军工从业者共同的梦想。在 20 世纪 20、30 年代，英、美、苏、日等国都对两栖装甲车辆倾注了极大热情，先后出现了英国的“维克斯”、苏联的 T－37、T－38 水陆坦克和美国的“鳄鱼”、“水牛”LVT 履带登陆车，它们在二战中初露头角，在诺曼底登陆、强渡莱茵河，在太平洋吉尔伯特群岛登陆作战和冲绳岛登陆作战中都少不了它们的身影。实战证明：两栖车辆是克服水障碍的重要利器，它既能在陆地灵活机动，又能在水上快速隐蔽地前进，还能在水陆交界处展现其独特的通过性能。它能够在没有舟桥部队支援的情况下，连续通过江河、湖泊、水网、沼泽等特殊地形，实施近海抢滩登陆，承担陆上车辆难以胜任的诸多战斗任务，堪称是“两栖雄狮，水上蛟龙”。

1949 年 11 月，中国人民解放军华东军区成立了中国第一个水陆战车团，其主要装备就是从国民党军队缴获的美制“水牛”LVT2 型履带登陆车，这些早期装备曾经为肃清国民党军队残余，保卫祖国海疆做出过贡献。

国产第一代水陆坦克的诞生

解放前的旧中国没有坦克工业，新中国成立后苏联援建的项目中也只有中型坦克，中型坦克虽是装甲部队的骨干，但独木难支大厦。而中国幅员辽阔，南方地区水网密布，中型坦克难有用武之地，因此在国产中型坦克出世的同时，就开始规划装甲兵部队的其他配套装备的发展，包括轻型坦克、水陆坦克、两栖装甲运输车等。

1958 年 8 月国防科委下达了水陆坦克研制任务，要求该坦克的主要使命是：用于强渡江河、沿海地区登陆与反登陆作战，摧毁敌滩头阵地防御设施，消灭敌有生力量，协同步兵作战，实施火力支援；同时可以在水网地区执行战斗和侦察任务。

承担第一代水陆坦克研制任务的有哈军工装甲兵工程系应届毕业生

（后来转由装甲兵科学技术研究所继续研制）、60研究所和陕西某厂的年轻的科研人员，他们几乎都是新中国自己培养的第一批装甲车辆的设计者，谁也没有设计过坦克，更不必说水陆坦克了。然而，初生牛犊不怕虎，在向科学进军口号的鼓舞下，他们勇敢地担当起了这副重担。研制团队以苏联的ПТ－76水陆坦克为母型，在总体设计组组长杨楚泉、副组长杨祖燕等人的带领下，不照猫画虎，照抄照搬，而是取其所长，为我所用，坚决走自己的路，使63式水陆坦克具有了多项创新之处：

首先，该坦克突破了“火炮后坐力不能大于车重”的框框，否定了原76毫米坦克炮的方案，安装了更大口径、威力更强的85毫米坦克炮，经524发陆上和水上射击试验表明，射击精度合格，稳定性好，坦克各部件工作正常。其火力在当时世界的水陆坦克中处于领先地位。

第二，顾名思义，水陆坦克的关键是水上性能的好坏。该坦克的水上推进装置采用带有导叶的轴流式喷水推进器。在传动装置两侧各装有1套喷水推进器和水道，每个水道均有尾喷管和倒车水道及可开闭的水门。可以在水上灵活地前进、倒车、加速、减速和转向。这种经过匹配试验的高效喷水推进器，使坦克水上最大航行时速达到11.5公里，居于当时的世界前列。该坦克在大量的水池拖模试验和实车试验的基础上，逐步完善了车体线型设计，解决了高速航行时“扎头”问题，从而保证了其良好的航行浮态，能承受3级风与2级浪的海情。总设计师杨楚泉同志归纳了喷水推进装置的四大特点，①防护性好，喷水的叶轮置于水道内，不像螺旋桨推进器暴露在车尾容易损坏。②采用转折喷射水流方向来实现倒航与转向，叶轮逆转仅仅用于清除水道中的水草，因此，能保证车辆具有良好的快速性与机动性。③对水面状态的敏感性小，水流速度与波浪对推进性能影响不大。④可以在水道内设置引射式排水工具，结构紧凑，重量轻。所以，这种推进装置后来被许多两栖车辆采用。

第三，该坦克采用了新颖的水道夹层冷却装置和排气转换装置，出色地解决了水上航行时发动机的冷却问题和车辆的全密封结构问题，从而保证了水上航行的可靠性与安全性。其中水道夹层冷却装置1965年荣获国家科委颁发的发明证书。

1959年3月试制出2台样车，一边试验一边改进，1960年开始了小批量生产，交付部队试用。根据试用中出现的问题，1961 年 5 月国防科委第五专业组在苏州召开了方案定案会议，确定了总体修改方案。1962 年 5 月又试制出设计定型样车，分别在陕西和苏州进行了陆上 2500 公里、水上 70 摩托小时的定型试验。其后针对暴露出的问题，又进行了 85 个大小项目的改进，重新试制，再进行了 2650 公里的补充试车，确认在战术技术性能、结构合理性和可靠性等方面均已满足了指标要求。在国防科委、装甲兵与兵器工业部门的正确领导下，经过 4 年多艰苦努力，终于在 1963 年 4 月批准设计定型。

定型的 63 式水陆坦克战斗全重 18.7 吨，乘员 4 人，主要武器是 85 毫米线膛坦克炮，最大射程 12800 米，直射距离 950 米，穿甲威力 100 毫米/30 度，破甲威力 110 毫米/65 度，发动机功率 294 千瓦，陆上最大行驶速度 64 公里/时，最大爬坡度 38 度，越壕宽 2.9 米，最大侧倾行驶坡度 32 度，全都优于 62 式轻型坦克。水上最大航速 11－12 公里/时，可抗 3－4 级风、1.3 米的浪，浮力储备 22.6%。

定型后，63 式水陆坦克又多次在桂林、苏州、乍浦、连云港和海盐等地区进行了 195 次浮渡试验，证明该车不但陆上机动性良好，而且具有良好的水上性能。

客观而言，63 式水陆坦克的研制成功是十分难得的，它诞生在狂热的大跃进中，成长于困难的三年自然灾害与经济困难时期，然而却以顽强的生命力破土而出，并于 1963 年定型。它与 59 式中型坦克、62 式轻型坦克和 63 式装甲输送车一起，构成了新中国装甲兵部队最早的一批制式装备，对陆军的机械化做出了重大贡献。然而，大跃进中的项目，多少个匆匆上马又草草收场，多少个样炮样弹化作了一堆废铁，多少个项目变成了“胡子工程”，唯独它们成功了，成为大跃进中少有的奇迹。63式水陆坦克的设计团队，不好高骛远，不追求不切实际的高精尖，“世人皆浊我独清”，别人狂躁我冷静，尊重科学、尊重客观规律，脚踏实地、一步一个脚印地往前行，这种科学的实事求是的实干精神是他们成功的关键，弥足珍贵。

63式水陆坦克在研制期间，得到了党和国家领导人的亲切关怀，1959年11月25日，朱德、贺龙、陈毅、罗荣桓、叶剑英元帅和陈赓、许光达大将曾参观了水陆坦克的表演，并接见了全体参试人员。

横渡琼州海峡

为了进一步研究探索63式水陆坦克的水上战术使用性能，军委装甲兵部决定进行横渡琼州海峡的试验。琼州海峡位于海南岛和雷州半岛之间，是我国三大海峡之一。最窄处18公里，最宽处37公里，有“黄金水道”之称。

横渡试验由装甲兵科学技术研究院牵头，西南车辆厂和独立坦克第四团参加。为了确保试验的成功和安全，准备工作非常充分。1966年2月试车队就集中海口，对登陆地段进行周密考察，向海军了解海情海况，选定横渡航线，并组织了海上适应性训练和潜水训练。

乘坐水陆坦克渡海，犹如一片树叶在茫茫的大海上飘摇，颠簸摇摆可想而知，绝没有乘坐豪华游轮漫游观光那样逍遥浪漫。舱内空间狭小，舱门紧闭，视野窄，噪声大，脚下湿漉漉，憋闷异常，晕船司空见惯。第一次适应性训练不到半小时，个个呕吐不止，大汗淋漓、疲惫无力。两小时训练下来体重下降了 2 - 3 斤。经过多次训练，乘员们才慢慢地适应。

3 月 8 日起，开始横渡训练。坦克由近及远、由浅及深、由小浪到大浪，逐步向海峡纵深进发，同时进行着航行操作、海上抢救、拖航等训练科目，并探索坦克密封排水性能和海上稳定性能。到3 月30 日，先后下水 13 次，一般都在距岸 1000 米内的近海进行，累计航行 34 小时。

3 月 31 日，训练照常，坦克到达了海峡中部。而此时气象良好，风浪不大，于是，试验指挥部临时决定改变训练计划，向雷州半岛进发。在海军舰艇的护航下，水陆坦克顺利到达彼岸，用时 3. 5 小时，航行 27. 8 公里，完成了琼州海峡的第一次试渡。

1966 年 4 月 63 式水陆坦克横渡琼州海峡

1966 年 4 月 6 日，横渡琼州海峡试验正式进行。当日海上风力 4、5 级，海浪 3、4 级，浪高 1. 5 - 2. 5 米，海水流速 1. 3 节（2. 4 公里/时），63 式水陆坦克从海南岛海口的秀英港下水，以平均 10 公里/时的速度向对岸驶去。经过近 4 小时的劈波斩浪，顺利到达雷州半岛的预定登陆地点，实际航行 38 公里。由于中途起雾，能见度欠佳，领航的登陆艇迷航，致使坦克偏航。下午水陆坦克又从雷州半岛顺利返回海口，圆满完成了我国水陆坦克横渡琼州海峡的任务。

4 月 17 日，再次组织了横渡海峡的表演，并进行了海上射击试验。参观试验的有装甲兵贺晋年副司令、广州军区参谋长、南海舰队和海南军区首长以及各大军区装甲兵部队的领导，大家对横渡成功表示祝贺，并对横渡的壮举给以了高度评价。

“横渡”进一步证实了，我国自行研制的 63 式水陆坦克具有良好的水上作战性能和较强的海上机动能力，不但可以在登陆和抗登陆作战中发挥重要作用，而且可以在大陆与岛屿之间、岛屿与岛屿之间实施机动，进行支援、联络等工作。“横渡”为正确使用水陆坦克提供了宝贵的科学依据。

保卫边疆立战功

63 式水陆坦克定型之后，不但大批量生产并装备部队，还有少量出口。后来还在这个底盘的基础上，先后开发了 76 式水陆坦克抢救牵引车、77－1 式和 77－2 式水陆装甲输送车、水陆两栖 122 毫米自行榴弹炮、上游 1 号导弹发射车等。63 式水陆坦克还在 1965 年获国防科委二等奖、1964 年获全国工业展览会新产品二等奖和 1978 年科学大会奖。

1974 年 1 月 22 日，广州军区独立坦克营 2 连，奉命派出 9 辆 63 式水陆坦克，搭乘登陆舰前往西沙群岛，28 日到达永乐岛海域，从舰上下水，克服重重困难，登上了甘泉岛、珊瑚岛和金银岛，很快进入临战状态，使越南当局未敢轻举妄动。在固我南疆、保卫西沙的军事行动中发挥了积极作用。

1979 年的中越边境战争中，广州军区水陆坦克团一营配备给陆军 125 师，从广西水口关出发，向距中越边境 12 公里的要地进发，进而钳击高平。战斗中，配合步兵强渡巴望河，打开突破口，然后大胆地向敌侧翼迂回，经三天激战，共击毁敌火炮 7 门，火力点 148 个，火箭筒 47 具，较好地完成了上级赋予的作战任务，全营荣立集体一等功。

世纪沧桑

2011年纪念人民兵工创建80周年，在推选人民兵工史上80件重大事件的活动中，我推荐的5件大事入围，其中就包括63式水陆坦克横渡琼州海峡。

63式水陆坦克总设计师杨楚泉

2013年8月我将本文的初稿送请63式水陆坦克的总设计师杨楚泉同志审查、把关与补充。杨楚泉，哈军工1957届毕业生，是新中国培养的最早的一批坦克车辆设计师之一。历任坦克所总工程师、副所长，兵科院副院长，兵器工业部科技委副主任兼秘书长，著有《水陆两栖车辆原理与设计》，为中国的坦克车辆事业的发展奋斗了一生。杨院长十分认真地审阅我的这篇文章，逐字逐句地修改，一个数据一个数据地核对。并为我提供了大量资料和珍藏的照片，其中的老帅们参观水陆坦克试验后的合影是第一次面世。从这些照片里我们看到了老一辈党和国家领导人对坦克事业发展的无限关怀，像一股暖流温暖着人们的心。

在杨院长提供的照片中，还有一张他们的研制团队1959年在试制基地陕西宝鸡某厂的合影。转眼半个世纪过去了，当年参与63式水陆坦克研制的第一代设计者们都已早生华发，有的已驾鹤西去。看着这张他与一起共同奋斗的战友们的合影，让他回忆起那激情燃烧的岁月，感慨万千。特别是照片上方的那首诗，那首由“水陆传动合一”方案的设计师朱鸿慈同志写的诗：“秦岭脚下伏虎，渭水河上卧（降）龙，为海马南北怒吼，虢镇喜聚群雄。”充分表达了坦克设计师们奔放的豪情与

第二排左起第四人总设计师杨楚泉，第二排右起第一人朱鸿慈

兵工报国的宏伟抱负，十分感人。

如今，63 式水陆坦克早已完成了它的历史使命，光荣退役，全部装备均已被海上作战性能更加优越的 ZTS63A 型所取代，但作为我国水陆坦克的先驱，它为我国轻型车辆装备的两栖化打下了良好的基础，其历史功绩不可抹杀。63 式水陆坦克横渡琼州海峡的壮举，也将永远地载入共和国兵工史册与世界战车的史册。

63A 型水陆坦克是对 63 式进行了大规模技术改造的改进型坦克，其

海上作战使用性能与整体性能上了一个新台阶，第一，安装了105毫米短身管低后坐力的线膛坦克炮，能够有效地击穿二代坦克的正面装甲。第二，炮塔改为焊接式，提高了防护性能，增加了弹药储备。第三，采用光点注入式火控系统，大大提高了射击精度与火力反应速度。第四，发动机功率从294千瓦提高到382千瓦，海上最大航速达14.9公里/时。同时，在陆上行驶时，还可以换挡到294千瓦。第五，加挂了前后浮箱，大大提高了抗风浪能力。该水陆坦克不仅是陆上的重要突击力量，而且是登陆作战与登岛作战的主要突击力量。63A的海上综合作战能力达到了世界先进水平，人称固我海疆的“铁拳头”。后来，在此基础上，又将高低稳定器由电液式改换为全电式的03P水陆坦克，其火炮稳定精度更高，反应速度更快，可靠性更好。

欣欣向荣两栖车

在2009年国庆60周年阅兵式上，一大批新型水陆两栖装甲车辆同时面世，林林总总，目不暇接，令世人震惊。

ZTD 05式两栖突击车，实际上就是二代水陆坦克，发动机功率高达1103千瓦，水上最大航速达25公里/时。炮塔沿用63A式，安装了稳像式火控系统和热成像夜视仪，射击精度大大提高。总体性能比63A式又有了很大提高。

ZBD 04式履带步兵战车，底盘与两栖突击车相同，炮塔是100毫米线膛炮与30毫米机关炮并联，能发射100毫米炮射激光制导炮弹，火力很强。

ZBD 05式两栖步兵战车的炮塔是30毫米机关炮，加装红箭－73C反坦克导弹，使用了两台喷水推进器，是全世界现役中惟一使用滑板结构的两栖装甲车辆，其水上运动速度有突破性提高，大大缩短了在抢滩登陆过程中暴露在敌人火力中的时间，是海军陆战队的骨干装备。

此外还有ZBD 03式伞兵战车、ZBD 09式8×8轮式步兵战车都具有浮渡功能。

如今我国的水陆坦克与两栖战车，其机械化与信息化水平已经今非昔比，并已跻身于世界两栖装甲车辆的先进行列。它们将在未来的现代化战争中发挥重大作用，并在建设海上强国与保卫海洋权益的斗争中做出更大贡献。

“两岸猿声啼不住，轻舟已过万重山”。杨楚泉同志作为新中国第一代水陆坦克的总设计师，回顾50年来我国水陆两栖车辆技术的飞速发展，见证中国已经步入了世界两栖战车的先进行列，展望无限美好的未来，感到无比欣慰与释然。

ZTD 05 两栖突击车

ZBD 04 履带式步兵战车

ZBD 09 8×8 轮式步兵战车

ZBD 05 两栖步兵战车（陆战队用）

（刊载于2013第6期《兵工科技》）

五、双 37 自行高炮　报春的红梅

第一个 C^4ISR 自行高射炮综合体

20 世纪 50－80 年代，我国装备的 37 毫米高射炮，有 55 式、65 式和 74 式，全部是牵引式，最先进的就是 74 式全自动双管 37 毫米高射炮（以下简称双 37 自行高炮），它由高炮、2 米测距机及解算仪和炮瞄雷达三大块组成，还有相应的柴油发电机组及牵引车，是个庞大的车队。而双 37 自行高炮则是将高炮、雷达、测距机、指挥解算仪以及油机电站统统集成于一台履带自行的底盘上，所以，它是“8910 工程”工程中技术最先进、配套最复杂、难度最大的一个项目，也是新中国第一个 C^4 ISR 自行高炮综合体。

自行高炮与牵引式高炮相比，越野性能好，可以伴随坦克等机械化部队实施快速机动，在行进中实施对空防御，有效打击低空超低空目标和地面目标。这种集高炮、雷达、指挥仪于一体的自行高炮具有牵引炮无法比拟的单炮作战效能，是世界上高炮武器的发展方向，是机械化部队不可或缺的重要装备。

“8910 工程”中的双 37 自行高炮是我国自主研制的第一代自行高炮，它选用 69 式坦克底盘，车体加长了 440 毫米，座圈直径加大到

2.28 米，乘员有车长兼雷达手、跟踪手、炮手和驾驶员 4 人。

火力系统用 76 式双管 37 毫米舰炮取代了 74 式 37 毫米高射炮，初速由 870 米/秒，提高到 1000 米/秒，射速由 240 发/分提高到 380 发/分。

火控系统由搜索测距雷达、询问机、光电坐标仪、光环镜、光学目标指示器、解算仪和火炮随动系统组成。用小型化的雷达代替了瞄 10 雷达，兼有搜索与测距功能。光电坐标仪实现了跟踪镜与激光测距机光学器件的二合一，甩掉了笨重的 2 米光学测距机，测距精度大大提高。用机械电子混合模拟式解算仪取代了 1035 模拟指挥仪，体积大大缩小。除了雷达可以搜索目标外，还有光学目标指示器也能为光电坐标仪指示目标。车内电站采用电磁恒速发电技术，解决了变速拖动的恒磁供电问题。

该炮的主要工作方式是雷达搜索或光学目标指示器指示目标，光学跟踪，激光测距或雷达测距，计算机解算诸元，随动系统赋予射向。

该系统在光电火控、车内电站、雷达等方面均已接近当时的国际水平。

光荣属于双 37

1978 年装甲兵与炮兵联合上报研制半自动双管 37 毫米自行高炮的

请求，很快获得批准。原来的总设计师单位是湖南江麓机械厂，副总设计师单位是207所与电子部广元雷达总厂，后来由于决定选用刚刚定型的76式双管37毫米舰炮，于是在1980年6月总设计师单位转移到生产舰炮的望江机器厂。1985年9月研制成第一台样车，并进行了动态飞行精度试验及2000公里的试车。

1986年5月“8910工程”上马时，这个刚刚完成工厂鉴定即将进行定型试验的项目，当然是工程的首选。

进入“8910工程”，对于双37自行高炮来说，既是难得的机遇又是严峻的挑战。“8910工程”营造的环境给双37自行高炮安上了“增速发动机”，使其走上了快车道。但是，“8910工程”是个后墙不倒的工程，进入了“8910工程”，也意味着只能成功不能失败，务必在1989年4月前，完成设计定型并生产出24台交部队训练。留给双37自行高炮的时间仅仅两年多一点，十分短暂。因为通常情况下，这样一个大型复杂系统仅定型试验一项，即使一切顺利一次成功，也得两年。因为，定型试验需要在东北、华北、西北的4个试验基地（场）同时或依次进行，既要试验火力，又要试验火控，还要试验底盘，其间还要调动飞机。这个兵器工业历史上技术最先进、配套最复杂的自行高炮在我国是第一次研制，第一次生产，既无生产线也没有相关经验。在短短的两年多一点的时间里，需要完成设计定型，需要设计建设生产线，需要准备工艺工装，需要备料生产……因此，摆在望江厂面前的困难之大是显而易见的。

1988年，“8910工程”进入了最关键的一年，由四委（计委、经委、国防科工委、机械委）两部（总参谋部、总后勤部）组成的“8910工程”现场办公组，于4月来到了山城重庆。时任中央军委副秘书长的刘华清同志，对于“8910工程”十分重视，此次也专程来到重庆领导现场办公，亲自视察了望江厂，视察了双37自行高炮，并在西车厂招待所举行的会议上，对阅兵工作发表了重要讲话，为此次“8910工程”的现场办公写下了浓墨重彩的点睛之笔。

1988年4月的一天，重庆春暖花开，阳光明媚，刘华清副秘书长在成都军区万海峰政委和国防科工委谢光副主任的陪同下，乘上了望江厂自备的小客轮，顺江而下。一面观赏着重庆市的旖旎风光，一面和工厂领导亲切交谈，并与大家在江上合影留念。

已是古稀之年的刘副秘书长不顾旅途辛苦，登岸后立即投入工作，听汇报，察看实物，视察现场，看了自行炮看牵引炮，看了军品看民品。对于双37自行高炮更是看得仔细，问得详细。刘副秘书长对双37自行高炮的进展表示满意，对工厂发扬老兵工光荣传统艰苦创业给予了肯定，并对新时期军事工业的发展发表了重要意见。

事后我想，那么多阅兵项目，那么多工厂，刘副秘书长为什么单单视察双37自行高炮，为什么单单视察望江厂？思来想去，一是，双37自行高炮是一个集机械化信息化于一体的高技术兵器，代表着陆军装备的发展方向，望江就是中国这第一门自行高炮的诞生地。第二，望江厂是我国舰炮的生产基地之一，刘副秘书长曾经是七院院长、海军司令，对于为海军建设做出了贡献的望江厂，对于生产由七院设计的双管37毫米舰炮的望江厂情有独钟，这就不难理解了。

刘华清副秘书长亲自视察“8910工程”，是军委领导对“8910工程”工程的关怀与重视，刘副秘书长在项目最困难最关键的时刻视察望江厂、视察双37自行高炮是望江厂以及双37自行高炮的莫大光荣。

一个又一个奇迹

在国务院、中央军委的关怀下，在刘副秘书长视察的鼓舞下，在国家机关与军委各总部以及试验基地、协作配套单位的大力支持下，双37自行高炮的所有承制单位不负众望，创造了一个又一个奇迹：

17个月完成了定型试验，跑车7000公里，射弹5500发，调动飞机140架次，试验证明，性能满足指标要求，一次通过。

1989年3月我有幸参加了在成都召开的定型审查会，与会者一致认为，双37自行高炮达到了战术技术指标，填补了中国武器装备的一项重要空白，同意定型。

1989年11月28日，国务院、中央军委军工产品定型委员会批准设计定型。

1989年底，24门双37自行高炮交付部队。

1990年双37自行高炮荣获部级科技进步特等奖。国家科技进步二等奖。

1991 年纪念人民兵工创建 60 周年的表彰大会上，双 37 自行高炮获“8910 工程”优秀项目奖。总设计师雷明炎与副总设计师刘志伟、王春庆荣立一等功，雷明炎荣获兵器工业功勋奖。

这样一个构成复杂、技术先进的光机电结合、车炮火控结合的 C^4ISR 系统能在 9 年内完成设计定型而且是一次通过定型，这就是奇迹。

这次定型试验是承试基地最多，试验项目最多，动用飞机架次最多，组织难度最大的一次定型试验，平时得两三年才能完成的试验，居然能在 17 个月内完成，这是不可想象的奇迹。

在没有现成的生产线、科研没有定型的特定的条件下，他们科学地组织交叉作业，在极短的时间内按时生产出阅兵产品，这又是一个奇迹。

“长胡子”并不算太长

1978 年并不是双 37 自行高炮最早的起始时间。其实它是大跃进里上马的“长胡子”工程之一，而且是胡子最长的。该项目起始于 1958 年的哈军工和军械所。当时，军械所的“四炮一仪”就有 37 毫米自行高炮综合体与集中式指挥仪。这是中国军人与兵器科研工作者一个遥远的梦。

世界上装备自行高炮比较早的有美国的 M19 型 40 毫米自行高炮、装备于二战末期，20 世纪 50 年代被 M42 式 40 毫米双管自行高炮所取代。50 年代苏联的 57 毫米双管自行高炮也曾经装备。这些自行高炮，仅仅是将高炮搬上了履带式底盘，实现了自行，与现代概念的三位一体的自行高炮不是一个概念。真正意义上的最著名的自行高炮是德国猎豹双管 35 毫米自行高炮，虽然 1955 年就上马了，但是研制成功并装备部队那也是 70 年代的事。

我国的自行高炮从 1958 年到 1988 年，历时 30 年，说长也长，说短也短。它确实是兵器工业历史上周期最长的一个项目，但是仔细分析一下，又不算很长，因为最后一轮的研制周期仅仅 10 年，那是很短的，也是少有的。正如自始至终参加过全过程的副总设计师刘志伟在他的一篇文章中所指出的：“自1958年至1978年的20年间，双37自行高炮几上几下，主要的教训是指导思想上脱离实际，盲目追求先进，浪费了大量的人力物力，削弱了自行研制的信心。”前20年就是这样在彷徨与犹豫中度过的。

为什么最后一轮能如此之快地完成？能创造如此之多的奇迹？第一，改革开放政策的贯彻实施，科研工作从盲目与混沌中回归到理性的科学发展的轨道。第二，加入了国庆阅兵工程，成为举国重视的重点，为科研工作营造了能够实现多快好省的小气候、好环境，全国支援，同心协力，使其驶入了发展的快车道。第三，此时我们搞自行高炮不再是一张白纸，有了72式85毫米高射炮和74式37毫米高射炮的技术和经验，有了比59式坦克底盘更先进的69式坦克底盘，有了已经定型的76式双管37毫米舰炮，我们还引进意大利简易对空射击火控系统，还有瑞士双管35毫米高射炮防空卫士火控系统与苏联4管23毫米自行高炮可供参考，且指导思想比较现实：立足于我国已有的成熟和比较成熟的先进技术，吸收国外高炮火控系统的先进设计思想与方法，以我为主，为我所用，在可行的基础上争取达到尽可能的先进水平。第四，我们已经造就了一支具有一定水平的科研队伍，为了祖国的荣誉，为了巩固国防，团结一致，发奋图强，全力以赴，奉献着自己的智慧与力量。

年近花甲的雷明炎刚从厂长位子上退下来，又挑起了总设计师的重担。一个有十几个单位参与，几万人参加的庞大工程，一个技术先进配套复杂的第一代自行高炮，这副担子该有多重？个性刚毅，作风硬朗的雷明炎，冷静沉着，统筹帷幄，他不辞辛苦周旋于总装厂与协作单位之间，忙于总体与部件的技术协调，他率先垂范，亲临第一线指挥，他要

求严格，管理大胆，又善于倾听与综合各方面的意见，他是一位深受大家尊敬的称职的总设计师。

火控系统副总设计师刘志伟，把一生最宝贵的年华都无私的奉献给了双37自行高炮。火控系统是自行高炮最复杂最出彩的子系统，技术难度很大，家中还有瘫痪在床的老母需要他照料，工作和家庭的担子都很重。在家时他是一个孝子，但是工作繁忙时，常常外出个把月、几个月，事业与家庭并不能兼顾。当对空射击试验飞完最后一个航次，取得了圆满成功时，他收到了儿子的一封来信，“爸爸，我高考落榜了。”简短几句话，让老刘热泪盈眶，为了事业，他对母亲、对儿子、对家庭亏欠太多太多。

人们不会忘记，望江厂高级工程师屈资正，执意从医院请假回厂参加双37自行高炮图纸资料审查会，他咬紧牙关，步履艰难地爬上厂部大楼，走进阅兵办公室，不一会儿就不省人事，倒在了阅兵工程的工作岗位上，年仅53岁。望江厂还有一位搞宣传的王刚同志，为了参与制作记录“8910工程”中广大科技人员与工人发奋图强精神风貌的录像片《铸造新的长城》，在从北京回重庆时遇上了“118空难”，为双37自行高炮献出了年轻的生命。

笑在丛中香如故

双37自行高炮研制成功了，命名为PGZ88式双管37毫米自行高炮，也获了奖。但是，它有两大遗憾：一是由于国庆40周年的阅兵计划撤销，尽管在1989年国庆期间，曾参加了在北京航空博物馆举行的汇报展览，也获得过中央领导与参观者的好评，但毕竟与威武雄壮地通过天安门，接受国人与世人的检阅大不相同。这不能不说是所有“8910工程”项目的最大遗憾，当然也是双37自行高炮的憾事。

另一大遗憾是双37自行高炮仅仅生产了24门，试装于装甲部队，并没有正式列装，也没有了后续生产。因为，当该产品研制成功时，国家已经决定引进瑞士双管35毫米高射炮，用来取代37毫米口径的高炮，从而使双37自行高炮也失去了列装的可能。

其实，这也不算什么遗憾，因为在自行高炮的历史上，一次获得成功的先例几乎没有。美国是世界上装备自行高射炮最早的国家之一，先后研发过20毫米、25毫米、35毫米、40毫米口径的自行高射炮七八种之多，真正装备的仅3种，其余不是中途下马，就是定型后没有投产。法国的情况也差不多，先后也开发过六七种，装备的也是少数。而我国在经济技术比较落后，资金不宽裕的条件下，能够顺利研制成功实属不易。这是我们的骄傲。因为它是我国自主设计的第一代自行高射炮，它的成功，证明我国具备了自主研制自行高射炮的能力，它增强了我们自行研制的信心，培养了一支特别能战斗的科技队伍，积累了研制如此复杂的新技术武器系统的技术和管理经验，它是我国自行高射炮发展史上的一个重要里程碑。在后来的20年间，我国的自行高射炮技术沿着双37自行高炮铺平的道路突飞猛进，先后研制定型了PGZ95式和PGZ04A式4管25毫米弹炮合一的自行防空系统以及双管35毫米自行高射炮系统等多种自行高射炮，使我国进入了世界自行高射炮的先进行列。

“俏也不争春，只把春来报。待到山花烂漫时，她在丛中笑”。双37自行高炮就是一支报春的红梅，零落成泥碾作尘，只有香如故。它的贡献将永载史册。

（刊载于2014年第四期《兵工科技》）

六、驰骋在世界屋脊

——记新型坦克车辆西藏大试车

《人民兵工创建80年80件事》之47

胡锦涛参观新型坦克车辆西藏试车队汇报演习

1990年5－7月，解放军装甲兵部与机械电子工业部联合组织了一次8种新型装甲战斗车辆青藏高原大试车。试车队从青海格尔木出发，沿着青藏公路，翻越海拔5000多米的唐古拉山口，经拉萨直插日喀则，在日喀则进行了坦克炮和反坦克导弹的射击试验后，再原路返回格尔木，累计摩托化行军1500多公里，获取了装甲车辆在4000米以上的高海拔地域行军作战的宝贵数据，堪称古今中外装甲战车史上的一大壮举。

1990年6月30日试车队在拉萨向自治区首长举行汇报演习，时任自治区党委书记的胡锦涛同志参观了演习，发表了重要讲话，高度赞扬武器装备科学试验取得的丰硕成果，并对试车人员表示亲切慰问。

1990年5月，总参谋部下达命令，责成装甲兵部组织一批装甲车辆进藏试验，考核装甲车辆在高海拔地区的通行能力和编队行驶的战役机动能力，探索在西藏地区预设战场区域装甲兵部（分）队实施作战的可行性和后勤技术保障能力。

随后，装甲兵部与机电部联合组织了试车分队，由装甲兵技术研究所牵头，工厂技术保障人员负责技术保障。参试车辆包括刚刚定型的88式主战坦克、大量装备部队的59式中型坦克、86式履带步兵战车和正在定型试验的523轮式装甲输送车，此外，还有抢救牵引车、坦克平板拖车、指挥车、运油车等多种装甲车辆共30余辆。5月底在青海省格尔木市集结。6月初，这支钢铁洪流沿着109国道，浩浩荡荡地开始了向世界屋脊的大进军。

我有幸参加了进藏慰问团，慰问过这次试车的战勤人员，因此对此世界壮举情有独钟，在纪念人民兵工创建80周年之际，我专门向“80件大事”评委会推荐了这一事件并获得通过，成为中国人民兵工80年80件大事之一。后来，又读到了《兵器知识》2012年第8期芦继兵同志的文章，使我对这次大试车有了更全面的了解。为此，我想综合芦继兵同志的文章和我本人的了解，把这一壮举介绍给大家。

生命禁区　高山病的煎熬

从格尔木市出发，第一天的目的地是藏语意为“沼泽中的台地”的纳赤台，海拔3450米，虽然已经进入了高原地域，但高山反应还未发作，短短的100公里路程，对于装甲部队来说，小菜一碟，一切都很顺利。

车队驶过长江源头第一桥——沱沱河大桥

第二天从纳赤台到沱沱河兵站，约300余公里，本来是旅游观光的上佳地区，沿途有昆仑山冰川冻土国家地质公园，有终年不冻、美名远扬的不冻泉，有著名的可可西里自然保护区，有母亲河长江的源头楚玛尔河与沱沱河，有海拔4700米的长江第一桥——沱沱河大桥。沿途雪山、草地、冰川、蓝天白云，迤逦的高原风光，美不胜收。然而，这段路程恰是高山病最为猖獗的时刻，也是试车队最艰难的历程。

高山病是在刚进入海拔4000米以上高原时，因为高度突然增高，人体来不及适应，而产生体内氧气供应不足的病症，海拔愈高，过渡时间愈短，产生的反应就愈剧烈。急性高山反应一般多发生在开始登山的24小时内。在青藏公路上流传着“到了五道梁，哭爹又叫娘!”、“纳赤台得了病，五道梁要了命”的谚语，故这里被世人称为“生命禁区”。

对于高山反应，我有切身体验。那是我们进藏慰问团从成都飞到拉萨，刚下飞机，啊！我真的来到了做梦都想来，但做梦也不曾想过能来的神秘的仙境，心情特别兴奋，感觉特别美，西藏的天空是那么湛蓝，云彩是那么的洁白，空气又是那么的清新。可是，当晚没睡多久就被疼醒了，重感冒似的症状袭来，胸闷、呼吸困难，头像炸了似的、浑身关节像散了架子，好不自在。好在军区招待所对此早有准备，每张床边都备有氧气瓶，疼醒了就吸氧，吸上20分钟，缓解了再睡，再疼，再吸，每晚好几次，两三天后才一切恢复了正常。团长陈本梃将军反应比我重，还进过高压氧舱。

试车队里的高山反应比我们在拉萨严重多了。行军到不冻泉和五道梁时，大部分同志就开始出现头昏、头疼、恶心、胸闷等一系列症状。晚上到达沱沱河兵站时，高山反应更加剧烈，多数人嘴唇发紫，头痛欲裂，不少同志高烧、呕吐、腹泻，连在西藏工作了十几年的试验大队副政委也被抢救了一次。这里是此次试验最严重的考验。车队领导个个强打起精神，一方面组织抢救重病号，一方面做思想工作，动员大家与高山反应作斗争。具有优良传统的人民解放军指战员和具有老兵工精神的中国兵工，以其坚强的意志和顽强的作风，终于战胜了高山反应，闯过了“生命禁区”。

那曲　野外抢修

车队通过海拔5231米的唐古拉山口后，进入了西藏地域。在那曲地区，海拔4500米的高山上，59式坦克发生了严重故障，由于气压过低，水在60、70℃就会沸腾汽化，致使发动机冷却水管爆裂，冷却液流失，发动机烧毁，抛锚在渺无人烟的荒山野岭之上。而试车队没有备用发动机。怎么办？或者用平板拖车拉到最近的兵站，以后待试车完毕后再拉回格尔木，这样，59式坦克就失去了参加此次西藏试验的大好机会，太可惜。经与西藏军区联系，正好他们储备了一台62式轻型坦克用的12150发动机，与59式机型一样，只是马力较小。试车队决定，将59式坦克留下，从拉萨拉紧急调来发动机，实施就地抢修。其余车辆继续按原计划行军试验。

换装发动机是坦克大修级别的维修工作，需要“开膛破肚”，打开动力舱，断开错综复杂的各种管路、电路，吊出发动机，吊进新发动机，再连接好管路、电路，即费力又费事，技术复杂，一般都是在条件较好的维修车间进行。然而这次是在世界屋脊上，在空气稀薄，氧气很少的高山上野外抢修，难度可想而知。不巧的是，老天也在故意考验我们的意志和能力，一会儿大雨倾盆，一会儿风雪交加，一会儿冰雹劈头盖脑，修车过程中居然经受了七场雨、雪、冰雹的洗礼。然而，我们的维修人员个个都是好样的，就在如此恶劣的天气下，顶风冒雪，不辞辛劳，累了喘几口大气，饿了，啃几口方便面，紧张的工作，不但使他们忘记了苦与累，而且也制服了高山病。连续奋战18个小时，终于完成了世界屋脊上更换发动机的抢修任务，锻炼了我们的意志，证明了我们战地抢修保障能力。

紧接着，他们连夜行军169公里，在当雄赶上了试验大队。

冈底斯山　路考

从网上我们看到，今天西藏的主要公路都已经沥青化了。然而，1990年那时，从格尔木到日喀则，基本都是砂石路，由于温差大，路面翻浆，坑洼不平，加上盘山路居多，弯多路陡，无论对装甲车辆还是对驾驶员都是严峻的考验。在高山缺氧的条件下长途行军，拉一下操纵杆得18千克力，踩一脚制动器，得35千克力，驾驶员体力消耗很大，许多驾驶员硬是咬着牙坚持，一到目的地，人就瘫了。

车队行进在羊卓雍错湖畔的盘山路上

曲水山和小冈底斯山是拉萨到日喀则的必经之路，这里山高坡陡，一面临山，一面是悬崖峭壁，公路坡度11%，路面仅4米宽，转弯半径最小只有11米，稍不注意，就可能坠下悬崖，车毁人亡。这可真是一段考验驾驶员驾驶技术和胆量的“天路”。为了确保试验队伍的绝对安全，大队决定全部换上驾驶技术最好的老驾驶员，预先研究了安全措施，小心谨慎地驾驶。大家都知道，在弯弯曲曲的山路行车，最危险的莫过于车辆没有了转向，其结果不是撞山就是掉下悬崖。就在羊卓雍错湖旁，当时我国最先进的88式主战坦克的液压助力装置坏了，没有了助力，转向十分困难，只得以最低档速度，一点点地挪，一步步地蹭，慢慢的转过向来，全靠的是勇气和娴熟的技术。再说那11米的转弯半径，对于长达16.5米的坦克平板拖车来说更是一次大考。因为拖车要求的转向半径为12米，“华山自古一条道”，不前进连掉头都没门。还是靠技术高超的驾驶员沉着冷静，细心驾驶，虽然拖车后面的引桥板被山崖刮掉了，但还是闯过了这道难关，创下了这个庞然大物首次登高的纪录。经过大家精心驾驶，终于安全通过了这次“路考”，30 公里的路程，足足花了 5 个多小时。

日喀则　实弹射击

试车队到达了此次行军的目的地——日喀则，按计划在这里进行了武器的射击试验。

59 式 100 毫米坦克炮、88 式 105 毫米坦克炮、86 式步兵战车的 73 毫米滑膛炮等火炮分别进行了穿甲弹、破甲弹、榴弹的射击试验，红箭 -73 反坦克导弹也首次在世界屋脊上一展风采。实验结果表明，各种武器的战术技术性能良好，只是由于空气密度低，气压低，各种弹道都比低海拔地区略显平直，最大射程与直射距离都有所增加。如果不加以修正，往往会出现远弹。

在日喀则试验时，还发生了这样一件事。坦克打靶的靶场，离一个天葬台较近。天葬是藏族的一种传统丧葬方式，人死后把尸体肢解成一块块，放在天葬台上，让雄鹰（或者其他的鸟类、兽类等）吞食，从而将亡灵带入天堂，吞食得越快越吉利。但由于我们试验时炮声隆隆，老鹰不敢下来啄食，亡灵老也升不了天。当试验大队得知这一情况之后，为了尊重藏民的风俗习惯，立即决定暂停试验，受到了藏民的赞许。

拉萨　汇报演习

6 月中旬，总参装甲兵部与机电部联合组织了赴藏慰问团，慰问西藏试车的指战员和技服人员。团长是装甲兵部部长陈本梃同志，副团长是我。团员有装甲兵部科研处的姚神保总师、邱明，军务处的刘处长和装技所所长孙杰等同志，还有兵器工业集团车辆部的王敏、质量部的张恩祥。我们先在成都军区进行了体检，6 月 20 日出发，经过两小时的飞行，波音 707 着陆在位于雅鲁藏布江河谷的拉萨贡嘎机场。

6 月 26 日试车部队从日喀则返回到拉萨，傍晚时分，晚霞映红了天边，我们来到了拉萨附近的兵站，在雅鲁藏布江上的一座桥头迎接凯旋归来的将士们。当一辆辆铁骑轰轰隆隆威武雄壮地驶过大桥的时候，陈部长带领我们在晚霞中向将士们敬礼致意，将士们也在车上回敬我们。在兵站的广场上陈部长发表了充满激情的讲话。

第二天上午，我随陈部长来到拉萨郊外，迎接试车部队入城，然后伴随车队浩浩荡荡地开进了拉萨市，许多拉萨市民第一次见到这样威武的装甲部队，十分惊喜，在路旁瞩目鼓掌欢迎。试车队开进了军区大院，一方面进行修整，一方面为30日向西藏自治区党政军各界领导汇报表演做准备。陈部长专门给我布置了一项任务，认真检查86式步兵战车的武器装备的技术状况，要确保汇报表演时红箭－73反坦克导弹发发命中。江麓厂的工人师傅严肃认真地查了又查，并向我们打了包票。

29日下午进行预演，按照参谋们设计的程序走了一遍。陈部长一看不太满意，尤其是战术演习的层次不清。这位教官出生的将军，立即自己设计了演习方案，并再次进行了演练。

30日上午，拉萨天高云淡，风和日丽，西郊的一块开阔地，背靠着相对高度200多米的山头，在向东的山坡上，有几个用白灰标出的弹着区，这就是此次演习的攻击目标。

观礼台十分简陋，就几排行军桌、行军椅。10点多钟西藏自治区与拉萨市的各界领导先后来到了观礼台，成都军区张太恒司令员也专程赶来指导此次战术汇报演习。

当时正在西藏自治区担任党委书记的胡锦涛同志也来了，我喜出望外，陈部长特意把我安排在锦涛同志的座位旁边，担任现场解说。三发红色信号弹腾空而起，汇报演习正式开始。首先由陈部长致词，他介绍了此次装甲车辆西藏试验的重大意义与取得的重大成果，介绍了今天汇报演习的主要内容。

战术演习共分三个层次。首先由主战坦克充当开路先锋，只见两辆坦克开足马力，风驰电掣，越战壕，翻秃岭，向“敌人”阵地飞奔而去。我向锦涛同志介绍，跑在最前面的坦克是88式主战坦克，它是我军最新型的坦克，安装了537千瓦发动机，采用了先进的废气涡轮增压技术，特别适用于高原作战，它不但比另一台老坦克跑得快，而且发动机排出的烟也比老坦克白，说明它的发动机在空气稀薄的高原能够比较充分地燃烧，所以跑起来有劲。锦涛同志问我，88式在世界上是什么水平？我如实地回答：是二流水平。锦涛同志点了点头。

坦克在距离目标1000多米处停了下来，准备向目标实施压制射击。我向锦涛同志介绍，88式安装的是从西方引进的105毫米坦克炮，今天的炮手是装甲兵著名的神炮手王治功，能够百步穿杨，百发百中。正说着，3发穿甲弹依次命中。锦涛同志带头热烈鼓掌，全场一片欢腾。

主战坦克撤出战斗后，86式履带式步兵战车作为第二批攻击波闪亮登场。它跟随坦克打扫战场，肃清残余敌火力点，为后续部队占领敌军阵地创造条件。86式步兵战车向2000多米外的目标发射了红箭73反坦克导弹，导弹像长了眼睛似的，正中靶心，从而把汇报表演推向了高潮，观礼台欢声雷动，锦涛同志特别高兴，问我，这样的导弹我国能不能大量生产？我说不但能大量生产这种第一代的反坦克导弹，而且更先进的红外制导的反坦克导弹也已设计定型，并开始装备部队。锦涛同志特别高兴。

最后登场的是有20多名士兵搭载的3辆523轮式装甲输送车，进入“敌占区”后，步兵迅速下车，在战车火力的掩护下冲锋陷阵，一举把红旗插上了制高点。随即3发绿色信号弹高高升起，宣告演习结束。参试车辆向观礼台集结。

汇报演习出发前在军区大院集结

演习结束后，锦涛同志走到观礼台前，即席发表了热情洋溢的讲话。他热烈祝贺这次汇报演习取得了圆满成功，热烈祝贺装甲车辆西藏高原科学实验取得了丰硕成果，他高度赞扬了装甲兵部队在西藏高原纵横驰骋数千里，展现了中国人民解放军现代化的风采，振了军威，壮了国威，增强了西藏人民反对分裂、保卫祖国统一的信心。锦涛同志即席讲话，虽然没有稿子，但高屋建瓴，酣畅淋漓，一气呵成，激起了经久不息的掌声。

陈部长陪同锦涛同志和张司令员一起参观了参试车辆。应我的要求，锦涛同志接见了机电部机关赴藏的王敏、张恩祥同志，并在我们生产的武器装备前合影留念。然后，锦涛同志又与我单独合影留念。

试验大队完成汇报演习后，在拉萨略加修整，沿原路返回格尔木，然后经铁路运回北京，我们到车站热烈欢迎他们凯旋归来。后来，参加试车全程的装技所麻晓军同志专门来机电部，为我们报告了此次西藏试车中，试验大队全体人员，不怕苦不怕难，英勇奋斗的动人事迹。

芦继兵的述评

芦继兵同志在《兵器知识》2012 年第 8 期上这样评述了这次西藏试车：

此次试验创造了多项我军装甲兵建设历史上乃至世界装甲兵史上的纪录：

在世界屋脊上连续履带行军 1510 公里。

坦克装甲车辆履带行军通过海拔 5231 米的唐古拉山口。

装甲车辆驶抵珠穆朗玛峰脚下的定日，海拔 5550 米。

坦克装甲车辆在高原编队一日强行军 420 公里。

通过实验证明我军的装甲车辆，特别是二代装备能够适应青藏高原的气候环境，坦克炮和反坦克导弹的作战效能在高原地区基本不受影响。

通过实验，为适应高原地区作战的特点，对装甲部队今后的建设提出了若干建议，如坦克车辆最好应装备增压发动机，坦克炮应开发曲射功能，增配地空导弹，增强防空能力，合理配备坦克炮弹种类，重视人机环境，优化坦克总体设计，增设制氧、取暖和防紫外线设备以及提高装甲车辆高原地区的空投能力等。

此次试验的成果，为军委总部机关决定在西藏地区组建装甲兵部队提供了科学依据。

（刊载于 2012 年 2 月 10 日《中国兵工报》
与 2013 年第 16 期《兵工科技》）

第四章

铸剑功臣

一、兵工泰斗 统战功臣
——人民兵工创始人刘鼎同志的传奇人生

《人民兵工创建80年80件事》之21
兵器泰斗刘鼎

刘鼎，四川省南溪县人，人民兵工主要领导人之一。1924年加入中国共产党，同年赴法国勤工俭学，曾任闽浙赣省洋源兵工厂政治委员，抗日军政大学特科大队长，八路军总部军工部长。新中国成立后，任重工业部副部长，二机、一机、三机部副部长，第一任兵工办主任和兵工总局局长等。

1933年，刘鼎受方志敏委托在闽浙赣兵工厂亲自研制迫击炮，开创了人民兵工火炮专业的先河。抗日战争时期，他提出了步枪生产的标准化，组织研制了50毫米掷弹筒。20世纪50年代，他亲自领导兵工厂支援抗美援朝，参与制定“一五”期间兵工建设规划，领导老厂技术改造。组织万吨水压机、大型化肥设备的试制，为国防工业和机械工业建设做出了卓越的贡献。

刘鼎是谁？连我这个在兵工战线干了一辈子、退休已10多年的兵工人对他也不太熟悉，因为当我20世纪60年代初步入兵器工业时，他已离开了兵器部。直到2011年参与人民兵工80年80件事推选工作，审阅到兵工泰斗这一条时，才仔细地阅读了《刘鼎》一书，才知道兵工战线还有这样一位德高望重、才智横溢的创始人。我为他的传奇式的人生深深地感动，也为他所受到的不公正待遇而不平，更为他对党对事业对军工的赤胆忠心而折服，我对这位兵工泰斗肃然起敬，他已经在我的心中竖起了一座中国兵工的历史丰碑。于是在他老人家诞辰110周年时，我撰写了《兵工泰斗刘鼎的传奇人生》，把我心中的泰斗形象介绍给曾经和还在为中国兵器工业奋斗的同志们，介绍给热爱国防事业的朋友们，作为我对他的崇敬和缅怀。本文先在中国兵器工业集团公司的网站上刊出，后来又在《中国兵工报》上发表。不久，兵器工业情报所老干部处打电话给我，说刘鼎夫人易辉同志要我的电话。我连忙给她老人家打了电话，她告诉我，看了兵工报上的这篇文章，觉得很感人，并告诉我，中央文献出版社正在编辑《刘鼎传》与《刘鼎纪念文集》，她与李涛是后者的编辑，这两本书已经基本成稿，即将出版发行。易辉同志想把我这篇文章加进纪念文集，征求我的意见。我做梦也没有想到，这篇拙作会赶上这部巨著的末班车，成为《刘鼎纪念文集》的关门之作。2012年8月，这两本书同时出版发行。2013年春节前夕，刘部长之子刘文石将易辉同志亲笔签字的这两本书送到了我的手中，我激动不已，因为，这是我这年春节收到的最珍贵的礼物。

兵工泰斗

人们尊敬地称刘鼎为“兵工泰斗”，原因很多很多。

一是因为他是新中国最早的全国最高的兵工领导机构—重工业部兵工办的第一任主任和兵工总局的第一任局长。他在中央军委领导下，接收国民党政府的兵工厂，并将其与解放区的人民兵工进行有效的整合，构建了新中国兵器工业的初始框架。他是新中国兵器工业的创始人。

二是因为他曾经作为中国兵工代表团的主要成员，随徐向前同志赴苏联谈判，签订了十分重要的协定，为学习苏联，引进先进技术和管理经验，建立独立自主的现代化的中国兵器工业奠定了良好的基础。

徐向前和中国兵工代表团在苏联的合影，后排右起第一人为刘鼎

三是因为在朝鲜战争爆发后，他当机立断，把正在召开的、原计划要贯彻中央关于兵工企业减产转业精神的第一届兵工会议，转变为抗美援朝的战备动员会。他指出："我们要全力以赴，支援抗美援朝，否则就是犯罪。"会后立即组织兵工厂转入战时体制，加紧生产，有力地支援志愿军取得了抗美援朝战争的胜利。

四是因为，他在中央军委兵工委主任周总理的直接领导下，组织起草了《关于兵工问题的决定》这一重要文件，为兵器工业绘制了第一个宏伟的发展蓝图，确定了解放军第一批武器装备的制式化型谱。该决定还批准了兵工总局上报的《兵工工厂调整计划纲要》和《新建兵工厂五年建设大纲》。他主持召开了第二届全国兵工会议，认真组织贯彻落实上述各项任务。为解放军正规化、现代化、武器装备制式化，为建立独立自主、配套齐全的现代化兵器工业做出了卓越的贡献。

五是因为他高瞻远瞩，在 1952 年就创建了一批研究所，奠定了新中国兵器科研的基础。

六是因为他负责领导二机部民品办公室时，认真贯彻"军民结合、和战结合"方针，组织制定了《在和平时期发挥国防工业的生产能力，组织生产民用产品的办法》，积极组织兵工企业开发国民经济所急需的重大装备，成就了兵工厂试制成功了吉普车、拖拉机、汽轮机、发电设备、大型压缩机等重大设备，迎来了兵器工业第一次军转民的高潮。

七是因为他是富拉尔基第一重型机械厂12600吨水压机试制工作的领导者组织者，与上海的万吨水压机的组织领导者沈鸿齐名。该水压机的试制成功，为能在该厂安排大口径岸炮、舰炮的生产创造了条件。

晚年，他又转战于航空工业，为歼－8、强－5飞机的技术攻关，为电解加工、组合夹具、喷丸强化工艺、硬质合金工具以及爆炸成型等新技术的推广而不懈努力。

……

1958年8月刘鼎（右起第二人）陪同刘少奇、陈云、彭真等领导在中南海参观东北机器制造厂“蚂蚁啃骨头”试制成功的氮氢压缩机模型

人们尊称他为“兵工泰斗”，不仅仅是因为他在开国10年为兵器工业所做出的巨大贡献，而且还因为他也是人民兵工的创始人之一，是位知识渊博、造诣很深的兵器专家，在国内革命战争、抗日战争、解放战争中建立了不朽的功勋。

刘鼎同志1924年赴德勤工俭学，就读于哥廷根大学和柏林大学，专修机电工程。1926年转赴苏联深造，在列宁格勒空军机械学校担任中国留学生的政治指导员，同时学习航空专业。1928年在莫斯科东方大学担任中国留学生军事班的俄文翻译，翻译了《兵器结构》、《爆破原理》、《无线电技术》等课程，边翻译边学习，打下了良好的军工专业知识的基础。1929年回国途中，他参加了刘伯承领导的远东游击队，担任连指导员兼武器教员。

1933 年，他应方志敏同志的要求，出任中央苏区洋源兵工厂政委，他带领工人，克服困难，试制出 3 门 35 毫米的小迫击炮及铸铁炮弹，这是人民兵工历史上最早的自制火炮。

1940 年，他被任命为八路军总部军工部部长，其间，他提出了步枪标准化和制式化的建议。在他的领导下，兵工生产发展很快，新产品开发工作十分活跃。他先后组织设计了人民兵工自制的第一支步枪—“八一式”马步枪，试制成功了掷弹筒和榴弹、用“缸室法”制造出了硫酸以及成功制成了硝化棉发射药。为发展敌后根据地的兵器工业，为抗战胜利不遗余力地工作。

1941 年 5 月，他创立了人民兵工第一所兵工学校——太行工业学校，并亲自兼任校长。这就是兵工高等学府——太原机械学院和中北大学的前身。

中北大学校园内的刘鼎塑像

抗战胜利后，1946 年他又被任命为晋察冀军工局副局长，亲自组织研制炸药包抛射机和长杆迫击炮弹，在淮海战役和解放太原的战役中发挥了重大作用，被毛主席誉为“土飞机”“土坦克”。为解放战争的胜利做出了重大贡献。

……

他在人民兵工的历史上创造了许多个第一。

统战功臣

这位资深的兵器专家、人民兵工与新中国兵器工业的创始人，却有着传奇般的人生。人们很难把这位泰斗级的兵工专家、兵器工业的创始人、领导者，与隐蔽战线的工作联系到一起，与统战工作联系到一起。

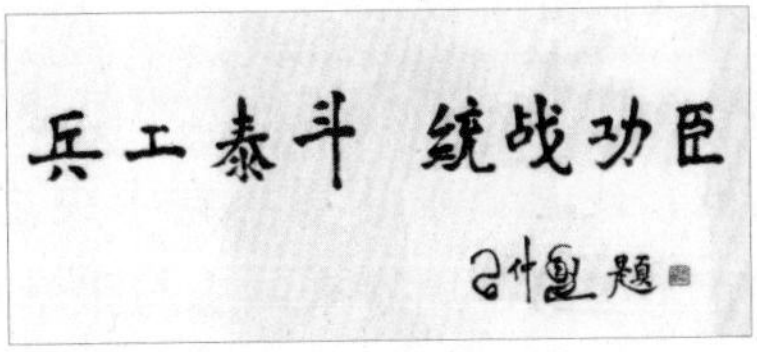

刘鼎同志，四川南溪人，1902年出生，原名阚思俊，字尊民，曾用名阚泽民、甘作民、戴亮等。刘鼎是他在西安事变前赴东北军张学良处工作时开始使用的名字，一直延续终生。

1920 年他考入浙江省立高等工业学校。1923 年 8 月在上海加入中国社会主义青年团，1924 年经朱德介绍在赴德留学期间转为共产党员。1930 年刘鼎同志从苏联回国后，被分配到中央特科工作，担任二科副科长，在陈赓同志领导下，从事社会调查，收集情报，负责中华苏维埃区域代表大会的保卫，参与营救关向应同志等。顾顺章叛变后，他在周恩来的直接指挥下，负责与钱壮飞、李克农联系，保护党组织的安全，粉碎了国民党妄图将中共中央一网打尽的图谋。

1931 年 10 月由于叛徒出卖，刘鼎同志不幸被捕，关进了南京陆军监狱，后被保释出狱。

1934 年他随方志敏同志的北上抗日先遣队上山打游击，于 1935 年 5 月被俘，关进了九江俘虏营，后又巧妙脱险。

刘鼎于 1935 年秋只身回到上海，在国际友人史沫特莱的帮助下，住在路易 · 艾黎家中，寻找党的组织。其间，还在宋庆龄家中住过几天，后来，就是宋庆龄将他介绍给张学良。他与埃德加 · 斯诺、马海德同行来到西安。经过几次长谈，张学良感到刘鼎经历非凡，见多识广，谈锋甚健，态度诚恳，张学良很快把刘鼎视为知己，无言不谈。

1937 年 4 月，张学良携刘鼎飞往肤施与周恩来、李克农会面。张把这个从上海请来的“共产党代表”刘鼎介绍给周恩来。周恩来这才知道刘鼎原来就是中央特科的阚尊民，刘鼎就这样找到了党中央，回到了组织的怀抱。随即周恩来又将刘鼎带到党中央住地瓦窑堡，中央正式认命刘鼎为中共驻东北军代表，而他的公开身份则是东北抗日义勇军的代表、张学良的随从军官。从此，他又在公开名义的掩护下重返隐蔽工作战线，在西安建立了秘密交通站，安装了大功率电台，开通了通往陕北的秘密交通线，叶剑英、潘汉年、邓发、丁玲以及斯诺、马海德等一大批人士以及红军急需的一些物资、药品、医疗器械等都是通过刘鼎的安排进入陕北苏区的。

在西安，刘鼎的最大贡献还在于忠实执行中共中央的抗日统一战线政策，往返于东北军与党中央之间，架设了党中央与张学良沟通的桥梁，多次安排周恩来同志与张学良会面。他遵循毛主席亲自交代他的我党对东北军的方针“争取、团结、联合抗日”，积极向张学良宣传党的抗日主张，协助东北军培训干部，以使东北军成为一支真正的抗日力量。西安事变之前，党中央派叶剑英同志到西安，刘鼎协助叶剑英同志做张学良的工作。西安兵谏发生时，刘鼎在第一时间将信息报告党中央，并参加中共代表团，在周恩来的领导下，通宵达旦地工作，为和平解决西安事变，促蒋停止内战，实行国共合作，联合抗日，做出了卓越的贡献。毛主席曾经说过：“西安事变，刘鼎是有功的。”

鞠躬尽瘁　奉献毕生

刘鼎同志一生历尽坎坷，正是由于他有一段地下工作的历史和两次被国民党逮捕入狱，两次脱险的复杂经历，因此，像其他隐蔽战线工作同志一样，在党内历次运动中都成为“重点对象”。1943 年的整风运动中他是头号被“抢救”者，遭到批斗、隔离。朝鲜战争爆发，中国兵工在刘鼎的领导下日以继夜努力奋战，支援志愿军取得了完全胜利，但是，这位兵工总局的第一把手，却因为战场上发生的一些武器弹药的质量事故，被指责“对抗美援朝任务不负责任”，于 1952 年受到了撤销副部长职务、行政降 4 级、留党察看两年的不公正处分。“文化大革命”中，再一次被诬陷为“大叛徒”、“大特务”，在人民的监狱中度过了 7 年，远远超过了国民党时期两次入狱的总和，后经毛主席过问才得以出狱。

虽然刘鼎同志一生历尽磨难，三次入狱、三次遭批斗、处分，直到临死之前才得以彻底平反，蒙冤数十年，但是，他始终对党对人民忠心耿耿，忍辱负重，坚贞不渝，执着追求，矢志不移。即使在狱中，年逾古稀的他还撰写了10篇论文约10万余字，字里行间浸透着他对兵工事业的无比热爱，浸透着他对国防事业的无比眷念。那真是春蚕到死丝难断，蜡炬成灰泪不干。他无愧于“兵工泰斗”的光荣称号。请看这些论文的标题吧：《各种武器的再设计建议》、《对枪炮弹药的历史经验总结》、《迫击火箭弹设计提纲》、《金属的电解加工》、《硬质物的开发和应用》等。

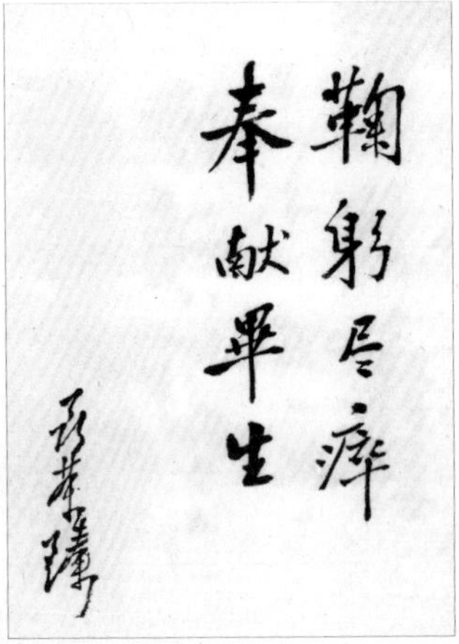

刘鼎同志于1986年7月26日病逝，享年84岁。胡耀邦、习仲勋、杨尚昆、薄一波、姚依林、王震、宋任穷等党和国家领导人出席遗体告别仪式，胡耀邦对易辉同志说：刘鼎是个好同志。聂荣臻、习仲勋等许多党和国家领导人为刘鼎同志题词。许多领导撰写文章缅怀这位忠诚的共产主义战士、我国军事工业的创始人和杰出的领导者。

国际友人路易艾黎这样评价刘鼎同志：“这个为了中国的独立、进步和现代化奋斗了一生的人，他忠心革命、富有才干，他虚怀若谷、忍辱负重、超凡脱俗、实实在在做实事的品格，正直、正派的为人，都令我从心里敬佩，难以忘怀。他是个了不起的、杰出的中国人。”

“兵工泰斗 统战功臣”、“鞠躬尽瘁，奉献毕生”，刘鼎同志永远活在中国人民的心中，兵工战士永远怀念他！

（刊载于2012年4月30日《中国兵工报》、2012年8月15与22日《北方内部通讯》、2013年第10期《国防科技工业》，内容略有删节。收入《刘鼎纪念文集》与北方公司《如歌岁月》）

二、特殊材料铸就的“独臂总师”
——记三代坦克总设计师祝榆生

《人民兵工创建80年80件事》之58

三代坦克总师祝榆生获“兵器工业科技发展终身成就奖”

离休干部、原兵器部科技委副主任祝榆生，以66岁的高龄于1984年受命担任我国最新主战坦克的总设计师。曾经在训练中炸断右臂的独臂英雄，20多年里带领科技创新团队，以“系统取胜”的设计理念，用综合优化的设计方法，克服了无数困难，研制成功了ZTZ 99式主战坦克，以其低矮的外形、紧凑的总体布置、优良的机动性能、强大的火力、全天候火控系统、精确打击以及先进的综合防护性能，跻身世界先进坦克行列。1999年12月设计定型，2001年获国家科技进步一等奖。

祝榆生，重庆人。1938年入延安抗大学习，曾任八路军115师司令部参谋股长、华东军政大学副部长，1950年被授予“全国战斗英雄”称号。解放后历任高级步兵学校部长、华东工程学院副院长和兵科院副院长。祝榆生对事业兢兢业业、勤勤恳恳，对学术孜孜以求、刻苦钻研，淡泊名利，堪为楷模，为武器装备的发展奋斗一生，做出了卓越的贡献。2005年荣获“兵器工业科技发展终身成就奖”。

2014 年 10 月 23 日，中国三代主战坦克的总设计师祝榆生与世长辞。2015 年初，全国各大媒体，新华社、电视台、广播电台、人民日报、解放军报、经济日报、科技日报、中国青年报等，掀起了报道祝榆生的光辉事迹和世界一流的三代坦克的高潮。笔者在祝老总去世后的第一时间就在中国兵工报上发表了“沉痛悼念良师祝榆生院长”一文，在兵器工业集团公司举行的追思会上，本人又做了题为“祝院长影响我人生的三件事”的发言。他既是我的恩师，也是我敬重的老领导，我有必要把我知道的祝老总，以及我对他的敬仰写出来与大家分享。

三代坦克的由来与难点

在“二代坦克背后的故事”一文中，我对中国二代主战坦克的来龙去脉做了一番梳理。其实，中国的三代坦克与二代坦克属于“湘漓同源”。它们的源头都是 1970 年开始的“二四坦克车辆大会战”中的 122 型主战坦克。由于当时对二代坦克设定的目标太高，瞄准的是当时世界一流的美国的 M1 和德国的豹 - 2，然而，当时我们的基础仅仅是一代 59 式坦克水平，跨度太大，所以会战中的 122 坦克两起两落，无果而终。而从中派生出来的以 69 改坦克为基础的二代主战坦克方案，于 1980 年取代了 122 型坦克，占据了二代坦克的位置。后经张爱萍将军提议，将原来的 122 主战坦克转为部件攻关与预先研究，这就成了三代坦克的基础，从而形成了预研一代、设计一代，两代坦克并行发展的格局。

经过几年的论证与部件预研，1984 年国务院、中央军委将三代坦克的研制任务下达兵器工业部，这是当时兵器工业唯一的一项国家重点工程，目标当然是指向世界主战坦克的先进水平，如 M1A1、T - 72 和豹 2 式等。但是，作为一流主战坦克最重要的三大件：武器、动力和火控，我们与世界水平的差距实在太大。

坦克炮：当时我国能够生产的只有 100 毫米线膛炮、100 毫米滑膛炮和刚刚引进的 105 毫米坦克炮，全是世界上一代和二代坦克炮的水平。我国自行研究了 10 多年的 120 毫米滑膛炮水平也没法与国外的 120

毫米以及 125 毫米坦克炮相抗衡。

发动机：我国 59 式坦克的发动机功率仅有 382 千瓦，69 式也仅是 426 千瓦，距离 1103 千瓦的水平很远很远。且我们的传动装置与国外先进水平的差距更大。

火控系统：我国的水平还只是自动装表式、光电注入式，而能够实施行进间射击的指挥仪式、稳像 w 式火控系统还处于探索阶段。

这就是三代坦克重新正式上马时我们的技术基础和工业基础，可以说我们的主战坦克与世界先进水平的差距不是一代的差距，而是两代的差距。这就是原来“二四会战”的 122 坦克半途而废的根本原因所在，也是摆在新的三代坦克研究者面前的最大难题。

邹家华的慧眼

对于这样一个难度极大的国家重点科研项目，谁能来担当起如此的重担？兵器部领导着实费了一番脑筋。难在何处呢？除了上述技术方面存在的巨大困难外，总设计师单位易主也是一大难题。中国的主战坦克，无论是 59 式、69 式、79、80、85、88 式等，一直都是坦克厂挂帅，担任总设计师单位，并出任总设计师，就连三代坦克的前身 122 也一直是坦克厂负责总体。然而，新的三代坦克第一次改由坦克所担当总设计师单位，这在中国坦克行业的历史上算得上一次重大变革。对于这样大的变化，能否顺利实施，将决定着三代坦克的成败，而其中的关键则是谁来当总设计师？这个总设计师不但要懂技术，更重要的是有崇高的威望，能够统领中国最大的坦克所与最大的坦克厂，将两股绳扭成一股，齐心协力，优势互补。同时还需要具备妥善处理工业部门与使用部门关系的能力，处理各协作单位之间关系的能力，以及协调总体与各分系统之间的技术方面问题的能力。负责总设计师任命的国防科工委经过周密调查，再三考虑，最终选择了兵器部科技委副主任、已经66岁准备离休的祝榆生。邹家华副主任亲自出马，三顾茅庐，登门恳请，于是祝榆生重披战袍，走上了他做梦也没有想过的国家重点三代坦克总设计师的岗位。

对于邹家华同志的的这一奇招，并不是没有人担心。项目的主管单位装甲兵开始就曾经有过疑虑。原总参装甲兵局姚神保总师在追思会上的发言中直白地说，我们开始挺担心，炮兵出身的祝老总，能熟悉装甲兵情况吗？能理解装甲兵的各种诉求与意见吗？业内也有人担心，没有坦克车辆专业学历的他能领导好一批哈军工、北京理工大学坦克专业科班出身的副总设计师们协调地工作吗？

他比装甲兵还装甲兵

历史证明邹家华慧眼识真金，三代坦克20年研制的历程，祝榆生用他的人格魅力、非凡的创造力、严谨的治学态度，卓越的领导才能，创造了自学成才的“独臂总师”领导庞大的团队，设计出了世界一流坦克，这一令世人折服的的奇迹。所有科班出身的副总设计师异口同声地赞誉祝老总，他从来不讲外行话，技术上有思路，有前瞻性，我们都服他。装甲兵姚总师说，祝老总不仅满足了我们的要求，还增加了很多我们没有想到的功能。祝老总简直比装甲兵还装甲兵。姚总还称赞他是在科研项目中与使用部门合作最和谐的总师之一。姚总在追思会上代表使用部门向媒体呼吁，应该大力宣扬祝老总的先进事迹和高尚的情操。姚总还透露了一个鲜为人知的故事，当他们得知祝老总南京的家属住房有困难时，装甲兵背着祝老总，主动从当地军代表那里帮祝老总家改善了住房。这在兵器工业历史上是一段从未有过的佳话。

前置与后置方案的优选

当祝老总挂帅三代坦克时，并存着两个技术方案：一个是国产柴油机、动力舱后置，由祝老总负责；一个是学习以色列的梅卡瓦，燃气轮机、动力舱前置，由张瑞生同志负责。火控系统也有上反式与下反式之分。邹家华出任兵器部部长后，并没有立即决定这两个方案的取舍，而是发扬技术民主，尊重各方面的意见。我作为科技局的代表，曾经参加了邹部长召开的会议，邹部长听完两种方案汇报后，询问科技局的意见，我当时对两种方案也不置可否，两个方案各有所长。只是表达了一个意思，即两个方案成败的关键在于发动机，因为，我国当时既没有满足要求的燃气轮机，也没有满足要求的柴油机。我国柴油机从 382 千瓦提高到 426 千瓦，用了近 15 年，从 426 千瓦到 537 千瓦也用了将近 10 年。现在第一步就要从 537 千瓦跨到 882 千瓦，难度太大。会议最后邹部长拍板，两个方案同时研制样车，通过试验择优取之。

后来，一是由于燃气轮机不能立足国内生产，二是世界主流坦克都是动力舱后置，三是我国的大马力柴油机技术取得了长足进步，因此，三代坦克最后还是选择了祝老总担任总设计师的柴油机后置方案。

“打个平手有什么用，必须打掉它”

曾经参加过几十次战斗的祝老总，打胜仗的愿望特别强烈，他的口头禅是“打个平手有什么用，必须打掉它”。当过作战参谋的他，更深知制订好作战方针与作战计划是取得胜利的根本。祝老总把他的这些作战的理念贯彻于三代坦克研制过程的始终，这也成了他当总设计师的一大优势。

他客观地分析了“敌”我双方的实力，在技术上绝对是不对称的敌强我弱，而且差距相当大，在这样的形势下，如何才能以弱胜强，赶上甚至在某些方面超越世界上先进的坦克，制订出奇制胜的作战方针至关重要。于是，他与设计团队的同志们、与使用部门一起制订了“高综合、系统取胜”的研制方针，也就是在有限的工业基础上，通过高综合、优化匹配系统功能等手段，来达到最优的坦克性能设计。这一指导思想的贯彻，使三代坦克最终以其低矮的外形、紧凑的总体布置、优良的机动性能、强大的火力、全天候火控系统、精确打击以及先进的综合防护性能，跻身于世界先进坦克行列。

火力、机动与防护是坦克的三大主要指标，至于三者谁先谁后的设计理念则是仁者见仁智者见智。炮兵出身的祝老总，深知火力压制的含义，火力强大才是克敌制胜的重要法宝。于是他坚持火力为先、三者兼顾的设计原则。当时，三代坦克的火炮有三种选择，一是国产120毫米滑膛炮，二是西方的120毫米坦克炮，三是俄罗斯的125毫米坦克炮。祝老总对于这些火炮的参数了如指掌，初速、膛压、装药量、药室容积等等如数家珍。仔细比较之后，祝老总选择了125毫米坦克炮，不仅仅是因为它的口径最大，更主要的是它的药室容积比美国的120毫米坦克炮大30%多，因此炮口动能的潜力与余量比较大。于是，在俄罗斯125毫米坦克炮的基础上，祝老总组织发射药厂研制新型火药，努力提高火药能量，提高炮口初速；组织炮厂选用高强度炮钢，采用身管自紧与镀铬技术，提高火炮强度与耐烧蚀性能；组织弹厂研制高性能的穿甲弹、破甲弹，从而使定型的99式坦克炮面貌一新，中国制造的125毫米坦克炮的性能已经超过了俄罗斯的125毫米坦克炮，兑现了能与世界一流的坦克炮抗衡的庄严承诺。

在防护方面，除了车型矮小，挂装了反应装甲、模块装甲等被动防护外，祝老总在坦克主动防护方面很是动了一番脑筋，他率先提出了坦克超近反导的思想，对于敌方来袭的反坦克导弹，能够提前发现，或进行干扰，或发射反击弹药加以击毁。这种主动防护技术在世界上是超前的，虽然后来没有用上，但又发展了光电对抗系统，压制观瞄，对于敌方坦克或反坦克武器实施光电干扰和压制，从而提高了坦克的综合防护能力。

经过20年的艰苦努力，三代坦克于1999年设计定型，命名为ZTZ99式主战坦克，2001年荣获国家科技进步一等奖。国庆50、60周年阅兵时，99式与99A式主战坦克先后两次亮相天安门，鼓舞了全国军民，震撼了世界，成为世界公认的先进主战坦克之一。1999年国庆，当自己领衔设计的坦克威武雄壮地驶过天安门时，耄耋老人内心感慨万千。他没有辜负党和人民的重托，实现了几代中国坦克科技工作者赶超世界水平的梦想，实现了装甲兵部队指战员的强军梦。他无比欣慰。

1999年ZTZ99式主战坦克参加国庆阅兵

祝老总为三代坦克老骥伏枥，辛勤耕耘，谱写了中国坦克事业的新篇章。桑榆虽晚，红霞满天，三代坦克也为祝老总的晚霞增添了极为绚丽的色彩。2005年中国兵器工业集团公司授予他“兵器工业科技发展终生成就奖”，2011年在评选中国兵工80年80件事时，其中第58件大事就是三代坦克总师祝榆生获“兵器工业科技发展终身成就奖”，祝榆生的名字继入选中国大百科的名人录之后，又一次载入了中国兵工史的史册。

特殊材料铸就的“独臂总师”

人们都说共产党员是用特殊材料制成的人，祝老总就是这样的共产党人。

首先他是一位特殊的总师。特殊在哪里？第一，从来没有担任过总师的祝老总，居然在66岁的高龄首次挑起了总师的重担，一直干到80多岁。这在兵器工业历史上是史无前例的。第二，他还是个史无前例的独臂总师，祝老总把自己的整个右胳膊奉献给了解放战争，一个连生活都难以完全自理的二等甲级残废军人，居然挑起了总设计师的大梁，天南海北、寒区热区、试验场、试验室、工厂车间满天飞，那需要克服多少困难啊？其实他从来不承认自己的生活不能自理，在我们的心目中，也根本没有把他看作残疾人，因为他比正常人更坚强，更能干。第三，特殊总师还特殊在，他是一位没有大学学历、没有工程师职称、没有教授头衔的总设计师，这绝对是绝无仅有（起码在我们兵器工业系统内）。第四，他还是没有攻读过坦克车辆专业而担任主战坦克总设计师第一人，可他却创造了研制成功世界一流坦克的奇迹。祝老总就是这样一位用特殊材料打造成的坦克总设计师，一个令人钦佩的名副其实的总设计师。

祝老总这位特殊的总设计师，源自他的特殊人生、特殊个性、特殊才华、特殊风范。

抗日战争爆发后，20岁的他，立即投笔从戎。中国大百科全书里是这样记载的：“祝榆生：（1918～）中国人民解放军模范军事教育工作者。四川重庆市人。1938年1月参加八路军，同年10月加入中国共产党。在抗日战争和解放战争期间，担负军事教育工作，刻苦钻研军事科学技术，根据战斗需要，创造和改进了20余种武器和战斗器材，其中迫击炮平射，坑道作业用的听音器、方向盘，夜间观察方向距离的隐现节杆，阻击战车的触发手雷和迫击炮简便瞄准具以及根据各种物体不同抗力系数制成的爆破药量表等，在战斗中起到了很大作用。他紧紧掌握教学与实践相结合的原则，采取重点速成教育方法，为培养部队军事指挥员做出了重大贡献。1948年1月，在组织迫击炮敌前试射时，他右臂被击针击断，截肢后，仍继续组织带领军事教员深入战场实地观察，结合部队实战经验进行军事理论研究。1947 年立大功1 次。1950 年被中国人民解放军华东军区评为“模范教育工作者”，出席了中华人民共和国全国战斗英雄代表会议。”

他是老八路、老革命、老英雄，如此功勋卓著，但他从来不计较职务的高低，在副校长、副院长的位置上一干几十年，最高职务只不过是个司局级的兵器工业部科技委副主任。

他没有任何业余爱好，不抽烟、不喝酒、不游山玩水，唯一的爱好就是爱读书、爱钻研，学习和工作就是他生活的全部。他博览群书，刻苦钻研，是地地道道自学成才的总设计师。他是活到老、学到老、钻研到老、奋斗到老的不老松。

当有人把当总师作为当院士的台阶时，祝老总却把当总师当作报效祖国的良机，虽然三代坦克荣获国家科技进步一等奖，但他不主张为他申报院士。他十分淡泊名利，不但从不向国家伸手要这要那，还谢绝了集团给特聘科技带头人每月 4000 元的补贴，谢绝了兵器工业科技发展终身成就奖奖金 20 万元。有些文章中提到，临终前祝老总还交上了一笔不菲的党费。可当我向在晚年一直陪伴在老人身边的女儿季颖求证时，她说，爸爸临终前有交待，不许我们向外界透露。当人们一个个搬进了 140、180 平方米的新居时，他却长期安居在 20 世纪 60 年代建设的 100 平方米的陋室里，一次又一次放弃了为他调房的机会。

艰苦朴素是老八路的传家宝，祝老总一以贯之。他生活简朴，简朴得不能再简，常常以面包、方便面果腹。他握有数亿科研费的支配权，当许多机关追求办公室宾馆化时，祝老总的总师办公室依然在在简易楼里，用具十分陈旧，连空调都舍不得安装。

他谦虚谨慎、平易近人，和蔼可亲，对年轻人关爱有加，教导有方，我们有问题愿意向他请教，有困难也都向他诉说，因为，他循循善诱，热心助人。因为，从他那里能得到知识与鼓励。几十年来，我从来没有见他发过一次脾气，训过一个人。对于他，人们有的只是敬仰和尊重，说不出他半点的不是。这样道高望重的领导确实不多见。

特殊材料造就了祝老总这样一位毫无自私自利之心的人，一个纯粹的人，一个高尚的人，一个大有益于人民的人。祝老总一生没有著书立说，然而却留给了我们十分最宝贵的精神财富。那就是中国兵器工业集团董事长尹家绪所说的，“祝老走了，但他代表的‘把一切献给党’的人民兵工精神和实事求是的科学态度留了下来。”

三、周燕生当好总师的秘笈

——周燕生遗著《军工科研四十年》读后

兵工报国献终生

2012 年 11 月 17 日周燕生同志不幸离世，我心痛万分。

周燕生，新中国培养的第一代兵器专家、和平厂原总工程师、厂长，国家科技进步一等奖与兵器工业功勋奖获得者，兵器工业火炮行业泰斗级的人物。

以前，这位兵工老厂长、老总给我的印象是平易、朴实、忠诚、博学，多的是一份敬重与钦佩。而对于他更多的了解，则是2011年兵科院出版的《铸剑岁月》中，他的那篇《军工科研四十年》佳作。《军工科研四十年》像自传，完整地记录了周总的成长过程和丰富的阅历，是他交上的一份光彩夺目的人生答卷；《军工科研四十年》又像一篇学术论著，记录了他事业的辉煌和挫折，经验与教训；《军工科研四十年》又像一本历史书，记录了新中国大口径地炮生动的发展史，也是新中国兵器工业发展史在一个工厂的缩影。

这位清华大学1952年的毕业生，一毕业就投身兵工，扎根于北疆边陲的兵工厂，一干就是40多年，直到退休。从技术员、车间主任，研究所所长，一个台阶一个台阶慢慢地晋升到总工程师、厂长，他把毕生的热和光完完全全地献给了新中国的国防事业。

在20世纪60、70年代，火炮专业研究所力量很薄弱，仿制苏式火炮与自行研制大口径火炮、火箭炮的重担全落到了和平厂的肩上。老周伴随和平厂，仿制成功了122毫米榴弹炮、152毫米榴弹炮、122毫米加农炮、130毫米加农炮、152毫米加农炮、152毫米加榴多种制式化装备。54式122毫米榴弹炮率先仿制定型后，毛主席亲自签发嘉奖信，向他们表示祝贺与鼓励。130毫米加农炮、152毫米加农炮光荣地参加了国庆10周年阅兵，老周因此在人大会堂受到了周总理的亲切接见。

在自行研制的道路上，几十年来，该厂成绩卓著，先后研制成功了86式152毫米加农炮、83式273毫米火箭炮、83式152毫米自行加榴炮、79式305毫米火箭布雷车和76式双管57毫米舰炮，此外还改进成功了59－1式130毫米加农炮，成功引进了GHN155毫米牵引式加榴炮，实现了国产化。自1959年起，每次国庆阅兵都少不了和平厂两种以上产品，和平厂还是兵器工业出口创汇的大户，为祖国的国防建设和经济发展做出了巨大贡献。老周长期担任和平厂的总工程师，领导新技术开发与技术管理工作，他们厂获得了多项国家级和部级的科技进步奖，其中，他担任总设计师的86式152毫米加农炮荣获国家科技进步一等奖，他担任副总设计师的152毫米自行加榴炮荣获国家科技进步三等奖、他担任总设计师的155毫米牵引炮荣获“8910”阅兵工程项目奖和最佳进度奖。他的学术造诣越来越深，曾光荣当选中国力学学会理事与中国兵工学会常务理事，他代表中国火炮界走上了国际讲坛，他“关于火炮结构的改造问题”和“火炮反后座技术”的论文分别在北大西洋公约组织“国际武器技术讨论会”与“国际防务技术专家研讨会”上宣读。

年近花甲的他，放弃了北方公司聘请他担任驻德国分支机构技术顾问的良机，在和平厂面临破产、陷入困境之时，临危受命，担任了厂长，挑起了大梁，继续为企业的扭亏解困奋力拼搏，为工厂的发展，为职工的工资四处奔波，老骥伏枥，直到63岁退休。

周燕生同志的历史，就是一幅完美的兵工报国图。他把毕生的精力与智慧完全地献给了祖国，献给了兵器工业，为祖国增了光，为兵器工业添了彩。因此他也获得了至上的荣耀。

周总走后，我反复阅读他的遗作，越读越感到内涵极为丰富，受益无穷。他从技术员，一步步地走上了工厂总工程师与项目总设计师的岗位，成为技术方面的领军人物，无论是总工程师还是总设计师（我把它统称总师），这个岗位对企业和行业的发展来讲都是十分重要的，通过周总的这篇力作，我似乎悟出了周燕生同志当好总师的秘笈。

打铁还需自身硬

周燕生从一个火炮专业的门外汉，怎么一步一步走上了炮厂总工程师、火炮系统总设计师岗位的？

总工程师是企业技术工作的最高领导，总设计师是一个项目的技术总指挥，都是技术工作的领导者与组织者，他们的工作关系着企业的技术进步与企业的命运，关系着工程项目的成功与失败，作用举足轻重。因此，他们不但需要较强的组织能力、领导才能，而且必须技术精通。老周深有体会地说，看不懂技术资料，听不懂技术问题，尽说外行话，你在技术方面就没有发言权，也就没有技术指挥权，老总还怎么当？历史上曾经对“外行不能领导内行”做过严厉的批判，但是他说：我对这个口号一直持肯定态度。

周燕生在清华学的是动力与电力机械，与火炮虽然同属机械制造，但是隔行如隔山，知识领域相距甚远。但他幸运的是，刚参加工作，就赶上了轰轰烈烈的苏式大口径火炮的仿制工作，作为总装车间技术主任的他，参加了该厂火炮制式化的全过程。总装车间就是他的课堂，苏联图纸就是他的专业教科书，苏联专家、老工程技术人员和工人师傅就是他的启蒙老师。他认真消化引进的图纸资料，跟随苏联专家工作，认真领会与贯彻专家意图，虚心学习专家丰富的专业知识和严谨细致、理论联系实际的工作作风，他与专家们一起切磋仿制中遇到的技术难题。在实际工作中，他就像海绵一样，如饥似渴地吸允着火炮专业的相关知识。

他在《军工科研四十年》中激情地写道："在火炮装配中经常出现的工程技术课题，使我身临许多设计方面非常引人入胜的'桃花源'，并有机会和装配钳工、技术人员研究探讨，直至'源头'。我深感技术内涵之丰富，涉及之广袤，科苑境界之多彩，令人兴致盎然。"

火炮系统是一个多学科的综合性应用技术，涉及火炮、弹药、引信、火工品、瞄准具等多种专业，涉历射击学、内外弹道学、气动力学、流体力学、爆炸力学、光学、热力学等多种学科。当好一个火炮系统的总设计师，不仅仅需要熟悉本专业的知识，还需要了解相邻专业的知识。

周燕生进入设计所从事新技术开发工作后，深感系统专业知识的匮乏与不足。必须付出比科班出身的同仁更多的努力，才能适应这项挑战性的工作。为此，他进一步系统地自修火炮设计与制造，自修与火炮武器系统相关的专业知识，如弹丸设计、内外弹道学、炸药与炮弹装药、机械振动与测量等。他工作很忙，学习时间有限，只得挑灯夜战，刻苦攻读，才使他逐步掌握了苏联火炮设计的理论与技术。工作一段之后，他不满足于苏联的设计理论，为自己的设计跳不出苏联的窠臼而苦恼。改革开放的东风为他打开了又一扇窗户，通过 GHN155 毫米火炮的引进，他接触了不同于苏联的火炮设计理论，接触到了西方先进的制造技术，使他的理论与技术基础又上了一个新台阶。他很敬佩 GHN155 毫米火炮的设计师布尔博士，称赞布尔占领了火炮领域理论与实践的制高点，他敬佩布尔独特的原创思维和永不止步的敬业精神。他把学习与创新结合起来，完善了布尔的技术，成就了超越 GHB155 毫米火炮的中国式的155毫米火炮。

东西方火炮技术的有机融合，火炮技术的中外合璧，造就了这位中国火炮科技领域的领军人物。

“书山有路勤为径，书海无涯苦作舟”。当他谈及边干边学的体会时，不禁感慨地说：“挑灯夜战，实在是个苦差事；但一旦发现因为持有这些‘功底’的入门券，居然可以引‘经’据‘典’，驾驭自己驱动的扁舟，在专业大海中与同行们并驾齐驱，甚至可以尽情发挥自由遨游时，自然乐就从中而来。”

可贵的“宁拙毋巧”

读完《军工科研四十年》，一看就知道这绝对不是旁人的代笔。因为，没有科研工作长期而深入的实践，不可能有那么深刻的体会和感悟；没有对项目深思熟虑的思考，不可能对项目全过程道来头头是道；没有为解决技术难题曾经绞过一番脑汁，对解决过程哪能写得如此引人入胜；没有长期的记录与积累，不可能在80高龄、退休近20年后还能对技术数据如数家珍，犹如昨天。《军工科研四十年》洋洋数万言，是周总用毕生的心血写成。透过这篇文章，一个活脱脱的称职的优秀的总师的高大形象呈现在我的眼前。

这40年的科研道路曲折且漫长，周总有太多的感悟与体会。“宁拙毋巧”就是其中之一。“我知道科研道路没有坦途，必须脚踏实地，浮躁不得，‘偷’巧不能，不应幻想腾越，只能一步一步地前进。”“谈及工作作风，我选择‘笨拙’或曰‘宁拙毋巧’，老老实实下笨功夫，才能取得实效。”这是他对40年经验与教训的精辟总结。

在文章的开头，他就记述了“一天等于20年”、“跑步进入共产主义天堂”的疯狂年代。高指标满天飞、浮夸风盛行，长官意志，瞎指挥，穷折腾……，眼看着808火箭炮中途夭折，新研制的803型122毫米榴弹炮射击中火炮被打翻。大跃进中上马的兵器科研项目中的三个“胡子工程”，科研周期长达30、27、24年，人称兵器科研的“马拉松”，其中亚军和季军都出在他们厂。周总就是四上三下的新152加的最后一任总设计师。1986年该炮设计定型时，他深情地说，我们这些当年未届“而立”之年的小伙子，如今皆已早生华发了。值得欣慰的是，虽然该项目潮起潮落，历经沧桑，但他们以其坚韧不拔的毅力，坚持到了最后。他们完全依靠自己的力量，设计成功了中国当时射程最远、威力最大的火炮。尽管没有赶上国内装备的好时机，但曾大量出口，赚取了不菲的外汇，被评为国家科技进步一等奖。

科研工作中上述的种种折腾是时代打下的烙印，并不是哪个人的责任，但都是周总的宝贵财富。他从中汲取了丰富的养料，历练了他脚踏实地的工作作风和科学严谨的学风。他在叙述自己怎么当总师时写道：“在研究技术关键时，总是把所有因素逐一摊开，不厌其烦地一个个‘过堂’，不容一项漏网。审查设计图纸时，要一页页地全部看过，仔细把每个尺寸逐一核对，不让‘情况’在眼皮底下漏掉；对于重要零件或关键部件更要不厌其烦、仔细反复审查核对。审定重要的科研报告或技术条件时，更要亲自过目，字斟句酌，反复推敲，尽量做到文理通顺，不但在论述上做到科学准确，还要尽量消灭语病别字。这样做当然‘浪费时间’，但我以为只有严谨作风才能保证设计水平和工作质量，才能心中有数，才能紧紧掌控研制工作和处理事务的主导权。”

周总还有个好习惯，学习写心得，工作做笔记，他写道：“我记录、积累了几厚册的专业资料，相当于自编自制的手册，由于就在案头，而且熟知各项资料所在位置及背景，十分便于翻阅。平日的点滴积累居然成为我的得力助手，会在急需帮助的时刻起到关键的点拨作用。”从这里，我这就解开了他的这篇佳作之所以写得如此具体生动、数据如此翔实的秘笈。这就是他所谓“笨拙”的注解。这种习惯不仅总师们应该学习，每个科技工作者也是值得借鉴的。

我之所以如此大段大段、不厌其烦地引用周总的原文，因为，这才是我心目中真正的总师，令我钦佩的总师。这充满睿智的“笨拙”应该是总师最起码的责任、必备的基本功。看来简单，未必每位总师都能如此。如果都能这样，那些令人啼笑皆非的低级设计差错怎么会出现吗？

难得的“如履薄冰”

周总对科研工作有个很形象的比喻，探索未知的道路不是坦途，就像战场一样，布满了明堡暗碉和地雷，科研工作的任务就是扫除这些前进中的障碍，夺取胜利。所谓明堡暗碉，指的就是各种技术关键和难点，有的技术关键是在预料之中的，早已部署兵力攻坚。有的却是意料之外的，冷不丁跳出来，搞得你措手不及。所以，总师要有风险意识，任何时候都不能放松警惕，掉以轻心。总师不但对可能出现的技术问题要有预判能力，而且还要有见微知著的敏锐洞察力，善于通过蛛丝马迹捕捉危机的信号，穷追不舍，一抓到底，决不能抱侥幸心理，妄图蒙混过关。但是当危机一旦来临，又要有过五关斩六将的大将风度，沉着冷静科学机智地处理危机的能力。周总告诫我们，搞科研如履薄冰，必须低姿态前进。在他的文章中，提供了不少这样的案例。

在新 152 毫米加农炮上，他们是世界上大胆在如此大口径火炮上采用焊接钢药筒的第一人。因为是首次在 152 毫米火炮上应用，研制过程中曾经出现过抽筒困难的情况，但由于不抽壳率在指标范围之内，所以没有引起足够重视。直到大批量出口时，外方要求必须解决不抽壳问题，否则不签订合同，这才回过头来认真研究，终于找出了故障原因，是设计时忽略了钢药筒与铜药筒的不同特点，仍旧按照铜药筒的设计规范设计抽壳装置，致使抽壳能量不足。及时采取了措施后，抽壳率达 100%。周总把此事当成了一个由于对新技术研究不深、吃得不透，对困难估计不足，险些阴沟翻船的重要教训。

在遗体告别仪式上，兵器工业部老部长唐仲文向我提及一件往事。和平厂大量出口的 59－1 式 130 毫米加农炮在国外发生了膛线断裂脱落的严重故障。外方不依不饶，兴师问罪。如果确系我们的质量问题，面对的是那么多出口的火炮与弹药难以处置的棘手问题，还将涉及巨额赔款，并极大地影响北方公司在国外的信誉，后果不堪设想。唐部长说，就是周燕生同志带领大家苦钻苦研，找出了原因，并用试验证明了是操作不当引起的故障。这样一个经典案例，在《兵工科研四十年》中有着详细的记载，读后令我叹为观止。

查找火炮射击时发生的事故，往往不是件容易的事。许多事故都是极小的小概率事件，几百门炮出现一门，几千几万发弹出现一发，重复出现的概率很低，更加难办的是事故发生后，留给我们可供分析的实物、线索很少。所以，有个别故障就成了千古疑案。

1982 年底，130 毫米加农炮膛线脱落事故发生后，工厂立即组织专家亲赴现场，进行实地勘察。无奈的是对方不予配合，只将几块破断样块交给我们，并认定是产品质量问题。

一个负责任的企业，对待故障绝不是为了推卸责任，敷衍塞责，而是本着科学的态度和实事求是的精神，应用严谨的科学分析方法，通过科学实验研究，切实地找出故障的真正原因，还事故的本来面目，以便采取有效的措施，防止类似故障的再现。

和平厂首先是进行严格的自查。130 毫米加农炮是该厂大量生产装备国内部队且大量出口的老产品，久经生产与使用的考验，从未发生过这样的故障，应该说技术是成熟的，设计上不会有多大问题。因此，他们着重在生产过程中查找原因。对身管毛坯材质、冶炼、锻造、热处理的全过程，对身管加工用的各种设备、刀卡量具和靠模等器具，对加工过程，对验收标准和验收操作过程，乃至合格证书的填写及签章过程，一项不漏地严格复查。还对在制品与成品身管也进行了复查，结果一切正常，确认完全符合技术要求和工艺规程，找不出引发故障的瑕疵。

证明了加工过程没有问题并不等于故障问题的解决，因为还没有找到故障的原因。于是，他们煞费苦心地搜索历史上部队使用和工厂生产中有没有出现过类似的故障，翻箱倒柜地查阅工厂的技术档案，翻阅各种火炮出厂验收射击试验的历史记录，以便从中获取解决问题的线索。功夫不负有心人，终于在 1972 年 152 毫米加榴炮交验时，找到了一次膛线脱落的记录，并记载有这样的分析：射击前内膛清理不干净或膛内留有异物可能是引发故障的主要原因。更加难能可贵的是，竟然有有心之人将这块残块珍藏至今，拿来两相对比，情况非常相似。一条很不经意的记录，一块很不起眼的碎块，却使“破案”工作柳暗花明。档案的价值在这里展现了它的重要性。

但是，记录中的分析，只能算是一种假设，没有得到试验验证的假设不能算作是科学的结论。为此，他们不惜工本，精心设计了五种可能情况一项项地进行试验，①炮弹装填不到位，②弹体未除油，③药筒防潮盖未摘除，④膛内有沙子或异物，⑤炮膛除油不彻底。射击试验结果，排除了前四种可能。疑点集中到了最后一项上。

接着，他们对炮膛涂油又设计了多种方案，包括炮膛全部涂油、部分涂油和堆积油脂块等，进一步深入地进行试验。结果在炮膛内堆积油脂块时出现了与国外完全一样的膛线脱落现象。“破案”工作取得了重大突破。他们乘胜追击，又进行了不同重量的油脂块，放置在不同部位进行反复射击试验，证明了油脂块就是这起故障的“元凶”，从而排除了对身管质量问题的怀疑，确认是炮手违规操作所致。

他们没有满足于已取得的实验研究成果，进一步探讨故障的机理，从理论上解释这一现象的发生，不但使我们对火炮射击的认识更加深入了一步，而且使故障分析做到了有理、有据、有力。

后来，在国家靶场为外方进行了验证试验，在充分而完备的“证据链”面前，外方心悦诚服，承认我们的结论无可置疑。不但不再提索赔的问题，而且，还同意补偿我们为查找事故原因而付出的代价。

从这次处理技术故障的全过程，我们看到了周总处理“危机”的功力。

列出所有可能的原因，逐项加以排除，再提出假设，通过试验进行求证，这一套符合客观规律的科学的严谨的方法，是科学发展观在科研工作中的体现。只有科学的结论才能经得起历史与实践的检验。

试验成功后，前来督战的唐仲文副部长和周燕生与外宾在靶场合影留念

厚德与包容

周总祖籍浙江，生于北京，就读于北师大附小、附中与清华大学，怀着一腔爱国热情，扎根千里之外的鹤城，用智慧与创造性的劳动铸就了一番事业，把毕生献给了国防，他的一生就是践行“爱国、创新、包容、厚德”北京精神的一生。

德才兼备，包容厚德是领导干部的起码条件，也是当好总师必备的素质，厚德又是第一要素。周总就是这样一位令人尊敬的厂长和总师。他平易近人，谦虚谨慎。

包容是团队精神的灵魂、和谐的基础。只有互相包容，才有和谐协调的工作氛围，万众一心的团结协作，创造性与积极性最大限度地发挥和工作效率的最大化。

包容的前提是理解与尊重，尊重是互相的，包括全体成员彼此间的尊重，但是其主导方面是上级对下级的尊重，主体单位对客体单位的尊重。总师必须尊重他人的人格、尊重他人的见解、尊重他人的创造、尊重他人的劳动，还要关心与体贴技术人员的疾苦与需求。

周总是个包容大度的领导，在他的这篇文章中，记述了他所参与或领导过的许多工作，表述十分平实，既无哗众取宠之意，也无贪天功为己有之嫌。他有许多感慨，但从不表功。他十分尊重外单位和人员的劳动成果，凡是协作单位所作出的成绩，他都交待得一清二楚，并给予充分的肯定。北理工、南理工、清华、船院，甚至已经不复存在的炮兵研究院也都出现在他的这篇著作中。凡是作出过贡献的人员，他都铭记在心里。在他这篇文章中，指名道姓的多达 20 有余。既有张爱萍、孔从洲等领导，也有余凯院长、王铨、杨连臣、张凤许、吴景忱等机关工作人员，还有为他们做过学术报告的李仲麟院长、贺北斗，试验基地的宋沛基等，而提名最多的则是他们厂的工程技术人员。

周总有自己的一本“功劳簿”，许多技术人员榜上有名。解决火箭弹边管交叉技术难题的林正选、李学刚；解决钢药筒抽壳技术关键的欧德家、桥东兴、陈秀玲；组织 155 技术改造的副总工程师郑永源、郭景飞、赵钧廷；获得部科技二等奖的吴乃胜、郭诚熊、李汝杰；三等奖获得者梁仲勋、白锡纯、王立成；魏志远、吴成金设计的152毫米自行加榴炮电液操纵半自动输弹机等。他写道："他们的执着理念和奉献精神所形成的热爱专业、敢为人先的人生观和价值观，十分难能可贵。区区百十元奖金远远抵不上他们所做的贡献。因此，历史不该遗忘，着实应该记下他们的辛勤劳绩和奉献精神。"

他在文章中还有一段动人的记述："吕进杰、王嘉胜（火箭炮室的老技术人员）是我直接共事的第一批设计群体，他们对专业的钻研几乎到了痴迷程度，都具有较高的业务水平，都是我的启蒙老师。他们安贫乐道，住房不足8平方米，阴暗潮湿，'箪食瓢饮，居陋巷而不改其乐'，他们乐观、敬业是我的楷模"周总如此敬重长者，细致入微地体贴技术人员的疾苦。读到这里，我不禁热泪盈眶。

士为知己者死，对于这样一位尊重科学、尊重人才的技术领导，谁能不甩开膀子大干呢?

周总的包容还有一个特点，正确对待与处理工作中的意见分歧。在科研工作中出现不同的意见是司空见惯的正常现象，小到一个经验数据的选取，大到总体方案的选择，经常各持己见，争论得面红耳赤。如何对待？周总的回答是：理性对待，冷静处理，发扬民主，兼容并蓄，力求达到1+1大于2的效果。

任何技术方案都不具备唯一性，只有较好，没有最优。因此，技术问题的争论是十分正常的事情，这也是工程技术人员创造性、积极性的表现，必须加以保护。作为具有技术决定权的领导，应该鼓励并正确引导这种争论，发扬技术民主，通过辩论，去粗取精，达到统一认识、优选优化的目的。总师对于这些争论，切不可先入为主，主观武断，轻易地加以否定或肯定。尤其是那些很有主见的总师，更要善于倾听不同的意见，兼听则明，不可自以为是，也不可偏听偏信。如何掌握好分寸，确实是在技术领域运用民主集中制的一门领导艺术。运用的好坏，直接影响团队的团结与和谐，影响工作的协调性，乃至工程的优劣。周总深有体会地写道："科学研究的自然属性是服从客观规律，是理性而不是感性的领地，真理只能通过客观实践做出证明。只有理性对待，再运用好时间这个润滑剂，拖一拖时间，使大家冷静下来，充分理解容忍对方的意图和想法，不同的意见一定能逐步趋于一致。有了共同的意志，就可以心平气和地继续团结合作，取‘1+1 大于 2’的模式，群策群力，争取获得理想的工作成果。”总师“在争论中，必须逐渐集中各方意见，形成自己的观点，该坚持的就得坚持，但要控制情绪。决不能祭起‘排除异己’的法宝，而是推心置腹，沟通交谈，化解歧义。需要果断决策时，也要自我克制，莫伤感情。”这就是周总的领导艺术，也是发自肺腑的感言。

老周是一位好厂长，先人后己是他的特质。一次调工资时，一位职工向他倾诉了家庭的困难，他把自己的调资机会让给了那位职工。后来，上级指名道姓给他调一级工资，这其实是对他的奖励，但他感到工厂处于困境，连工资都不能按时发放，我当厂长的哪能独自一人涨工资，他谢绝了上级的好意。厂里建议为他申报工程院院士，他一听说那得花一笔钱，于是他又谢绝了，他不忍心为了当院士而去花工厂的钱。这样一位人民公仆深受职工的爱戴与崇敬。一些职工自费由齐齐哈尔赶来北京向好厂长的遗体告别，有两位白发苍苍的老者，当别人向遗体三鞠躬时，他俩却三跪三叩首，全场无不为之动容。

博学与多才

作为一位优秀的总师，必须业务精通，博学多才。从《军工科研四十年》这篇遗作中，让我看到他就是这样一位博学多才的总师，为我解决了脑海中的一些长期得不到答案的重大疑难问题。

关于火箭炮边管弹道交叉的奇怪现象，我早有所闻，百思不得其解，为什么 40 公里火箭炮会“声东击西”？发射架左侧的弹落到了弹着区的右侧，而右侧的弹却落到了弹着区左侧，且很有规律。看了这篇文章，我折服了，有理论的分析，有试验的验证，有针对性措施采用后问题的解决。终于找到了产生弹道交叉的根本原因，结论令人信服，这可是任何教科书上都没有的经验。

关于 GHN－45 型 155 毫米加榴炮的引进，也是业界颇有争议的问题，有人赞成，有人不赞成。155 毫米火炮究竟好在哪里？我原来也是一团雾水。是老周这篇文章帮我解开了这个疑团，他从战术技术、研制水平、生产技术以及性能价格比等方面，全面地列举了六大优点，令人信服地认识了155毫米火炮的优越性。今天，历史已经完全证实了他的论断。正是由于155毫米牵引炮的成功引进，才有了今天中国155毫米火炮的辉煌，它使中国大口径火炮技术发生了一次历史性飞跃。在周总这篇文章的启发下，我撰写了《从GC45引进到PLZ45出口》一文。阐述了从引进到出口的历史过程，总结了历史经验，并高度评价了这项工程的历史贡献。

周燕生总师走了，静悄悄地走了，他的遗作《军工科研四十年》是留给我们的宝贵精神财富，他总结了中国火炮“三十年河东，三十年河西”的发展史（前30年学苏联，后30年学西方），得出的结论是，“我们已经淀积了丰富的经验与技术理念，应该以独立自主的姿态，走自己的路，创造中国特色的火炮理论体系，置身于世界火炮技术发展之林。”这是周老总的临别赠言，也是留给我们的宏大祝愿，我们不该辜负他老人家的期盼。

两次参加国庆阅兵的83式152毫米加榴炮，周燕生任副总设计师

四、焊接药筒泰斗刘纯郴

我与焊接钢药筒相识已经20多年，是焊接药筒的铁杆粉丝，一次次地赞扬过利民厂，赞扬过焊接钢药筒，但是，当我于2015年3月7日第一次置身于生产现场时，仍然是那样的震撼和激动。在那宽敞明亮的厂房里，见到的是普通的剪板机与下料机正在有节奏地剪板下料，感应加热炉不时地吐出红彤彤的圆饼，模锻机咣噹咣噹地锻底，几台像普通车床大小的焊机闪着亮晶晶的银光，还有为数不多的整形机、切口机、收口机、探伤机等，厂房里最多的是周转的药筒在制品。在这里再也看不到冲压药筒厂里的熔铜炉、高大林立的压力机群、见不到了众多的加热炉、回火炉、酸洗池，也见不到厂房里的烟雾缭绕。啊！焊接药筒对于引伸药筒技术来说，那真是颠覆性的革命，它把原来十分复杂的工艺变得如此简单，它把原来众多的大型设备变得如此简约，它把很长的生产周期，缩短得如此高效……。

焊接药筒技术改写了药筒发展的历史，焊接药筒技术使利民厂脱胎换骨，成为世界上唯一的大口径焊接钢药筒厂，世界上设计药筒最多、产能

最大的药筒厂，他们已经站到了药筒技术的世界顶峰。

以焊代冲，以钢代铜，利民厂半个世纪来的奋斗时时都与时代的主旋律合拍。技术升级、企业转型、节能降耗、减排环保、跨界出击、军民融合、平战结合……，一件件都踩到了时代前进步伐的点子上。

说到利民厂的这些成就都与一个人紧紧地联系着，那就是原来的厂总工程师刘纯彬。他是第一个焊接钢药筒的设计师，他伴随焊接药筒走过了近 50 个年头，他是世界上设计药筒最多的设计师，利民厂定型的 31 种药筒、投产的 18 种药筒，都是他亲自设计或者带领团队设计的。他是焊接药筒理论与设计方法的创立者，他是抽壳力测定器的发明者，他主编的《焊接药筒设计与制造实践》至今仍然是世界上唯一的关于焊接药筒技术的专著，他是焊接钢药筒领域里世界级的领军人物。

沧海横流显本色

不为世界药筒界看好的焊接钢药筒，中国人也不太注目的利民厂的焊接技术，经过几次应急救驾后，方才让人们刮目相看。

【助力新 152 加研制成功】

新 152 加是我国自主研制的射程最远的大口径火炮。研制周期 27 年，几上几下，其中难点之一就是装药结构定不下来。药筒太大太长，无论引伸的铜药筒和钢药筒都做不出来，而药包装药又过不了密封闭气与烧蚀关。1973 年五机部科技局组织新 152 加总体方案论证会，邀请焊接钢药筒设计师刘纯彬参加，探讨新 152 加采用焊接钢药筒的可能性。此时的利民厂已经在 85 毫米加农炮和新 85 毫米高射炮上，采用焊接钢药筒刚刚取得了成功，正准备寻找新的科研目标时，机会送上门了，老刘心中暗自窃喜。但是，毕竟这是中国当时口径最大、射程最远的火炮，世界上还没有在这么大的火炮上使用焊接钢药筒的先例，风险很大，因此，刘纯彬低调地说，“可以试一试，但是，抽壳力可能需要大一点。”于是，总设计师周燕生果断决定试用焊接钢药筒。非常争气的是，1975 年第一次试验就实现了药筒顺利退壳，使大家信心倍增。后来又经过炮厂、弹厂和药筒厂的密切合作，圆满地解决了退壳率低的技术难题，1983 年完成了外贸定型并大批量出口，1986 年完成了国内定型，86 式 152 毫米加农炮荣获国家科技进步一等奖，刘纯郴榜上有名。当时世界上最长的（961 毫米）焊接钢药筒就此诞生。

【工业动员独领风骚】

1989 年我在机电部军工司主管军工动员，负责组织编制大口径炮弹的动员预案，又遇见了引伸钢药筒无法动员的难题，即使在重型机械工业很发达的辽宁地区，也找不到能够生产引伸药筒的民用工厂，预案工作陷入困境。此时，又是焊接钢药筒为我们解了燃眉之急，使药筒动员预案柳暗花明。

为了确认焊接钢药筒作为动员药筒的可行性，机电部军工司专门组织了一次焊接钢药筒技术汇报会。在这个有中国武器装备决策的最高层机构参加的会议上，刘纯郴侃侃而谈焊接钢药筒的来龙去脉，他们所取得的成绩，该药筒在各种大口径火炮上的应用情况，以及焊接药筒的巨大优越性。他的报告，说服了与会的总参、总后、国防科工委、海陆空军、炮兵、装甲兵等机关的领导，获得了一致的肯定。时任中国兵器工业总公司副总经理的张俊九对利民厂取得的成绩与贡献也给予了表扬。计委国防司曹世新司长当场表态，将此项技术列入动员计划，国家投资在利民厂建设一条军民结合的焊接钢药筒动员生产线，从而开启了焊接钢药筒技术发展的新阶段。钢药筒动员生产线建成之后，1998 年，“国家经济动员办公室”在利民厂建立了中国第一个工业动员中心，1999 年在该中心成功地举行了工业动员演练。在中国兵器动员史上写下了浓墨重彩的一笔。

【经典的“六当年”】

1987 年，当兄弟厂外贸生产的 D30 – 122 毫米榴弹炮引伸钢药筒退壳性能出现问题时，他们勇挑重担，主动请缨，实现了“六当年”的奇迹，即当年设计研制、当年工厂鉴定、当年设计定型、当年生产技术准备、当年生产定型和当年批量生产 3 万发外贸产品。其中各项试验均一次成功（含产品要求复装射击两次不裂退壳）。这不但证明了他们的设计方法的科学性与可行性，同时也充分体现出焊接药筒设计周期短、研制周期短、生产技术准备快，生产效率高的突出优点，这样的高速度高效率令引伸药筒望尘莫及。“六当年”也成了古今中外药筒发展史上永远的经典。

世界高峰是怎么登顶的?

世界上军事强国也曾经试探过焊接药筒的可能性，只在低膛压的无坐力炮上获得成功，而没有一个国家在高膛压后膛炮上成功的。在国内开始布点了五个药筒厂研制焊接钢药筒，利民厂并不在其列，然而，只有不曾搞过药筒的利民厂成功了。成功的秘笈何在?

先进的技术，必须有先进的理论指导。药筒是一个承受高温、高压的薄壁容器，又是一个应变率极高的容器，它的变形情况既看不见，又摸不着，因此，过去的铜药筒设计理论都是在许多假设条件下建立起来的，以经验设计与打炮验证为主。学习引伸药筒出身的刘纯郴开始也是沿用引伸药筒的设计路数进行，可是一次次碰壁，这大概就是其他国家、其他药筒厂研制焊接钢药筒失败的主要原因所在。刘纯郴从失败中认真总结教训，仔细观察失败的现象，分析其中的原因。终于总结出了与引伸铜药筒钢药筒完全不一样的设计理论与方法，提出了药筒不均匀性变形及分区假说，建立了钢药筒的力学模型，创立了“一薄、一低、双高”的设计原理与方法，引入了底强积与根强集的概念进行“双高”

环焊筒体与筒底

设计，建立了底强积与根强集的判据，创立了不贴膛长度的计算公式和筒底高度的优选方法。为了减少试验的弹药消耗，他又发明了抽壳力测定器，用它可以在靶场射击后的火炮上进行验证设计计算的正确性。

设计理论的建立，是新药筒研制重要的基础，但是要把先进的设计理论付诸实践，还必须有成套的先进制造技术的支持。于是，刘纯郴带领团队，摸索除了一整套焊接技术规范、热处理强化工艺、高强度焊缝的局部回火技术，焊缝的辊压技术等新工艺，为此自行设计出了一台台关键的专用设备。

这套新的设计理论与方法，使药筒设计从过去的“画加打”，主要凭经验设计、靠打炮验证的自然王国，慢慢上升到主要靠理论指导、靠设计计算，加上抽壳力测定器测试，辅以打炮验证的自由王国阶段。设计成功率大大提高、弹药消耗大大减少。如果说过去药筒是打炮打出来的话，那么现在可以说主要是设计出来的。这套设计理论与方法，深化了人们对药筒设计的认识，把世界的药筒设计理论推上了新水平。依靠这套理论与方法，他们已经成功地研制成功 30 多种大口径药筒，已经使中国成为世界上唯一的在 76 毫米以上各种大中口径火炮实现了焊接钢药筒覆盖的国家。历史雄辩地证明，中国人靠自主创新成功地登上了当今药筒制造技术的世界顶峰。

钢铁是怎样炼成的?

刘纯郴是中国焊接钢药筒最早的参与者，当时并没有总设计师这么一说，但是，他是项目组里唯一的学药筒的本科生，设计的责任自然地落在了他的肩上。虽然是药筒本科毕业，学的都是冲压引伸药筒知识，是压力加工专业，焊接技术对他来说也是一张白纸。于是他就像穿甲弹一样，使劲地钻了进去，从自动埋弧焊、二氧化碳气体保护焊到钨极脉冲氩弧焊，一项项地试，寻找最适合药筒的焊接技术。他仔细研究焊接技术运用于钢药筒的规律，自己设计焊接设备，制订焊接规范，伴随着焊接药筒的成长他还当过十年焊工，从而使他成为一个精通药筒焊接技术的多面手，既能设计焊接药筒，又能设计加工设备与工装，还能动手焊接。他是既有理论又有实践的复合型人才。

焊接钢药筒是药筒制造技术的一大革命，它的成长不会一帆风顺。首先在技术上就遇到了许多困难。大家担心的开焊问题常有发生。直缝开了，导致药筒开裂。环缝裂了，筒底就脱落。为了解决这个老大难问题，他们经过了长时间的摸索，进行了大量试验，终于找到了原因所在，于是采取了针对性措施，优化了规范，解决了焊缝破裂的难题。有一次，85 mm 药筒大型试验时发生了药筒斜肩焊缝处破裂的故障，多数人认为是焊接问题，刘纯郴仔细分析，若是焊接问题，为什么其他部位的焊缝不裂，唯独药筒斜肩部开裂呢？他们运用自己创立的理论，提出了开裂可能是由于烤口工序所致的论断，开始并不为人们接受。后来在 85 mm 高射炮焊接药筒做大型试验时，进行了烤口与不烤口的对比试验，其结果，未烤口的全部不裂，少数开裂的都是烤口的，从而验证了他们的论断。在研制某坦克炮焊接药筒时，也曾经出现过退壳不好的现象，他们根据“一薄一低双高”理论，将筒体壁厚减薄了15%。人们开始对这个举措难以理解。为此，老刘用自己发明的抽壳力测定器测定了抽壳力，实测结果：射击后壁减薄的药筒抽壳力比没有减薄的低了近50%，用试验数据证明了他们的理论。梅花香自苦寒来，在创建焊接药筒理论的过程中，他们付出了艰巨的劳动。为了创立了一个重要的经验公式，以指导焊接药筒结构设计，并预测焊接药筒的退壳性能。他们把射击试验中的海量数据进行了处理，工作量非常之大。为此，刘纯郴于 20 世纪 80 年代就自学计算机，自己编程，自行计算，晚上计算机不停地工作，早晨来看完结果，再接着计算，日复一日，历时一年多，终于完成了这个公式的建立。

药筒的功能是承受高温、高压而不破不裂。刘纯郴则有千斤压顶不弯腰的坚强意志。文革期间这个刚出茅庐的小伙子，却被戴上了“技术权威”的帽子，连技术员的资格都被剥夺，下放车间当焊工，倒使他熟练地掌握了焊接技术。1969 年末他胃部大出血做了胃次全切除手术，刚出院就进了学习班，先批他反动学术权威，后又抓他特务、人民党，最后还要抓他贪污。一天十多个小时的批斗，不能休息，也不能执行医嘱“少吃多餐”，精神与肉体都受到了严重摧残。但是，“一直把焊接药筒当儿子一样看待”的他从学习班一出来，身体尚未复原，被任命为攻关组副组长，立即投入了紧张的焊接钢药筒的攻关。

技术创新永远在路上

刘纯郴，湖南出生的湖北人，1962 年毕业于太原机械学院药筒专业。他热爱药筒达到了痴迷的程度。他既是焊接钢药筒技术的创始人，也是焊接钢药筒技术的辛勤耕耘者，他把毕生的全部精力都奉献给了药筒事业。不断创新是他一生追求的主旋律。退休之后，他的心仍然扑在药筒上，扑在焊接事业上。

【再攀药筒正间隙退壳技术新高峰】

科学技术的发展是永无止境的，技术创新永远在路上。尽管他的焊接钢药筒技术已经是世界最高水平了，但他仍不满足，仍然觉得还有不完善之处，还有潜力可挖，于是年近 80 的刘纯郴又开始了向“正间隙退壳”与退壳率 100% 的新目标发起冲刺。这是药筒设计的最高境界，也是火炮设计的最高理想。过去的设计规范允许火炮可以有 5% 的不退壳率，那是不得已而为之。因为设计与制造不能保证做到 100% 退壳。其实，火炮不退壳不仅仅会影响发射速度，有时甚至会贻误战机。为了实现这一目标，他刻苦钻研金相热处理知识，研究焊接过程中焊接区与其周边金属的相变与晶粒的变化，寻找适用于这种情况的热处理技术，功夫不负有心人，经过几年的探索，终于突破了低碳钢不能进行热处理强化的框框，找到了中频感应炉快速热处理强化新工艺，能够使低碳钢焊接药筒筒体的抗拉强度、伸长率等性能有较大幅度的提高。2014 年底，他们用正间隙退壳理论改进设计的 130 毫米焊接钢药筒，在手开闩火炮上进行了射击试验，取得了手动开闩成功率 100%，并做到不加修整就能重复装填两次的良好记录。新的世界高峰已经张开双臂等着他来拥抱了。

【远程火箭炮发射管再立新功】

21 世纪初，中国研发 300 毫米远程火箭炮过程中，由于俄罗斯不转让生产技术，因此，在试制口径 300 毫米、长 7 米、带两条螺旋导向槽的火箭炮发射管时又遇到了困难，虽然投资不少，但技术久攻不下。刘纯郴同志参加过一次方案审查会，看到了发射管的实物，了解了它的参数。看出了其中的门道，技术关键在于薄壁管件的焊接与保证高强度焊缝的局部回火技术、焊缝的辊压技术、螺旋槽的成型技术、成品管的校直技术以及异型管的校圆技术。在长期研制焊接钢药筒过程中积累了丰富经验的老刘，对解决上述问题心中有数。于是，在时任厂领导郝绍峰的支持下，利民厂主动请缨，要求承接发射管管坯的试制任务。这是一个十分大胆的决定，因为，一个与火箭炮定向器毫无关联的药筒厂，居然跨界受领任务，大家对此都表示怀疑。于是他们自筹资金，设计制造了专用设备，带上试制成功的样品，来到北京兵科院，叩开了主管该项目的马大为副院长办公室的大门，用自己的实际成果证明了自己的实力，从而获得了领导机关的肯定。利民厂不但顺利完成了发射管管坯的试制，使300毫米远程火箭炮闯过了一道难关，为赶超世界水平的中国远程火箭炮的顺利定型做出了重大贡献，同时，也为利民厂开辟了一条生路，现在他们已经是国内大口径火箭炮发射管的定点生产单位，还为航天工业出口的A100远程火箭提供成套的发射管组件。此次，我在他们工厂，亲眼看见了刘纯郴主持设计的大型发射管的关键设备，看见了他们独特的冷拔螺旋导向槽的生产过程，不禁为他们的创造精神所折服。我问他们生产现场能拍照吗？你们不怕泄密？他们自信地说：不怕，核心技术都在设备里面，谁也看不见。

【飞来的发明——螺旋钢纤维】

刘纯郴是一位对新技术特别有感情、有灵感的发明家。2002 年已是 65 岁高龄的他又对老同学邓嵩生翻译的螺旋钢纤维发明人拉曼教授的著作《工程钢纤维用于增强水泥复合材料的最佳特性》一文发生了兴趣，闯进了与他所从事的专业相隔千里新领域。特别爱钻研、擅长非标设计的刘纯郴再次显示了他的才华，他自费研究发明了螺旋钢纤维轧旋成型机，经过多次改进，生产出了多种规格的螺旋钢纤维。2006 年台湾商人找上门来，愿意将他们的钢纤维送到美国鉴定试验，2011－2013 年他们又与美国德州大学阿灵顿分校土木工程系赵世鹤助理教授合作研究，德州大学为他们做了全面的性能试验。这位拉曼教授的弟子赵世鹤先生为他们的产品撰写了推荐信，其中写道："由试验报告可知，各项试验所用的螺旋形钢纤维显示出突出的性能。这是我所用过的最好的螺旋形钢纤维。据我所知，目前在世界上只有刘纯郴先生能生产这种高质量的螺旋形钢纤维。"

用螺旋钢纤维代替或部分替代钢筋制作混凝土，就像玻璃纤维能够增强塑料一样，能把混凝土的力学性能大大提高。螺旋钢纤维混凝土中的钢纤维由于乱向分布，所产生的初期微小裂纹，不但扩展速度慢，而且由于钢纤维的冷作硬化作用反而有提高混凝土强度的功能。也由于微小裂纹的乱向分布，裂纹不容易发展成贯穿性的裂纹而导致大块崩落，而是像钢化玻璃一样，不至于突然炸裂，这就大大提高了建筑物抗暴抗震的能力，在地下军事工程、导弹发射井、机场跑道、防御工事以及隧道桥梁等民用建筑方面都有广阔的应用前景。刘纯郴他们现在拥有轧旋扁鼓形螺旋钢纤维成型机的发明专利，能够批量生产螺旋钢纤维。他的 0.5×50 毫米规格螺旋钢纤维是目前世界上唯一通过 ACI 标准（美国混凝土学会标准）的钢纤维。此外，老刘在螺旋钢纤维混凝土的理论方面也有所建树。

我翘首以盼，期盼老刘这项非职务发明的蓓蕾能在祖国的大地上开放出绚丽的花朵，再让中国创造走向世界。

执着与坚守

火炮及弹药行业发展已经数百年了，夕阳无限好，只是近黄昏。药筒是弹药里最简单一个部件，也早已是桑榆时分了，长期以来药筒厂订货不足，艰难度日。学校已经没有了药筒专业，研究所也没人研究药筒，连机关也没有了管理药筒的专业部门。药筒正在慢慢地淡出人们的视野。然而，唯有利民厂闯进了这块阵地，执着地坚守着，年近 80 的刘纯郴也伴随着利民厂一起在这块阵地辛勤地耕耘，不断创新，不断研究开发新产品，不断完善焊接药筒的工艺。他们厂没有引进技术，完全靠自力更生，开发了世上独一无二的核心技术并实现了技术出口；在他们的生产线上见不到什么进口设备，看到的都是他们自己设计的具有自主知识产权的专用设备；他们没有靠国家大量的投资，却把一个夕阳产业，搞得如此红红火火，简直像朝阳一样灿烂。老刘淡泊名利，不计较待遇，没有首席科学家、学术带头人的桂冠，照样默默无闻地干出了一流的业绩。

他们的执着，他们的坚守，才铸就了药筒事业的夕阳红。这是老兵工精神的传承，也是老兵工精神的发扬光大。

2013 年国庆节前我们在北京相会。我问他，焊接钢药筒美国苏联没有搞成，我国的专业药筒厂没有搞成，你们装药厂成功的秘诀是什么？

"我不了解外国人是怎么回事，我只知道，我们厂很特殊，靠人家的技术吃饭，靠指令性计划生存，危机感很强，没有自己的技术，早晚会被淘汰。我们是为生存而奋斗。第二，我是学药筒的，我爱这份事业，眼看铜药筒资源那么匮乏，引伸药筒需要庞大的设备，生产那么困难，资源消耗那么多，事业心驱使我要想改变药筒的历史。是时代给了我这个机会，我没有放弃。我认为，我们厂能有今天的成就，是几代技术人员与几代领导共同努力的结果。除了有坚定的决心与强烈的事业心外，工厂还培养了一批复合型人才，也是成功的重要原因。他们既懂药筒，又懂焊接，既能设计产品，又能设计制造专用设备，既能动脑，又能动手。""总之，机遇、创造性的本领加不懈的努力，三者缺一不可。"

我问他干了一辈子药筒，有没有什么愧疚？

他说："为了焊接钢药筒，我得罪了许多老同学，得罪了一些药筒厂，我们抢了人家的饭碗。"

你今后的最大愿望是什么？

"第一，我国虽然是世界上实现药筒钢质化、焊接化唯一的国家，但是，还有几个药筒"两化"的任务尚未完成，我希望能在有生之年实现'两化'药筒的全覆盖，让曾经为枪炮武器发展做出过巨大贡献的铜药筒及其引伸工艺早日进驻历史博物馆。第二，继续努力完善我国独有的焊接药筒理论，登顶'正间隙退壳'这个药筒设计的最高境界。第三，薄壁钢板的焊接技术，可以更多地替代轧制的无缝钢管，在军用上民用上都有广阔的前景，希望能得到更加广泛的推广。"

这就是老刘的中国梦，也是利民厂的中国梦，如今，离这个美梦的实现只剩咫尺之遥。我衷心地祝愿这个美丽的中国梦早日梦想成真。

五、一流的坦克设计大师方慰先

他是新中国培养出来的第一代坦克设计师，他是中国设计坦克型号最多的设计师，他是将毕生精力完全奉献给新中国坦克事业的人，他就是中国兵器工业功勋奖获得者方慰先同志。

高产的坦克设计师

方慰先是新中国培养的第一代坦克车辆专业的毕业生，1956 年 9 月从北京工业学院毕业，分配到北京 60 研究所，被派往大青山脚下的坦克厂实习，不曾想到的是后来 60 所并入了坦克厂，从此来自江南水乡的方慰先就扎根于北国青城，把自己的一生完全地奉献给了中国的坦克事业。

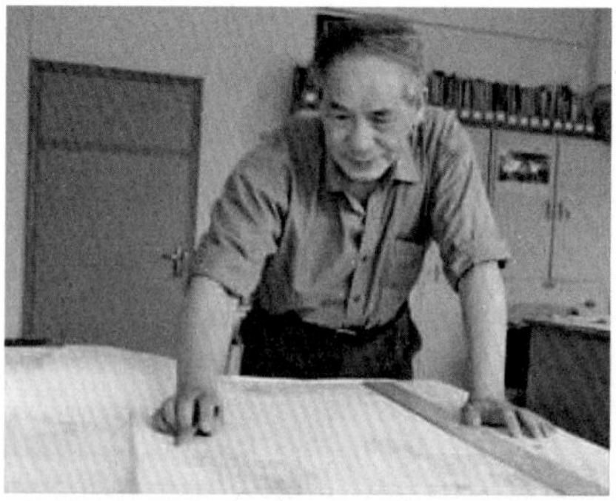

方慰先参加工作之时正是第一个五年计划建设的高潮时期。坦克厂就是国家重点 156 项工程之一，因此，他一毕业就投身于坦克厂的建设，亲历了新厂拔地而起，亲历了中国第一台 59 式中型坦克的诞生。他分配在工艺科的装配焊接设计组，任务是为满足坦克零部件生产而设计各种工具及夹具。刚出学校门的方慰先，生产知识缺乏，他认真翻译消化苏联的图纸资料，如饥似渴地吸允着坦克设计的知识，刻苦钻研，边学习、边熟悉工艺、边设计，每天重复着“三点一线”（宿舍、饭堂、办公室）的生活轨迹，全心地投入工作，在老同志的带领下他们用了一年半的时间，设计工装近4000套，基本上完成了全部工装设计任务。通过59式阅兵坦克的试制过程，方慰先也很快地成长起来，为他的坦克人生打下了坚实的基础。当国庆10周年59式坦克通过天安门时，方慰先无比激动，他们用自己的双手高速度地完成了第一代中型坦克的试制，在他们的手中结束了中国不能制造坦克的历史，他们用血汗与智慧开创了新中国坦克事业的新纪元，同时也开启了自己的坦克生涯。此后的半个世纪中，坦克厂研制与生产的各种坦克，除了最新的99式与99A外，其他的坦克里都流淌着方慰先的血汗。

他参加过69式坦克以及老二代坦克122的研制。69改坦克上马时，他就担任了副总设计师，80－1式阅兵坦克上马时，他开始担起了总设计师的重任，他陪伴二代坦克走过了20多年，直到年过花甲，才将96式坦克的总师交班给了他的战友刘树春。在他的一生中曾经有过好几次选择，是担任行政领导，还是继续从事技术工作？他毅然地选择了后者，他一辈子没有离开过坦克设计的岗位，是一位终生的高产的坦克设计师，而且是一位能亲自设计坦克的总设计师，他担纲总设计师的的型号有80、80－I、80－II、85－II、85－IIA、88、88B式以及85－IIAP等，在他手下画出的坦克型号数量之多堪称中国之最。

平衡肘裂纹是怎么解决的？

在80式坦克纳入“8910工程”时，变速箱断轴与平衡肘裂纹这两大技术难点就给我留下了很深刻的印象。之前，因为断轴与裂纹，项目组曾经受到了一些质疑与批评，也有人主张“三退”（退马力、退速度、退重量），降低指标，减少风险。此时老方思想压力很大，但是他坚信没有过不去的火焰山，只要努力一定能得到解决。为此，曾经邀请其他部门的教授专家进行了两次集体会诊，认定为疲劳断裂，先后进行了三次技术改进，仍未能彻底解决。最后分析的结论是：由于80式坦克功率增大了40%、车辆平均速度增加了33%，平衡肘轴动态冲击载荷相应增加了很多，因而原来59式坦克的平衡肘轴结构已不能承受，必须大刀阔斧地彻改进，于是他们的第四次改进，改变了结构设计、调整了结构参数，以降低零部件的各种应力；改进了设计计算方法，用计算机辅助设计并进行数字仿真；改变了材料、改进了工艺以提高零件的抗疲劳能力。从而攻克了平衡肘裂纹的技术难关，与此同时也解决了变速箱中间轴断裂等其他问题。

经过艰难的攻关，使方总们认识到，过去的设计方法太落后了，都是采用静态类比的经验设计法，零部件的设计计算都是20世纪50年代的公式，用加大安全系数的办法来保证安全，这种落后的设计方法已经无法满足坦克快速发展的要求。爱学习、爱动脑的方总带领团队开始学习计算机辅助设计（CAD），学习先进的有限元强度分析软件（SAP）等。在学习中又发现缺乏的知识与数据太多了，如坦克车辆在各种路面上行驶时的载荷谱、零部件动态变形分析、疲劳寿命计算及其材料的许用应力、可靠性设计等等。他们花费了两年多时间与北理工合作做了大量试验去测定80式坦克传动、行动系统在各种路面上的载荷谱，测定传动件的应力应变曲线；与北航、农科大一起，做了上千根试棒来测定坦克常用材料的疲劳应力（S－N）曲线。为此，一机厂又引进了当时比较先进的计算机，建立了坦克设计数据库，并在兵器工业系统率先推行计算机辅助设计。功夫不负有心人，经过他们艰苦的努力，技术难关终于被突破，他们的设计水平也跃上了一个新台阶。

方慰先

“85－II”的落选与85－III的败北

方总是位勇于进取、不墨守陈规的设计师。在80式坦克接近定型时，1985年他又带领设计团队，开始了新的外贸坦克80－II的设计，他们将105毫米坦克炮炮管加长，将二合一光点注入式二代炮长微光瞄准镜和双向复合控制稳定器用上去，这是中国第一台具有昼夜都可以对运动目标射击的中型坦克。接着他们又借助外贸平台，设计试制了中国第一台焊接炮塔、第一次配上了指挥仪式火控系统的85－II外贸型“风暴”坦克，发动机功率提高到了588千瓦。不幸的是，1990年85－II与85－IIA（分别采用了两种不同的变速箱），在伊朗表演时因为变速箱不过关、可靠性差而失败。万幸的是，该坦克却被巴基斯坦看中，这才有了后来出口巴基斯坦的85－IIAP坦克。

“风暴”坦克

在85－IIAP研制成功后，老方他们并没有就此止步，又与南斯拉夫合作试制了85－III坦克，采用了南斯拉夫的735千瓦的发动机，以求解决85－IIAP动力不足的问题，采用南斯拉夫的整体吊装动力舱，以提高维修性能，安装了我国自己的指挥仪式稳像火控系统，加装了GPS导航与反穿甲弹、反破甲弹的反应装甲，该车既保留了85－IIAP外形低矮的特点，但性能却又提高了一大步，更加接近三代坦克。但是，在与乌克兰T80YD坦克的竞争中又一次败北。

此外，还有伊朗表演失败、阿联酋试验不成功，首批18辆85－

IIAP 在巴基斯坦暴露出很多问题……一次次失败考验了方懋先，锻炼了方懋先。他在总结时指出，面对失败或挫折往往有三种态度。一是满不在乎，放任自流，推卸责任，文过饰非；二是惊慌失措，灰心气馁；三是泰然处之，认真面对，实事求是地查找原因，研究对策。他总结 85 - II 与 85 - III 落败的原因，大胆承认技不如人与可靠性不高。他认为："乌克兰 T80YD 坦克的动力舱技术比我们先进，装的是对置发动机，体积小，重量轻、效率高。承认 85 - III 的总体性能不如乌克兰 T80YD。再一点我们的车辆故障率高居不下，产品往往带有科研痕迹，考虑得不够周到细致，部件结构显得粗糙，电气走线很不舒畅整齐，漏油、漏水、漏气常有发生，反映出我们设计水平和产品质量与国外相比还有一定差距。"他指出，失败并不一定都是成功之母，只有善于总结经验教训，找出失败的原因并不断改进提高，才有可能把失败转化为成功。

人贵有自知之明。总设计师只有实事求是地承认差距，承认不足，才会有前进的动力。这正是一个成功的设计师必须具备的特质。

方懋先是一位坚持科学态度，坚持严格要求的总设计师。在"三结合"搞科研口号十分兴时的时候，方懋先持不同意见。他不赞成使用方与研制生产方搞共同研制、共同完成定型试验，他说这实际上是自己监督自己，自己检验自己，结果往往是"互相原谅、互相通融"，掩盖了矛盾，对科研产品的质量没有好处。他坚持二代坦克定型试验时，科研方不参加试验，只负责技术保障。

方懋先学坦克，一辈子干坦克，坦克的一些基因已经植入了他的 DNA，他不怕苦，不畏难，不怕失败，他有坦克一样越堑壕，翻秃岭，勇往直前的越野能力。坦克吃过的苦，他都尝过，坦克经受过的严峻考验他也都受过。-40℃塔河，60℃的酒泉、高温高湿的苏州，处处都留下他无数的足迹。他回忆那次在国外试车，气温高达 50℃，每天早晨 4 点起床，晚上 12 点收车，宿舍里没有空调，饭菜不合口味，条件十分艰苦，体力透支很大，有人虚脱，有人抽筋，干燥使嘴角裂口，吃饭都要出血。但是，为了祖国坦克事业的发展，为了国家的荣誉，他们置艰苦于度外，满腔热情地工作着。

老方还有坦克灵活的机动性，他把军事领域的竞争比作长跑，他主张直道上积蓄力量，实施"弯道超越"的机动战术。

花甲之年转战轮式战车

1994 年，已满 60 岁的方慰先本可以在家安享天伦之乐，然而他却欣然接受了工厂对他的返聘留用，而且每天都是早早来到办公室，风雨无阻，在他的日历上从来没有节假日、星期天。

1995 年他们厂决定进军轮式战车领域。一机厂在军转民中，成功地引进了奔驰载重卡车，有整套卡车的生产技术，他们又是坦克厂，这是他们开发轮式战车的有利条件。但是，轮式战车既不是坦克，也不是汽车，它与坦克、与卡车在构造上、功能上都有着很大的不同。既要有汽车的快速性，又要有坦克的通过性，必须有装甲防护，还要具备水上行驶性能，……厂领导就开发轮式战车征求方总的意见，谨言慎行的方总说先调研再说吧。当 1997 年春节的炮竹声还在空中回响时，轮式战车的科研人员便出发上路，开始了前期的调研工作。他们每一个人的身上都有一份方总专为他们准备的调研大纲，人们戏称这是方总的“手谕”。那上面记载的不仅是一些至今看来还是关键性的技术问题，也记载着一个老科研工作者对事业科学严谨的态度。一番调查之后，得出的结论是：轮式战车大有可为。于是，方慰先做出了一个充满风险和挑战的勇敢抉择——毅然接受了工厂委以的重托：开发轮式战车。当时有人劝他放弃，方总却淡然一笑。干了一辈子坦克的方总，在古稀之年又开始向一个新的领域发起冲击。为此他必须从头学起，他们请奔驰厂的专家讲课，到奔驰汽车生产现场参观学习，到图书馆翻阅汽车设计的书籍，查阅国内外杂志，认真分析研究、熟悉轮式战车的特殊性要求。

研制工作从何入手？当时，国内 8×8 的底盘是个缺门，也是他们所瞄准的目标，但是方总没有贸然地上 8×8，而是决定先从 6×6 着手，由简到繁循序渐进。万事开头难，这第一台装有 105 毫米坦克炮的 6×6 歼击战车，研制过程中遇到了很多问题，如：汽车在公路上行驶，车轮上下跳动量小，而轮式战车在起伏路面行驶，要求有较大的动行程，原来的球笼式万向联轴节就得重新设计。奔驰卡车动力舱在前，而战车动力舱后置，变速箱操纵系统也必须重新设计。战车的轮胎需要中央充放气系统，但奔驰卡车上没有。他们熟悉坦克潜渡江河的技术，却对于轮式战车的浮渡技术知之甚少。汽车的悬挂系统也是一种与坦克完全不同概念的独立悬挂………。带着这一连串的问题，他们边学习、边摸索、边前进。1998 年 11 月终于装出了第一台样车。

试车开始了，方总心情相当紧张，这是对他们第一次设计的检验，真可谓提心吊胆。第一步原地发动成功了，可第二步挂档时车轮却不转，没有挂上档！请来了奔驰厂的车间主任，发现选用的奔弛变速箱已对原标准图作了改动，轴向尺寸差了 10 毫米，所以没挂上档。原因找到了，初次试车成功了。他们给战车戴上了大红花，开到广场向厂领导报捷！装甲兵参谋亲自驾车在厂内转了一圈，大为赞扬说：操向比奔驰车还轻便。但方总心里明白，更加严格的考验还在后面。方总最担心的有两点，一是 105 毫米火炮后坐力大到 20 吨，火炮横向射击时车体能不能承受？二是，担心在正规的行驶试验时各种路面上的性能能不能达到要求。特别是扭曲路面，方总的担心是有根据的，因为曾经连一些履带车辆都在这里被卡住，也有轮式车辆曾经在这段路面栽过。可喜的是，他们设计的这第一台轮式战车居然一次就通过了主要的考核项目！轮式战车设计成功了。

当耗费了方慰先和所有参研人员无数心血的轮式战车唱着雄浑的轰鸣曲缓缓驶来时，大家激动得拥抱在一起，方慰先此刻的心情更是用言语难以表达。人们看到了轮式战车独特的设计、先进的技术、威武的雄姿，也看到了军品发展灿烂的明天。轮式战车的研发从此走上了更加艰巨而漫长的征程。

有了第一台战车的成功，他们的步伐大大加快了。2002 年，他们的 6×6 底盘导弹发射车成功夺标，被正式批准为制式装备。2003 年，方慰先又带领大家开始集中精力开展 8×8 轮式战车方案设计与工程设计。经过一年多的努力，2004 年 8 月在北京举行的第二次竞标会上，该车又一举夺魁。并被批准为 8×8 轮式战车总设计师单位和生产总承制单位。该车于 2005 年 6 月通过了工程设计评审，12 月制成 3 台初样车并开赴塔河进行冬季考核试验，2006 年完成正样车设计，2008 年完成正样车考核并设计定型、列入国家制式装备，投入批量生产，2009 年参加了国庆 60 周年阅兵典礼。此外，他们还为外贸开发了好几种 8×8 轮式战车、6×6 轮式战车，其中 8×8 轮式战车已经成为我国的一个基型底盘，一机厂也成为我国另一个轮式战车的生产基地。短短的十几年间，一机厂轮式战车的研制取得了骄人的战绩。

参加60周年国庆阅兵的ZBD09式8×8轮式战车

在轮式战车的开发研制中，方慰先一直是冲在最前面的先锋，不知疲倦，每天伏案工作都在10小时以上，毫无保留地奉献自己的才华与智慧。他和设计员一起查资料，画草图，一起搞计算，核对数据，每一个方案、每一张图他都要亲自过目。虽然他已是年近七旬的老人了，但每天他都是第一个到总装现场，第一个登上车体认真检查头一天的安装情况。一次，一名设计员需要查找某项技术资料，找到方慰先，他告诉设计员在几年前的某本杂志上登过相关的文章，这名设计员果然在那本杂志上找到了所需的资料。

过度的劳累终使他病倒住院，人们以为这下他可以休息休息了，但结果却是：工作挪到了病房，图纸摊在病床。病情稍见好转，他马上又回到了战斗的岗位上。他脚跟骨质增生，走起路来钻心痛，可他还是亲自到各专业科室现场解决技术难题。他用实际行动默默地履行着一个共产党人"生命不息，奋斗不止"的誓言。

"青山依旧在，几度夕阳红"，方慰先就像一根蜡烛默默燃烧着自己。他虽已年近古稀，却更像一名勇士，拼搏在科技前沿……

一流的坦克设计大师

方慰先这位从设计岗位一步步走来的总设计师，一个实干起家的总设计师，一个确有真才实学的总设计师，也是在坦克车辆行业德高望重的设计师，为我国的坦克事业、为坦克车辆的出口作出过重大贡献的设计师，获得了他应该得到的荣誉。他担纲总师的80式和80－1式主战坦克获部级科技进步一等奖，国家科技进步二等奖，85－IIAP获国家科技进步三等奖。80－1式坦克获“8910”工程最佳质量奖，方慰先荣立一等功并荣获兵器工业功勋奖。回首往事，方总自豪地说，我的一生没有虚度，我把一切献给了国防。但谈起成绩与荣誉，方总却非常谦虚地说：我不过是坦克科研战线前沿阵地的一名指挥员、战斗员，充其量我只是在战术层面上做了点贡献，不是战略层面的决策者，特别是在我们坦克车辆科研行业，是一个大兵团作战的广大集体，没有上级领导的决策、统筹安排与调度、兄弟单位的大力配合是不可能完成任务的。

方慰先把一生献给了内蒙一机厂，人们尊称他“坦克爸爸”。

方慰先把一生献给了祖国的坦克事业，但遗憾的是，他虽然做出了这么大的贡献，却没有拿到过一个国家科技进步一等奖。水平相当高的85－IIAP由于首批车的质量问题，仅仅获得国家科技进步三等奖，从而使他失去了入围工程院院士的机会。如何客观地看待这首批18台85－IIAP的质量问题？我翻阅了坦克厂质量总代表检查这批车后的报告，列举了车厂的14个质量问题，锈蚀、漏油、开焊、少装、漏装、未接、错接、装反、螺丝松动……全是生产过程中的质量问题，没有一条属于坦克设计本身的实质性问题。而生产中之所以出现那么多问题，客观上讲外贸合同给予科研生产留的周期太短则是重要原因。1990年才开始设计的一台崭新的坦克，1992年初就要生产交付第一批坦克，这简直是一个按常规根本无解的难题，能够按时交付本身就是个奇迹。如果时间充裕、严格按规程办事，能出现那么多问题吗？巴基斯坦对85－IIAP的后续订货，出口转内销的ZTZ96式坦克的定型与装备国内，给85－IIAP坦克正了名，证明85－IIAP是设计十分成功的主战坦克。把出口产品初期出现质量问题的责任完全归咎于生产设计单位，业界许多人士认为有失公允。

21 世纪初，曾经有群众自发地发起了联名推荐方慰先为工程院院士的动议，毕可炜同志征求我的意见，我表示了赞同。群众联名推举院士这样的事件在我的记忆中恐怕是绝无仅有的。结果不言而喻，这不能不说是我国工程院院士制度的一个缺陷。但是，群众推举本身就是一种民意的表达：中国一流的坦克设计师方慰先就是人们心中的院士。为此，我把坦克设计大师的称号赠予方慰先，以表达我对他的敬意。

六、世上无难事 只要肯登攀
——缅怀远程火箭总设计师徐中信

2012年8月8日，中国人民政治协商会议第10届、11届全国委员会委员，中国兵器工业集团首席专家，远程火箭项目总设计师，北京理工大学、南京理工大学与沈阳工学院兼职教授徐中信同志因病医治无效，不幸逝世。他把一生中最宝贵的20多年毫无保留地献给了中国的远程野战火箭事业，实现了他的中国梦，赶超美、俄，攀登上了世界野战火箭的技术高峰。

我心目中的“斯迈奇”

1997年我随中国兵器工业总公司张俊九总经理访问俄罗斯，参观了位于图拉市的合金国家科研生产联合体。世界闻名的BM-21、BM-27、BM-30多管火箭炮都是在这里设计和生产的。我们向他们介绍了BM-21在中国的发展情况，射程提高到了50公里，火箭炮也拓展了多种型号，对于BM-21在中国如此深度的再开发，主人大加赞许。他们则重点介绍了“斯迈奇”多管火箭，给我留下了深刻的印象。2000年以后，我到科威特参加155毫米自行炮的技术服务，与科威特购买的

“斯迈奇”火箭同在一个大院，天天能见到它的身影。一天夜间训练时，还看到了另一个阵地上，“斯迈奇”火箭夜间射击，长长的火红的尾焰划过夜空的壮观景象，至今难忘。

斯迈奇（CMEPЧ），中文译名为龙卷风或旋风，1990年2月在吉隆坡亚洲防务展览会上首次公开展出，是世界一流的多管火箭。9K58系统于1983年设计定型，1987年服役，该炮被北约称为M1983型或BM－30，口径300毫米，弹长7.8米，弹重800－810公斤，12个发射管，最大射程70公里。不久推出的9K58－2型，最大射程达到了90公里。其杀伤爆破战斗部258公斤，子母弹战斗部300公斤，每发弹装填子弹72枚，一次齐射12发可抛出864枚子弹，覆盖面积达67公顷。布雷战斗部，每发弹可装普通反坦克车底雷25枚，或反坦克智能侧甲雷16枚，或反步兵雷420枚，像“钢雨”一样，火力特别密集与猛烈。还有末敏弹战斗部，每发装5枚“机动－3M末敏子弹”。该火箭在技术上最大的突破是：采用了初始段简易惯性制导，包括姿态控制、弹体旋转稳定和自动修正技术等，使火箭弹射击精度与密集度大幅度提高。射程误差在0.21%之内，密集度是传统火箭炮的3倍，达1/310×1/310，距离的散布接近加农炮与榴弹炮的水平。有效地解决了困扰无控火箭发展的最大障碍——散布大的致命弱点，为野战火箭的发展开辟了广阔的道路。斯迈奇，在我心目中，简直就像野战火箭技术皇冠上的宝石，难以攀登的世界高峰。当然，我非常渴望中国能尽早地研制出这样先进的武器。

徐中信的中国梦

徐中信，1940年出生，1962年北京航空学院毕业后，分配到中国科学院新技术局下属的力学所怀柔分所，从事肩射防空导弹的研究工作。1968年国防科委成立18个研究院时，怀柔分所的这个专业划归1105所（火箭所）。当时，我正好在北京出差，负责组建11院的徐召同志派我到怀柔所进行了一次考察，并代表11院接受这部分同志。这样，徐中信同志等一批人就来到了火箭所。到了20院时代，该所名义上是火箭弹炮弹研究所，实际上的重点则是反坦克导弹。当时也没有人想到利用怀柔所的这批力量，开启肩射防空导弹的研究工作，因此，徐中信被分到了火箭研究室。在兵器工业历史上，中国的野战火箭一直都是工厂设计所挑大梁，所有的型号项目都由工厂挂帅，研究所只能敲敲边鼓，跑跑龙套。徐中信来到火箭所时，中国的野战火箭正处于发展的低潮期，在研的273毫米火箭，为精度问题所困扰而举步维艰。仿制122毫米火箭的工作同样是以工厂为主，研究所的野战火箭专业实际上被边缘化了。为此，炮所早在1972年就撤销了火箭炮研究室，火箭所的野战火箭研究工作也于1980年宣告结束。徐中信来到火箭所后，只承担过一个项目，协助建成厂研制KD－2空地火箭，直到1984年设计定型。对于一个研究人员来说，最大的苦恼莫过于没有能施展才华的大项目可干。徐中信于1985年远赴美国佐治亚理工学院宇航系进修，很快便成了该校的客座教授，1987年底回国探亲时，火箭所和西北局领导动员他回国担纲远程火箭武器系统的总体论证工作，徐中信毅然放弃了美国的工作，愉快地回到祖国，从此踏上了长达20余年的发展远程火箭的报国征程，1992年1月29日，国防科工委正式任命崔世强为远程多管火箭炮武器系统行政总指挥，徐中信为总设计师。

1993年5月俄罗斯陆军武器来华展览之前，根据上级指示，远程火箭项目的主要任务是从事50公里火箭的论证工作。参观俄罗斯展览并赴俄考察之后，国内业界对“旋风”发生了很大兴趣。徐中信他们认为“旋风”是世界上第一个在多管火箭武器上采用简易控制技术、大幅度提高射击精度的多管火箭武器系统，其射程远、威力大，综合性能优于美国的M270多管火箭系统，处于世界领先地位。从而萌发了他们的中国梦：中国兵工有责任、有能力瞄准世界先进水平，超过俄、美等发达国家，为改变中国火箭武器装备落后的现状，做出一番事业。

“旋风”火箭很快被列入了中俄技术合作的计划之中。经过我方多次争取，但俄方明确表示，“旋风”多管火箭系统是俄罗斯军队保卫国家、发挥军事威慑作用的重要手段，为了俄罗斯国家最高利益，不可能出售生产许可，只能出售产品和进行部分军事技术合作。后来又由于报

靶场，屡战屡败，火箭弹在飞行途中落地，与俄罗斯专家的预言基本一致。尽管费尽心机，却没有一发能达到预定的射程。是进还是退？这是摆在徐中信和中国火箭设计师们面前一个无法回避的命题，也是对这支队伍极为严峻的考验。但是，失败没有使他们低头与退缩，中国梦在前面召唤着他们继续奋进。既然传统的增程办法已经山穷水尽，吃尽了苦头，能不能跳出藩篱，更换一个思路，另辟一条蹊径，从自主创新方面开辟一个柳暗花明的新境地？世上的创新，有的是先有计划而获得成功的，但也有许多则是走投无路情况下被逼出来的。“远火”增程的设计团队，群策群力，冥思苦想，大胆地进行设计理论的创新，积极进行新技术的探索，加上严谨的科学试验的求证，他们不负众望，2005－2006年间，先后5次高、低、常温的鉴定飞行试验，试验弹全部达到了预定的增程效果。在试验现场执行试验任务的广大官兵和研制系统的工程技术人员、领导和使用部门代表，无不欢呼雀跃，兴奋异常。他们创造了世界火箭增程史上的奇迹，实现了超越俄美野战火箭的梦想，收获了一批可喜可贵的know－how与专利。

2007年9月—11月在国家靶场进行了系统设计定型试验并一次过关。2008年11月，国家一级定委批准“远火”增程武器系统设计定型、生产并装备部队。2009年12月，国防科技工业局主持召开的“远火”增程武器系统科技成果鉴定会的鉴定意见中指出：“远火增程武器系统在火箭弹弹径、弹长和弹炮机械、电气接口不变条件下，进行重大自主创新的总体设计，将最大射程从70公里提高到130公里以上，而且经受住了海拔3000米以上高原试验的考核，是世界上目前同类武器装备中发射管数、射程、威力、精度、火力覆盖范围、数字化程度等综合性能最好的远程多管火箭炮武器装备……”该武器系统是我国自主创新研制的具有全部知识产权的新型武器装备（已申请国防专利18项，其中13项已授权为国家发明专利和国家实用新型专利），技术十分复杂，难度极大。该武器系统总体技术和综合作战效能达到同类武器装备国际领先水平。

“远火”增程武器系统历经5年的坎坷，完成了徐中信总师中国梦中的第二次飞跃，实现了赶超俄美等世界强国野战火箭技术的夙愿，圆了徐中信和中国几代野战火箭设计者们的共同的梦想，打开了兵器工业向战术导弹进军的大门。

2009 年 PHL－03 式 300 毫米远程火箭炮参加了国庆 60 周年阅兵，向世界展示了它的雄姿。“远火”光荣地获得国家科技进步一等奖。

60 周年国庆阅兵中的 PHL－03 式 300 毫米远程火箭炮

打开北方公司 2012 年版的出口产品样本，中国制造的野战火箭琳琅满目，令人耳目一新，叹为观止。AR1、AR2 、AR3、SR5、WM－120、90B 等多种型号的多管火箭名列其中，火箭弹口径从 122 毫米、220 毫米、273 毫米、300 毫米到 370 毫米，最大射程 32 公里、40 公里、50 公里（122 毫米火箭），80 公里、120 公里（273 毫米火箭），70 公里（220 毫米火箭与 300 毫米火箭）、130 公里（300 毫米火箭）、220 公里（370 毫米火箭）。中国已经名副其实地跻身于世界野战火箭的前列，成为野战火箭武器的制造大国与强国。会当凌绝顶，一览众山小。站在顶峰上的徐中信和他的战友们，尽情地饱览着险峰的无限风光。

梅花香自苦寒来

想当初，我国为了实现射程 40 公里的目标，苦苦奋斗了 24 年。可是“远火”两次攀登世界高峰，总共才用了 13 年，近 20 年中国野战火箭武器的发展速度真是火箭般的速度。这辉煌源于改革开放政策的实施，源于自力更生方针的贯彻，源于几十年技术的积淀，源于几代人发奋图强、勇于进取、敢于攀登、顽强拼搏的老兵工精神，也源于“远火”设计团队的智慧与艰辛。

PHL－03式300毫米远程火箭炮系统

“远火”多管火箭系统的研制过程并不是一帆风顺的，徐中信和他们的团队，为了攻克许多个技术难关，经历了一次次的失败与挫折。其中，最突出的就有两次。1997年11月，子母弹的飞行摸底试验中火箭弹空中解体，为了查找故障原因，试验基地郑司令员带领官兵，排成一字长蛇，冒着凛冽寒风，在广袤的雪原上，像大海捞针，风餐露宿好几天，终于寻找到了故障火箭弹的残骸，为分析故障提供了十分宝贵的一手信息。经过技术人员缜密的分析与试验，找出了原因，采取了针对性的措施，圆满解决了这一难题。2006年4月5日，又是徐中信难以忘怀的日子，增程弹系统已经进场进行设计定型试验时，火箭弹在发射架上突然发生了发动机爆裂事故，火箭炮受损，试验被迫停止。这一意外事故对大家的情绪打击之大显而易见。在集团故障排查联合工作组的领导下，总师组与大家一起仔细排查故障原因，按照“定位准确、机理清楚、问题复现、措施有效、举一反三”的原则，经过15个月的艰苦努力，终于在装药工艺上找出了问题，根据举一反三的原则，加强了工艺设计与管理，加强了工艺过程的监控，消灭了故障，提高了生产与使用的安全性。正是由于挫折与失败的磨炼，才造就了这支攻无不克的英雄团队。

为了实现远程火箭的两次重大跨越，为了解决一个又一个技术关键和难题，徐中信和他们的设计团队舍小家为国家，放弃了多少个节假日，甚至在春节、国庆节，日以继夜地辛勤工作。为了攀登高峰，他们付出了常人所没有的辛劳与心血，做出了巨大的牺牲。他们是一支特别能战斗的团队。作为团队带头人，徐中信的付出更不一般。他是一位称职的总师，他有较强的综合能力，善于综合不同方案，善于倾听不同意见，取长补短，兼容并蓄，形成较优的决策。他在《实现远程火箭武器技术重大突破》一文中指出："遵循系统最优的指导思想，坚持科学的研制程序，确保产品质量与可靠性，是取得成功的关键。"他牢固地树立了为部队服务的思想，千方百计地满足部队作战的需求。他尊重上级机关的领导，听从行政指挥系统的指挥。在系统之内，他积极倡导"相互尊重、相互支持、顾全大局、充分协商、合作共赢，构建和谐团队"的理念，并身体力行，处理好总体与子系统、子系统与子系统间的复杂技术问题，处理好上下左右各方面的关系，巧妙地解决项目中的各种矛盾。他谦虚谨慎，关心同志，具有相当的亲和力，深受团队成员爱戴与崇敬。他作风深入，靠前指挥，经常奔波于科研生产试验的第一线。北大荒的茫茫雪原、塞外无垠的大漠、赤日炎炎的南国，到处都留下了他的足迹和身影。他是个不知疲倦忘记自我的工作狂，他身兼多职，身为全国政协委员，他热情参加社会调查，认真准备提案。他还是三所大学的兼职教授，教书育人，事务十分繁忙，近 20 年来几乎没有多少属于自己支配的时间。也正因为如此，徐中信同志积劳成疾，不治之症悄悄地侵入了他的身体还全然不顾，照样超负荷工作。结果就在他功成名就后不久，过早地离开了他所钟爱的事业，离开了并肩战斗的战友，终年还不满 72 周岁，着实令人痛心与惋惜。而最令人遗憾的是，他们成功地登上了世界野战火箭技术的高峰，却始终没能叩开中国工程技术界最高殿堂——工程院的大门。

载于 2013 年第 22 期《兵工科技》